Meilensteine der Astronomie

Jürgen Hamel

Meilensteine der Astronomie

Von Aristoteles bis Hawking

KOSMOS

Inhalt

Vorwort

Wir wissen, dass die Menschen bereits vor 10 000 Jahren und länger aufmerksam den Himmel beobachteten und Regelmäßigkeiten im Lauf der Gestirne feststellten. Sie sahen sich in eine einheitliche Welt gestellt, in der alles ineinander greift. Der Himmel verband sich in ihrem Denken mit irdischen Kreisläufen des Lebens von der Geburt bis zum Tod und dem erhofften Leben in einer anderen Welt – genau wie der Lebenszyklus der Gestirne.

Der breite Strom des Wissens, der über die Jahrhunderte zu unserem heutigen Wissensgebäude führt, entsprang vor allem Quellen, die sich bis ins alte Zweistromland, ins alte Ägypten und bis hin nach Indien verfolgen lassen. Darin gründet die Wissenschaft und Philosophie der alten Griechen und Römer, die in fortgeschrittener Zeit weitere Anregungen östlichen Denkens, des heutigen Nahen Ostens und Kleinasiens aufnahm.

Die Zentren wissenschaftlicher Forschung sind im historischen Verlauf der Jahrhunderte sehr veränderlich. Vielfältig sind die zu solchem Wandel führenden Faktoren, verbunden mit Erwartungen und Forderungen seitens der Religionsausübung, der Staatsverwaltung, der Herstellung oder Verteilung materieller Güter, bis hin zu ebenso vielfältigen persönlichen Motiven der Wissenschaftsausübung.

Von vergangenen Zeiten ausgehend werden in diesem Buch Entwicklungslinien des astronomischen Denkens verfolgt. Dabei werden neben den großen, bekannten Persönlichkeiten der astronomischen Weltgeschichte auch zu unrecht weniger bekannte Gelehrte gewürdigt. So entsteht ein Mosaik aus Meilensteinen der Astronomie, Meilensteine, die Ptolemäus und Kopernikus setzten, aber auch Meilensteine, die eher im Verborgenen entstanden. Sie führen zu den ersten, in der männlich dominierten Astronomie wissenschaftlich tätigen Frauen oder zu Gelehrten, deren wissenschaftliche Leistungen bis heute unterschätzt oder gar unbekannt geblieben sind.

Der Leser mag entscheiden, ob es gleichermaßen gelungen ist, bekannten Themen neue Seiten abzugewinnen, wie mit neuen Themen auf Entdeckungsreisen zu führen.

Jürgen Hamel, Berlin

1. Religiöse Kulte, steinerne Weltbilder und ein geschmiedeter Himmel

Astronomie in alter Zeit – Fiktion oder Realität?

Noch vor wenigen Jahren schien es ein Risiko zu sein, archäologischen Funden eine astronomische Seite abgewinnen zu wollen. Nur wenige Fundstätten und Objekte konnten benannt werden. Die weithin bekannte Anlage von Stonehenge, der Kultwagen von Trundholm und wenig mehr schienen eine Ausnahme zu sein und vielleicht gar ein Zufall? Was es sonst noch gab, wie die keltischen Radkreuze, bronzezeitliche Ornamente von Kreis und Spirale, blieb in diesem Rahmen der Forschungssituation stark umstritten.

Sehr in Misskredit wurde die gesamte Problematik dadurch gebracht, dass während der Zeit des Nationalsozialismus eine ideologisch geprägte Denkrichtung dazu verführte, eine „germanische Himmelskunde“ zu begründen, die fast wahllos archäologischen Funden eine himmelskundliche Deutung beilegte und diese einem „germanischen Wesen“ zuzuschreiben suchte. Es störte die Urheber nicht, dass diesem „Wesen“ gleichermaßen Funde der Steinzeit, Bronzezeit oder der Eisenzeit einverleibt wurden, und man begann, himmelskundliche Beziehungen allgegenwärtig zu finden.

Ich erinnere mich sehr gut daran, dass Vorträge zum Thema „Astronomie in alter Zeit“ noch Anfang der 1980er Jahre mit viel Skepsis aufgenommen wurden. Dennoch hatte sich damals die Forschungssituation grundlegend geändert. Längst war es erwiesen, dass der Himmel in der reichen und differenzierten Geisteswelt der Menschen früher Kulturen eine fundamentale Rolle spielte. Doch in der Bezeichnung dessen, was man fand, zog Vorsicht ein. Ausdrücke, wie „Stonehenge – ein neolithischer Finsterniscomputer“, „vorgeschichtliche Sternwarten“ oder „Sonnenwarten“ und Ähnliches traten zurück. Im Zusammenhang mit den materiellen Lebensgrundlagen und der Gesamtheit der uns erschließbaren Lebensumstände offenbarten sich Grundzüge der Geisteswelt mit vielfältigen Fruchtbarkeits- und Totenkulten, die einen deutlichen Bezug zum Himmel aufwiesen. Anders gesagt, die Menschen der frühen Kulturen betrieben keine Himmels-

oder Kalenderkunde. Aber sie entwickelten das Bild einer einheitlichen Welt, in der der Mensch gleichermaßen in Beziehung zur irdischen wie zur himmlischen Umwelt, zu den Leben spendenden und lebensbestimmenden Himmelskörpern trat. Himmel, Erde und Mensch bildeten eine Einheit, in der alles miteinander in Verbindung stand. Und schon früh entwickelte sich eine Vorstellung von einem Leben nach dem Tod, von einem „Jenseits“, das mit einiger Wahrscheinlichkeit als eine himmlische Welt gedacht wurde. Für den Weg dorthin wurde den Verstorbenen Nahrung sowie Dinge des alltäglichen Lebens und Zeichen ihrer einstigen irdischen sozialen Stellung mitgegeben – Töpfe, Werkzeug, Schmuck, Waffen. Dies natürlich wechselnd in den Zeiten.

Was wir heute an materiellen Hinterlassenschaften vom Denken unserer Uralt-Vorfahren besitzen, ist zwar einerseits wenig und manchmal in der Interpretation umstritten, aber doch ausreichend, um zu erkennen, dass sie keine kulturlosen Wilden waren, sondern wir ihrem Geistesleben, ihrem Wissen um Naturdinge, also mithin ihrer Intelligenz unsere Achtung schulden.

Die Einbeziehung der Himmelskörper in alte Kulte ist zeitlich und territorial recht unterschiedlich. Bei aller Vorsicht der Interpretation werden uns aber Fruchtbarkeits- und Totenkulte erkennbar, die wiederum eng miteinander verbunden sind. Gleichermaßen handelt es sich um das Leben und den Tod von Menschen, Tieren und Himmelskörpern, vor allem der Sonne und des Mondes. Für die Erforschung dieser Dinge stellt es sich als sehr problematisch dar, dass es keinerlei schriftliche Aufzeichnungen der uns vertrauten Art gibt. Methodisch geht es um die Deutung von Symbolen und die Orientierung von Bauten in bestimmte Himmelsrichtungen. Doch ein Symbol erschließt sich erst im Kontext des Denkens der Menschen, die es gebrauchen – und um dieses Denken zu erschließen, dient das Symbol. Eine vertrackte Situation, die sich nur in einer vergleichenden Analyse von Symbolen löst. Und auf diesem Wege gelangen in den vergangenen, sagen wir 20 Jahren, erstaunliche Erkenntnisse.

Die Sonne im Angesicht der Toten

Hinsichtlich der Orientierung von Bauten in bestimmte Himmelsrichtungen, die durch den Auf- und Untergang vor allem der Sonne gegeben sind, darf man nicht unbedingt die Genauigkeit erwarten, mit der wir heute Bauwerke im Gelände orientieren. Jede Zeit verwirklicht die Genauigkeit, die sie aufgrund ihrer technischen Möglichkeiten und ihres Genauigkeitsempfindens in der Lage ist zu geben. Vielfach, oder gar in den meisten Fällen, wird nicht ein Punkt am Horizont gradgenau getroffen, sondern eine Richtung. Sehen wir uns dazu Beispiele an.

Vor etwa 8800 Jahren, in der jüngeren Mittelsteinzeit, wurden in Holheim in der Nähe von Nördlingen, in der Großen Ofnethöhle, die Schädel von 20 Kindern, neun Frauen und vier Männern rituell beigesetzt. Die Schädel waren durch Schlagverletzungen teilweise stark zertrümmert, mit Schmuck aus durchbohrten Hirschzähnen und mehr als 4000 Schneckenhäusern in rote Ockererde gebettet. Dabei sind die Schädel nach Westen gerichtet, dorthin, wo das Licht der untergehenden Sonne in die Höhle scheint. Es gibt wohl kaum eine andere Deutung der Befunde als anzunehmen, dass die 33 Menschen rituell getötet wurden und die rote Farbe, die Farbe des Blutes, der Lebenskraft, der Sonne am Abend – aber ebenso am Morgen – ein Symbol für Tod und Wiedergeburt in einem anderen Leben, in einem anderen Bereich der Welt darstellte. Sollte mit der gewaltsamen Tötung irgendein Einfluss auf das mythische Sonnenwesen ausgeübt werden? Wurde ihm am Abendhimmel Kraft gegeben, um am Morgen wieder erneuert, neu geboren, zu erscheinen? So könnten wir es uns denken, wissen tun wir es nicht.

Die Bestattung von Toten nach bestimmten Himmelrichtungen, nach möglichen Blickrichtungen, tritt immer wieder auf (s. auch Abb. S. 113). In der Aunjetitzer Kultur des östlichen Mitteleuropas, einschließlich Sachsen-Anhalt und Thüringen (2300 bis 1600 v. Chr.), erfolgte die Bestattung in Hockstellung auf der rechten Körperseite mit der Blickrichtung nach Osten. Während der Glockenbecherkultur (um 2000 v. Chr.) gibt es sogar eine geschlechtlich differenzierte Beziehung zur Sonne – mit dem Blick zur aufgehenden Sonne lagen die Frauen auf der linken, die Männer auf der rechten Seite bestattet. Neolithische Gräber in Mecklenburg-Vorpommern (um 2500 bis 2000 v. Chr.) wurden so angelegt, dass deren Zugänge bei etwa 71 Prozent in die südliche Richtung wiesen. Hier spielte zweifellos die Sonne mit ihrer größten „Machtentfaltung" zur Tagesmitte den gedanklichen Ausgangspunkt. Aber offenbar war der kultischen Bedeutung mit einer Orientierung in die südliche Richtung Genüge getan, eine größere Präzision wurde nicht erreicht und lag sicher außerhalb der Vorstellungswelt der alten Mecklenburger.

Prähistorische Grabbauten zeugen von ausgefeilten Vorstellungen eines Lebens nach dem Tode und stehen in vielfacher Beziehung zu

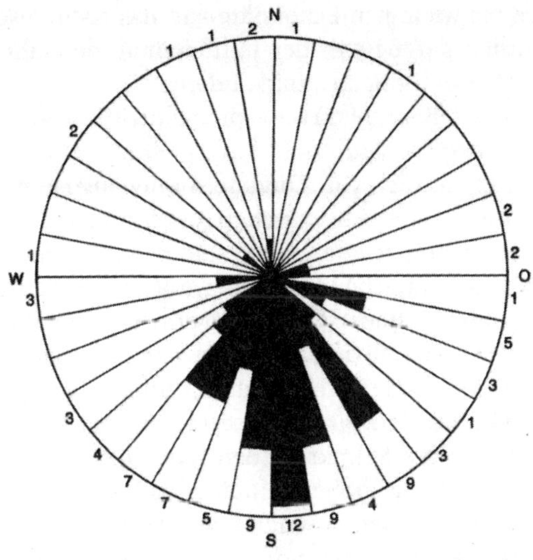

Die Ausrichtung der Zugänge von 98 steinzeitlichen Grabbauten in Mecklenburg-Vorpommern.

den Gestirnen, die in mythischen Weltbildern eine herausragende Rolle spielen – Grabbauten wurden zu Kultstätten zur Verehrung der Ahnen. Die Komplexität von Toten-, Gestirns- und Fruchtbarkeitskulten ist ein übereinstimmendes Merkmal aller frühen Kulturen, in den ägyptischen oder mesopotamischen Stromtälern, bei unseren steinzeitlichen, keltischen, germanischen oder slawischen Vorfahren, den Indianern Nord-, Mittel- und Südamerikas oder in der Gedankenwelt heutiger Naturvölker. Die frühe Himmelskunde repräsentiert nicht nur Aspekte der Entwicklung der Astronomie, sondern ebenso der Astrologie und Kosmologie mit engen Bezügen zur Geschichte des religiösen Denkens – eine bedeutsame Verknüpfung rationaler und nichtrationaler Denkinhalte.

Kalenderbauten und heilige Stätten

In Verbindung mit dem Jahreslauf der Sonne, ihrer wechselnden Höhe am Himmel, ihren unterschiedlichen Auf- und Untergangspunkten am Horizont, wurden vorzeitliche Kultanlagen und archäologische Funde auch zu Objekten einer alten Kalenderrechnung. Und noch unser Kalender und seine Feiertage sind in dieser Jahrtausende alten Tradition bei wichtigen Eckpunkten an das Naturgeschehen gebunden: Natürlich der Beginn der Jahreszeiten, der Jahreswechsel, Weihnachten, Ostern, Pfingsten und anderes.

Das bekannteste Beispiel aus der prähistorischen Astronomie ist bis heute Stonehenge (s. auch Abb. S. 113), eine monumentale Anlage, 130 Kilometer westlich von London. Stonehenge entstand wahrscheinlich in drei Bauphasen zwischen 3000 und 1500 v. Chr. Der heutige Zustand vermittelt einen unvollständigen Eindruck des einstigen Aussehens, da zahlreiche Steine trotz größter Umsicht der Erbauer umstürzten oder entfernt wurden. Dem heutigen Besucher erschließt sich nicht mehr die tiefe Gedankenwelt der einstigen Erbauer. Doch im Ergebnis archäologischer Untersuchungen gelang eine exakte Rekonstruktion: Im Zentrum stößt man auf den etwa 31 Meter im Durchmesser fassenden Steinkreis, den „Sarsenkreis", der durch 30 mächtige, etwa vier Meter hohe Steinblöcke gebildet wird, mit überliegenden Steinen zu einem geschlossenen Kreis verbunden. Dieser Kreis umschließt fünf Steintore. Von kleineren Steinsetzungen innerhalb der Anlage abgesehen, wird Stonehenge nach außen hin von den 56 „Aubrey-Löchern" abgeschlossen und von einem Wall begrenzt, hinter dem sich aufrechtstehend der „Heelstein" befindet.

Bereits im Jahr 1740 wurde die Ausrichtung der Hauptachse des Bauwerkes auf den Aufgangspunkt der Sonne zur Sommersonnenwende, also dem Sommeranfang, vermutet. Dies konnte der Astrophysiker Norman Lockyer 1901 nach genauen Untersuchungen bestätigen. Somit stellte sich Stonehenge zunächst als eine gewaltige Kalenderanlage dar, denn die systematische Beobachtung der Sonnenaufgangsorte machte es möglich, durch ihre Wiederkehr an einem bestimmten Horizontpunkt den Zeitraum eines Jahres festzustellen. Auf den ersten Blick könnte man sich damit zufrieden geben. Bei näherer Betrachtung drängt sich allerdings die Frage auf, warum eine kalendarische Markierung mit solch gewaltigem Bau festgehalten werden sollte. Die Steine der hufeisenförmigen Zentralanlage sind mit etwa 50 Tonnen Masse die größten im prähistorischen England bearbeiteten und ragen bis zu sieben Meter aus dem Boden. Die Aufstellung der Steintore kann zwar durch Rampen oder den Bau von Holzgerüsten erklärt werden, dennoch bleibt dies eine technische Meisterleistung, mit Anstrengungen verbunden, die nur Menschen auf sich nehmen, die ein festgegründetes Motiv besitzen.

Den Ansatz dafür gibt das mythische Weltbild der Erbauer, soweit uns heute eine Erklärung überhaupt gelingen kann: Stonehenge ging über die Funktion eines „Sonnenobservatoriums", eines Kalender-

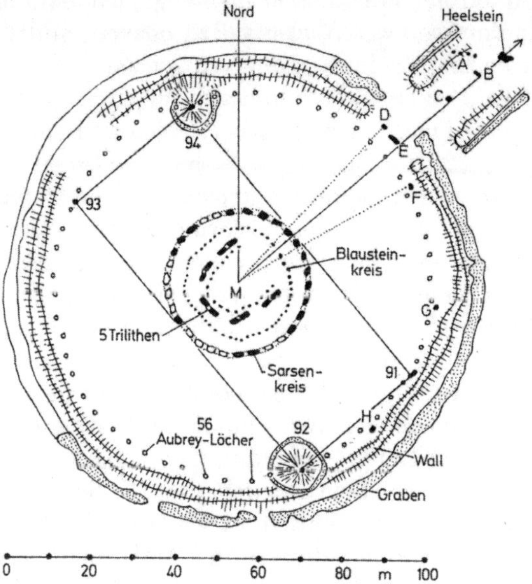

Schematische Darstellung der Anlage von Stonehenge mit der Visur zum Aufgangsort der Sonne zur Sommersonnenwende.

baus, hinaus, es war ein heiliger Ort kultischer Verehrung der Sonne als Spenderin allen Lebens. Die Sonne bringt die Jahreszeiten, ihr Lauf markiert den Kreislauf der Natur mit Geburt, Tod und Wiedergeburt. Wurde die Sonne überhaupt zum Sinnbild periodischer Folgen? Verbanden die Menschen die Lebenszyklen der Sonne mit ihren eigenen, von der Geburt zum Tod und vom Tod zur Wiedergeburt in einem anderen, unbekannten Teil der Welt?

Nach erneuten Untersuchungen um 1963 gelangen in Stonehenge überraschende Befunde: Nicht nur zur Sommersonnenwende wurde die Sonne beobachtet, sondern ebenso zur Winterwende, dem Winteranfang, weiterhin wurde in Stonehenge der Mond in seiner nördlichsten beziehungsweise seiner südlichsten Stellung am Himmel beobachtet. Der Festlegung dieser Linien in einem Bauwerk mussten jahrelange systematische Studien der Bewegungen am Himmel vorausgegangen sein. Dies beweist eine entwickelte Fähigkeit zur räumlich-geometrischen Vorstellung. Die Erbauer mussten empfänglich gewesen sein für die Feststellung von Regelmäßigkeiten und den Unterschied im ruhigen, konstanten Lauf der Gestirne zu den unsteten

Vorgängen auf der Erde. Schon hier zeigt sich, dass die Menschen damals in der Lage waren, abstrakt zu denken, hinter unsteten Erscheinungen das Wesen der Dinge zu suchen, eine Vorstellung von Maß und Zahl zu entwickeln und sich hierzu auch schriftliche Aufzeichnungen zu machen, ohne dabei Zahlen und Buchstaben zu verwenden.

Die bei Stonehenge konstatierten Sonnen- und Mondortungen finden sich ferner bei mehreren kreisförmigen Steinsetzungen in Großbritannien und auf dem europäischen Festland. Hierzu gehört, um aus der Fülle einiges zu nennen, die Steinsetzung von Callanish auf der Insel Lewis (Äußere Hebriden), Visuren am „Ring of Brogar" auf den Orkney-Inseln oder die Ausrichtung der Steinreihen von Carnac in Frankreich. In Kintraw (Westschottland) sieht man die Sonne zur Wintersonnenwende von einem mit aufrecht stehenden Steinen besetzten Hügel aus hinter einer entfernten Hügelspitze untergehen – ein beeindruckender Effekt dadurch, dass die Sonne, bevor sie endgültig versinkt, in einem Einschnitt des Horizontprofils wie ein verglimmendes Feuer kurz auflodert. Ihre Erklärung finden solche Orientierungen in der Verbindung zum Totenkult. Es lag durchaus nahe, das Reich der Toten im Westen, dort, wo die Sonne täglich untergeht, anzunehmen.

Sonnen- und Himmelsscheiben

In der Bronzezeit finden wir eine Zunahme astraler Kultsymbole. Dass diese in erster Linie Sonnensymbole sind, kann für eine Gesellschaft, deren materielle Produktion auf Feldwirtschaft und Viehzucht beruht, nicht verwundern. In allen bronze- und eisenzeitlichen Kulturkreisen war die Spirale als astrales Symbol verbreitet. Ob mit diesem Symbol der jährliche Lauf der Sonne über und unter dem Horizont in Spiralform dargestellt werden sollte, ist fraglich, aber denkbar. Näher liegt die Deutung, vor allem der Doppelspirale, als Symbol der Um- und Wiederkehr, des an die Sonne gebundenen Zyklus des Naturgeschehens. In diesem Zusammenhang ist an den Kultwagen von Trundholm zu denken (s. S. 114), ein Beispiel höchster Kunstfertigkeit des bronzezeitlichen Menschen (um 1400 v. Chr.), ebenso Zeugnis hoher Geisteskultur. Ein kleines Pferdchen zieht eine mit Goldblech bezogene Bronzescheibe. Legt bereits die golden leuchtende Scheibe den Gedanken an eine Beziehung zu bronzezeitlichen Sonnenkulten nahe, dann noch mehr die Ornamentik der Scheibe: kleine

Zeichnungen konzentrischer Kreise sowie Spiralen, die in Kreiszonen angeordnet sind. In der Erlebniswelt des bronzezeitlichen Menschen liegt dem sicherlich die Bewegung der Sonne am Himmel im Verlauf des täglichen und jahreszeitlichen Geschehens zugrunde, während das Pferd mit dem Sonnenwagen die Jahresbewegung der Sonne auf Kreisen, oder besser auf einer Spirale, versinnbildlicht. Die Verbindung des Sonnensymbols mit einem Pferd ist auf bronzezeitlichen Gegenständen ein häufiges Motiv und, ohne an eine direkte Abhängigkeit zu denken, sei an den viel späteren Sonnenwagen des Helios erinnert.

Wiederum wissen wir nichts über die rituellen Handlungen, bei denen der Trundholmer Wagen eine zentrale Rolle spielte. Es dürfte jedoch klar sein, dass es hier um die Bewegung der Sonne im Laufe des Tages und des Jahres ging, die wechselnde Kraft eines mächtigen Sonnenwesens (um die Bezeichnung als Sonnengott zu vermeiden). Auf die damit verbundenen tiefen Überlegungen der Trundholmer Menschen deutet der Befund, dass zwar die Vorderseite mit Ornamenten im Goldblech verziert ist, die von einem umlaufenden Strahlenkranz abgeschlossen werden, aber die Rückseite „dunkel" blieb, ohne Goldauflage und ohne Strahlenkranz. Die Gestaltung erfolgte in der Art, dass die goldene Seite vom Pferdchen von links nach rechts – oder Ost nach West –, die dunkle von West nach Ost gezogen wird. Symbolisiert der Kultwagen von Trundholm das kosmologische Bild der Bewegung der Sonne um die Erde, gezogen von einem Pferd, am Tag über der Erde, bei Nacht unter ihr, um bis zum Morgen an ihren östlichen Ausgangspunkt zurückzukehren? In diesem Bild wäre es dann gut erklärbar, dass das Sonnenwesen im Winter an Kraft verliert, sich nur mühsam über den Horizont erhebt und eine lange Nachtreise vor sich hat, hingegen im Sommer sich hoch an den Himmel schwingt und vor Kraft kaum dazu zu bringen ist, des Nachts unter den Horizont zu tauchen.

Der Trundholmer Wagen wurde 1902 aus einem Moor geborgen. Die Fundumstände ergaben, dass die Sonne und ihr Wagen teilweise zerstört und dann regelrecht im Moor bestattet wurden. Aus einem uns unbekannten Grund verlor der Wagen offenbar die Kraft eines sakralen Gegenstandes, wurde durch das Zerbrechen entweiht und aus der gegenwärtigen Welt verbannt. Möglicherweise hängt dies mit veränderten Religionsvorstellungen zusammen, denn nach etwa 1300 v. Chr. treten in Skandinavien Spiralmuster deutlich zurück und verschwinden schließlich ganz. Musste in diesem geistigen Zusammenhang der Kultwagen von Trundholm untergehen?

So tiefe und verzweigte religiöse und gleichzeitig kosmologische Vorstellungen in den bronzezeitlichen Gesellschaften waren das Produkt einer bereits sehr differenzierten Gesellschaftsstruktur. Die in Stammesverbänden organisierten Menschen lebten in strengen sozialen Hierarchien. Es gab Menschen der Oberschichten, Häuptlinge und abhängige Oberhäupter, die aus der Produktion der Nahrungsmittel ausgeschieden waren, denen die Ausübung der Kulte oblag und zugleich die Leitung aller Tätigkeiten des Lebens der Gemeinschaft. Diese geistige Elite stand in einem besonderen Verhältnis zu allen göttlichen Wesen, damit auch zur Sonne und dem Mond; ihr oblag die Beobachtung des Himmels und sie besaß insofern ein besonderes Ansehen und eine besondere Macht. Diese Macht stützte sich auch auf privaten Reichtum, den Besitz verschiedener materieller Güter sowie bestimmter Verteilungs- und Handelsprivilegien. Anhand der bronzezeitlichen Grabhügel, der „Fürstengräber", denen die Überzahl einfacher Grablegungen gegenübersteht, lässt sich diese soziale Struktur erkennen.

Die Bewegung der Sonne scheint für den bronzezeitlichen Menschen ein Gegenstand angestrengten Denkens gewesen zu sein. Natürlich musste diese Bewegung Vorbilder im sinnlich Erfahrbaren besitzen. Insofern die vielen Darstellungen von Sonnenpferden über die Zeiten und Kulturen hinweg. Eine andere Lösung lag nahe, die Bewegung auf einem Schiff. Dass diese Vorstellung besonders von Skandinavien bis nach Norddeutschland verbreitet war, ist kaum verwunderlich. Dort war das Schiff wichtigstes Verkehrsmittel, für den Waren- und Nachrichtenaustausch, für die Reise und damit als Sinnbild für Bewegung und Beweglichkeit überhaupt, akzeptabel als Gegenstand der Mythologie, schließlich vielleicht gar selbst heilig, als schwimmende Kultanlage. Dies legt auch ein Fund von mehr als 100 Miniaturschiffchen aus Dänemark nahe, von denen einige Sonnensymbole als konzentrische Kreise aufweisen.

Das Schiff für die Reise der Sonne taucht etwa um 1500 v. Chr. auf und hält sich für etwa 1000 Jahre. Auf bronzenen Gegenständen und Felsbildern finden sich Tausende von Schiffsbildern. Als Sonnenbarken sind sie dadurch zu erkennen, dass sich auf einer großen Zahl von ihnen Sonnendarstellungen als Kreis oder Radkreuz finden, beziehungsweise sie in ein mit der Sonne verbundenes Bildprogramm eingebunden sind. Derartige Bilder finden sich vorrangig auf Schwertern, auf Rasiermessern, die durch ihre „Schiffsform" eine solche Gestaltung scheinbar geradezu herausforderten, und als Felszeichnungen. Vielfach wurde die Verbindung mit der Sonne durch die Gestaltung des Stevens als Pferdekopf verstärkt und damit in der Kombination zweier Sonnensymbole, des älteren Pferdes und des neueren Schiffes eine mythische Verstärkung geschaffen.

Wie schon die beiden Seiten der Sonnenscheibe des Trundholmer Wagens die Tages- und Nachtbewegung der Sonne zu symbolisieren scheinen, findet sich Ähnliches in Verbindung mit dem Schiffssymbol, nämlich Schiffe, die von rechts nach links beziehungsweise von links nach rechts fahren und dabei neben dem Pferd noch von weiteren Tieren, wie Fisch, Schlange und Vogel begleitet werden. Ein interessantes Detail besteht darin, dass die von rechts nach links unter der Erde (in der Unterwelt?) schwimmenden Nacht-Schiffe nicht mit einer Sonnendarstellung verbunden sind, da sie einer Zeit angehören, zu der die Sonne unsichtbar ist, um am Morgen, bei der Übergabe an das von Ost nach West schwimmende Tag-Schiff, gewissermaßen neu geboren zu werden. Besonders ausgefeilte und mythologisch reichhaltige Darstellungen der Sonnenbarke finden wir verblüffenderweise auf bronzezeitlichen Rasiermessern. Dies scheint mit der bereits erwähnten, schiffsförmigen Gestalt der Rasiermesser zusammenzuhängen. Möglicherweise wurden diese in großer Zahl bekannten Rasiermesser jungen Männern bei Zeremonien zur Aufnahme in den Kreis der Erwachsenen übergeben und wirklich als solche verwendet, wie vielfache Abnutzungs- und Schliffspuren nahe legen. Auf einem etwa 3000 Jahre alten Rasiermesser aus Jütland sehen wir den Moment abgebildet, in dem das Sonnenpferd die Sonne von dem nach rechts, nach Westen, schwimmenden Tagesschiff mit Pferdekopfbug übernimmt, und dem nach links, unter der Erde nach Osten schwimmenden Schiff übergibt.

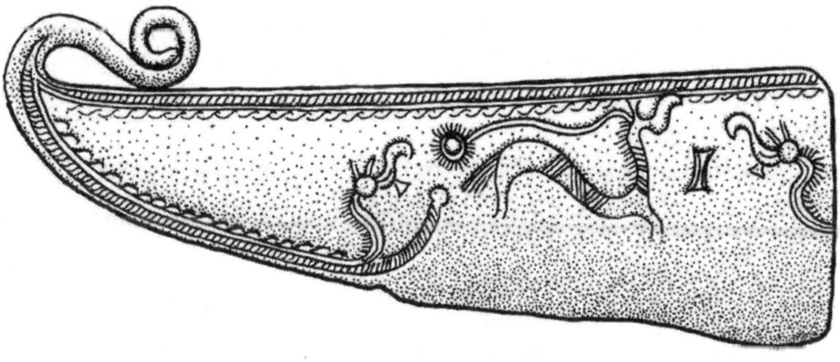

Rasiermesser mit Sonnenbarken und Sonnenpferd, Jütland, 11. bis 10. Jahrhundert v. Chr.

Unter den archäologischen Funden von internationaler Bedeutung, die eine Beziehung zu frühen Kenntnissen vom Himmel aufweisen, sticht seit kurzer Zeit die „Himmelsscheibe von Nebra“, der geschmiedete Himmel der Bronzezeit, hervor (s. auch Abb. S. 115). Selten hat ein Gegenstand aus ferner Zeit ein solches öffentliches Interesse bekommen – wissenschaftlich völlig zu Recht. Und dann verstärkte natürlich noch der Fundkrimi die allgemeine Aufmerksamkeit, das Auffinden durch völlig unqualifizierte Raubgräber, der Verkauf an Zwischenhändler in der Schweiz, die verfilmungsreife Kontaktaufnahme mit den Hehlern und die schließliche Übernahme durch die schweizerische Polizei bis zur Aufnahme in die Sammlung des Landesmuseums für Vorgeschichte in Halle an der Saale.

Lassen wir diese Dinge beiseite, erwähnen aber doch auch noch den gerichtlichen Streit um die Rechte der Vermarktung der Himmelsscheibe. Die geplante Vermarktung bis zum Äußersten ist in diesem Fall angesichts der schwierigen wirtschaftlichen und sozialen Situation in Sachsen-Anhalt durchaus zu verstehen. Ironischerweise heißt ein Kapitel im hervorragenden Begleitband zur Ausstellung der Himmelsscheibe im Jahre 2005 in Halle „Blühende Landschaften – Mitteldeutschland in der frühen Bronzezeit“.

Die Scheibe selbst müsste eigentlich kaum noch beschrieben werden. Deshalb eher steckbriefartig: Material: Grün oxidierte Bronze mit Goldauflagen, Durchmesser: 32 Zentimeter, Dicke: 1,8 bis 4,5 Millimeter, Gewicht: 2,3 Kilogramm, Alter: etwa 3500 bis 4000 Jahre, Zeit der Niederlegung: 1600 v. Chr. Darstellungen aus Goldfolie: 25 regellos verteilte sowie sieben nach einem geometrischen Muster angeordnete Plättchen mit einem Durchmesser von 8,5 bis zwölf Millimetern, ein scheibenförmiges und ein sichelförmiges Objekt, an den Rändern gegenüberstehend zwei Kreisbögen (davon einer verloren) und ein stärker gekrümmter, von feinen, kurzer Strichen umrahmter Bogen. Die gesamte Scheibe ist am Rand umlaufend mit kleinen Löchern versehen. Die Rückseite ist leer, mit Fertigungsspuren der Darstellung auf der Vorderseite.

Erkennbar ist die Herstellung in mehreren Phasen, zunächst deutlich dadurch, dass wenigstens die beiden Randbögen jünger als die Plättchen sind, weil durch den einen Bogen zwei Plättchen verdeckt sind und wegen der Darstellung des zweiten, heute fehlenden Bogens ein Plättchen unschön versetzt wurde. Ganz offensichtlich stammt auch die Lochung am Rand aus späterer Zeit, weil sie ziemlich rabiat die beiden Randbögen und den kurzen Bogen anschneiden. Genaue Untersuchungen gehen von bis zu fünf Herstellungsschritten aus, die sich über eine Zeit von etwa 100 bis 400 Jahren erstreckt haben könnten. Die Altersbestimmung der Himmelsscheibe erfolgte mittels der Fundbeigaben, besonders der Beile und Schwerter, die glücklicherweise in ihrer Gestaltung in teilweise recht kurzen Zeiträumen Veränderungen erlebten, die gut datiert sind. Zudem fand sich an einem der Schwerter ein Stückchen Birkenrinde, das eine separate Altersbestimmung mittels der C-14-Methode erlaubte und in guter Übereinstimmung mit den archäologischen Befunden die Jahre zwischen 1560 und 1600 v. Chr. ergab.

Wie schon der Kultwagen von Trundholm wurde die Himmelsscheibe von Nebra, benannt nach ihrem Fundort in Sachsen-Anhalt, aus nicht erkennbaren Gründen gemeinsam mit zwei Schwertern, zwei Beilen, einem Meißel und zwei Armspiralen rituell begraben, wobei die Scheibe eine aufrecht stehende Lage zwischen Steinplatten bekam. Zugehörige menschliche Überreste gibt es nicht. Der Begräbnisplatz liegt auf der Kuppe eines Hügels, des „Mittelberges", von dem man einen weiten Blick auf das Harzmassiv mit Brocken und Kyffhäuser hat.

Soweit die sicheren Fakten, doch nun die Interpretationen, für die es anfangs noch einen Konsens geben kann, während sich dann bald die Geister scheiden. Insofern möchte ich es mir erlauben, zunächst meine Sicht darzustellen, um dann jedoch auf weitere Darstellungen einzugehen. Was ist also auf der Himmelsscheibe zu sehen? Es sind 25 regellos verteilte Sterne sowie ein Sternhaufen, die Plejaden (das Siebengestirn). Sie bilden gewissermaßen den Hintergrund. Rechts, so die gängige Orientierung der Scheibe, sehen wir die Mondsichel, während links die Sonnenscheibe dargestellt ist. An beiden Rändern sind mit einem goldenen Bogen die Auf- beziehungsweise Untergangsweiten der Sonne im Laufe des Jahres dargestellt. Dies ist die Wanderung der Auf- und Untergangspunkte der Sonne am Horizont zwischen Winter- und Sommeranfang, die in unseren geografischen Breiten etwa 83 Grad beträgt. Für den kleineren Goldbogen unter Sonne und Mond scheint es mir plausibel, eine heilige Sonnenbarke zu sehen.

Damit wäre die Himmelsscheibe von Nebra eine symbolische Darstellung des Weltbildes der Menschen vor mehr als 3600 Jahren im heutigen Sachsen-Anhalt. Die ganze Existenz dieser Darstellung lässt darauf schließen, dass die Menschen dem Himmel eine grundsätzliche Bedeutung für ihr irdisches Leben beilegten, sie sich in eine einheitliche Welt gestellt sahen. Die Himmelskörper schienen darin im weitesten Sinne überirdisch zu sein, mit ihrer Ruhe und Konstanz das irdische Leben zu bestimmen. Und da man gewohnt war, die ganze Welt als belebt zu sehen, schien es dringend geraten zu sein, den Wesen des Himmels eine tiefe Verehrung entgegenzubringen, sie in kultischen Zeremonien zu verehren, sie anzuregen, weiterhin durch ihre Einwirkung irdisches Leben in der gewohnten Weise zu erhalten.

Für die Himmelsscheibe bedeutet die Darstellung: Es gibt Sterne und unter ihnen eine besonders auffällige Gruppe, die auf dem Weg des Mondes am Himmel liegt und manchmal von ihm sogar verdeckt werden kann. Diese Gruppe könnte die Plejaden darstellen, die in der Tat ein äußerst auffallendes, einmaliges Objekt des Himmels sind, das in der Mythologie vieler Völker eine große Rolle spielt. Gegen diese Deutung wurde eingewendet, dass mit bloßem Auge in den Plejaden in der Tat nur sechs Sterne sichtbar sind. Man muss diese Diskrepanz zur Kenntnis nehmen, sie lässt sich wohl kaum entkräften. Allerdings: die Plejaden werden immer wieder mit der Zahl Sieben in Verbindung gebracht. Akkadisch heißen sie Sebettu, die Sieben, bei den Indianern sind sie sieben Tänzer oder sieben Mädchen. Und auch die griechische Mythologie sieht die Plejaden als „Siebengestirn": Es sind die sieben Töchter des Atlas und der Pleione. Also liegt die Plejaden-Identifizierung doch sehr nahe.

Dass die große Sichelgestalt der Mond ist, wurde nie bestritten. Dagegen gibt es für den großen Goldkreis zwei Sichtweisen: Sonne und Vollmond, wobei derzeit die Vollmonddeutung wohl sogar die meisten Befürworter hat. Dennoch möchte ich an einer Identifizierung als Sonne festhalten, denn: Nach allem, was wir nach Tausenden von Funden und Verzierungen aus der Bronzezeit wissen, war die Religion dieser Zeit klar auf die Sonne ausgerichtet, was für eine bäuerlich orientierte Kultur auch ganz selbstverständlich erscheint. Außerdem, wenn der untere Bogen die Sonnenbarke darstellt, für die allein wir aus diesen Zeiten unzählige von Darstellungen haben, und die Randbögen die Winkel der Auf- und Untergangspunkte der Sonne am Horizont darstellen – warum fehlt dann auf der Himmelsscheibe das Sonnenwesen, das auf der Barke seine Tages- und Nachtreise sowie seinen Jahreslauf unternimmt?

Demnach wäre auf der Himmelscheibe die tägliche und jährliche Bewegung der Sonne das zentrale Motiv, wie wir es insgesamt aus bronzezeitlichen Weltvorstellungen kennen. Gegenüber sonstigen Darstellungen wird hier jedoch sowohl der Sternhimmel, als auch der Mond eingeführt, wofür es bislang aus diesen Zeiten kein vergleichbares Bildprogramm gibt. Alles Weitere jedoch erscheint mir eine Überinterpretation der Himmelsscheibe zu sein. So glaube ich nicht, dass die Winkel der Horizontbögen so genau dargestellt wurden, dass man rechnerisch auf die geografische Position des Herstellungsortes der Scheibe schließen kann. So exakt sind die Enden der beiden Bögen ja gar nicht gestaltet, dass man aus ihnen Bruchteile eines Winkelgrades ersehen könnte. Ich denke auch nicht, dass mit der Himmelsscheibe ein konkretes, einzelnes Himmelsereignis, etwa eine Sonnen- oder Mondfinsternis, dargestellt wurde, oder die Scheibe zur Visur auf bestimmte Horizontpunkte diente. Doch ich muss zugeben, dass – derzeit – eine Entscheidung zwischen einer von mir vertretenen Minimaldeutung und verschiedenen Maximaldeutungen mehr eine Glaubensfrage, als eine der wissenschaftlichen Beweisbarkeit ist. Lediglich für die Darstellung der Sonne anstatt des häufig angenommenen Vollmondes gibt es gewichtige Gründe, wie ich sie oben anführte, weshalb ich dies doch für recht sicher erwiesen halte.

Meiner Ansicht nach wurde damals eine mathematische Genauigkeit der Darstellung nicht beabsichtigt, oder vielleicht besser, allenfalls in den Grenzen gegeben, die dem Genauigkeitsempfinden der damaligen Menschen entsprach. Eine solche Reduzierung schränkt die Bedeutung der Himmelsscheibe für die Kulturgeschichte in keiner Weise ein. Bei aller Beschränktheit unserer Kenntnisse hinsichtlich der Details der mit der Himmelsscheibe verbundenen Kulthandlungen gewährt sie uns jedoch einen beeindruckenden Einblick in das Denken der Menschen vor Jahrtausenden. Und das in einer Weise, die vor dem Auffinden der Scheibe kaum jemand zu hoffen gewagt hatte. Denn eine Darstellung des Himmels, zwar symbolisch, aber doch in einer wenigstens teilweise geradezu naturalistischen Art der Gestaltung, kennen wir aus diesen Zeiten ansonsten überhaupt nicht. Die Himmelsscheibe ist somit weltweit ein einzigartiger Gegenstand und hat insofern auch in der internationalen Fachwelt einen tiefen Eindruck hinterlassen.

Um noch einen Aspekt dieser Bedeutung anzuführen: Die Herstellung der Scheibe für sich ist schon genügend interessant. Doch um die Scheibe zu entwerfen, sind damals zwei Ebenen zu beachten gewesen. Zunächst mussten die Menschen in der Verschiebung der Auf- und Untergangspunkte und damit in der Jahresbewegung der Sonne überhaupt eine Regelmäßigkeit erkennen. Dies kann nur das Resultat langer Beobachtungen der Sonnenbewegung aus mehreren Generationen von ein und demselben Beobachtungsort gewesen sein. Denn nur bei einer Beobachtung von einem festen Punkt aus lässt sich die Verschiebung der Auf- und Untergangsorte der Sonne genau genug erfassen. Und um diese Beobachtungen aufzuzeichnen und grafisch auf der Scheibe umzusetzen, bedarf es nicht geringer Fähigkeiten der Abstraktion und der Vorstellung von Zahl und Maß. Erst der nächste Schritt war dann die Einbindung dieser Regelmäßigkeiten in ein Weltbild und erst daraus resultierte das Motiv, die genau bestimmten Veränderungen bildlich auf der Himmelsscheibe mit einer richtigen Gradzahl in den Horizontbögen darzustellen. Die der Himmelsscheibe von Nebra zugrunde liegenden Beobachtungen dürften demnach weit vor die Zeit um 2000 v. Chr. zurückzudatieren sein.

Die Herstellung der Himmelsscheibe bedurfte eines klaren und offenbar sehr differenzierten Weltbildes, das hier in ein bestimmtes Bildprogramm umgesetzt wurde. Die Himmelsscheibe fügte sich bereits damals in eine lange Tradition eines entwickelten Weltbildes ein. So sehen wir in ihr das Produkt einer langen und zielgerichteten Naturbeobachtung der bronzezeitlichen Bewohner Sachsen-Anhalts und erahnen etwas von ihrem Denken, ihrer Erfassung der Einheit von Himmel und Erde und der Stellung des Menschen in der Welt, verbunden mit einer kultisch motivierten Kalenderrechnung.

Nach diesen Weltbildbetrachtungen und dem Schwelgen in Großartigkeit und Einmaligkeit noch einige nüchterne technische Aspekte: Durch genaue Materialuntersuchungen, Röntgenfluoreszenz- und Neutronenaktivierungsanalysen gelang es, die Herkunftsorte der verarbeiteten Bronze und des Goldes festzustellen. Denn die Metalle kamen ja nicht in hochreiner Form zur Verarbeitung, sondern weisen Beimengungen auf, deren Anteile auf den Ort der bergbaulichen Gewinnung und Verhüttung hinweisen. Demnach kommt das verarbeitete Kupfer aus dem Ostalpenraum, wohl aus dem bronzezeitlichen Bergbaugebiet von Mitterberg bei Bischofshofen. Dagegen weist die Analyse des Goldes auf eine Herkunft aus Siebenbürgen hin. Allerdings gibt es hinsichtlich des Gehaltes an Zinn und Silber signifikante Unterschiede zwischen den Sternen, Sonne und Mond als eine Gruppe, dem rechten Horizontbogen und dem am linken verlorenen Horizontbogen versetzten Stern als zweite Gruppe sowie dem Sonnenschiffchen als drittes. Die konkreten Schlussfolgerungen daraus sind noch nicht bis ins Letzte klar, verweisen aber erneut auf verschiedene Herstellungsphasen der Scheibe.

Die Herkunft der Materialien für die Scheibe aus so unterschiedlichen Gegenden ist keine Überraschung. Längst wissen wir, dass während der Bronzezeit europaweite Handelswege von Skandinavien bis Griechenland, zumeist entlang der großen Flüsse, führten. Damit war auch die Möglichkeit eines Kulturaustausches über weite Strecken gegeben. Die weiten Fernhandelsbeziehungen führten dazu, dass heute die Bronzezeit als erste gesamteuropäische Epoche gesehen wird. Im heutigen Sachsen-Anhalt, besonders im Gebiet um Halle an der Saale, eingeschlossen Nebra, entwickelte sich eine auf der Gewinnung und dem Handel mit Salz beruhende Kulturlandschaft, die sich im reichhaltigen archäologischen Material widerspiegelt. Auf dem Mittelberg in der Nähe von Nebra muss sich ein in diesen Zusammenhängen stehendes, bedeutendes Kultzentrum befunden haben, in dem die Sonne und der Himmel insgesamt eine kultische Verehrung genossen. Und wenn auch diese Verehrung typisch bronzezeitlich ist, so steht doch die Art und Weise der bildlichen Umsetzung dieses Weltbildes auf der Himmelsscheibe von Nebra, gerade wegen ihrer nüchternen, geradezu rationalen Darstellung, bislang ohne jegliches Vorbild da.

Himmelskulte in prähistorischer Zeit

Ich sprach von den Traditionen der Himmelsbeobachtungen, in die die Himmelsscheibe von Nebra gestellt werden kann. Für diese gibt es interessanterweise in der näheren Umgebung von Nebra ein noch etwa 3000 Jahre älteres Objekt, die Kreisgrabenanlage von Goseck im Landkreis Weißenfels (s. auch Abb. S. 114). Die Anlage wurde schon 1991 durch Luftbildvermessungen entdeckt und wird seit 2002 genauer untersucht. Nach sicherlich noch immer vorläufigen Resultaten stellt sich Folgendes dar: Der Kreisgraben weist einen Durchmesser von etwa 75 Metern auf, ist 1,50 Meter tief und 1,50 bis 2,50 Meter breit. Innerhalb dieser so eingegrenzten Fläche wurden zwei hölzerne Palisadenringe errichtet, die drei noch heute gut lokalisierbare schmale Durchgänge aufwiesen. Im Zentrum der Anlage konnten keine Baulichkeiten gefunden werden. Die Funde aus den Grabungen, Bruchstücke von Gefäßen, Feuersteinklingen und anderes, machten es möglich, die Anlage in die Zeit von 5000 bis 4800 v. Chr., der steinzeitlichen Epoche der Stichbandkeramik, zu datieren. Zudem kamen zahlreiche Tierknochen zum Vorschein, besonders Rinderschädelteile sowie Hörner, diese bevorzugt in den Eingangsbereichen.

Für die Geschichte der Himmelskunde ist folgender Befund von großem Interesse: In der Mitte der Anlage stehend blickt man durch das südöstliche Tor genau in die Richtung des Sonnenaufgangs zur Wintersonnenwende (Winteranfang) und durch das südwestliche Tor in die Richtung des Sonnenuntergangs an diesem Tag. Diese Richtungen sind so gut festgelegt, dass sich die Kreisgrabenanlage von Goseck als Kultstätte erweist, an der der jährliche Lauf der Sonne durch Beobachtung der wechselnden Auf- und Untergangspunkte am Horizont verfolgt und mit uns völlig unbekannten Zeremonien begleitet wurde. Dem „Sonnenpriester" – diese spekulative Bezeichnung möge man mir gestatten – stellte sich das himmlische Geschehen so dar: Er beobachtete, wie sich seit dem Sommer der Aufgangsort der Sonne von der östlichen Richtung, von links, immer mehr seiner Visur durch das südöstliche Tor annähert. Andererseits rückt der Untergangsort immer mehr von Westen, von rechts, an die Visierrichtung durch das südwestliche Tor. Dabei wird der Tagbogen der Sonne und ihre maximale Höhe immer geringer. Um die Zeit der Wintersonnenwende schließlich kann der Beobachter den Auf- und Untergang der Sonne durch beide Tore beobachten. Bald danach nimmt er wahr, dass sich die Punkte bereits wieder in Richtung Osten beziehungsweise Westen verschieben.

Bei der Beobachtung dieses Himmelsschauspiels dürfen wir wiederum keine Tagesgenauigkeit erwarten. Einige Tage vor und nach der Wintersonnenwende verlangsamt sich die tägliche Verschiebung der Auf- und Untergangsorte der Sonne so, dass sie einer einfachen Visur, selbst unter Verwendung von Visierhilfen, kaum zugänglich gewesen sein wird. Hinzu kommen dann natürlich noch die Unbilden des Wetters, deren Einfluss jedoch durch einen langen Zeitraum der Beobachtungen minimiert werden kann. Ich denke, man wird den Kreisgrabenbeobachtern nicht Unrecht in der Annahme tun, dass sie mit einer qualitativen Feststellung der Sonnenwenden und ihrer mythischen Deutung zufrieden waren. Und die könnte lauten: Der Sonnengott – sicherlich wieder ein zu neuzeitlicher Begriff – nähert sich der Zeit seiner geringsten Kraft und Machtentfaltung, er ist müde, er hat Kämpfe gegen die Dunkelheit zu führen und der Mensch muss dem Bringer allen Lebens zur Seite stehen. Die Hilfe, welche die Menschen der Sonne erweisen konnten, sah man sicher in magischen Handlungen zur Stärkung ihrer Kraft, zur Vertreibung der Dunkelheit, vielleicht gar in der Herumführung eines Sonnensymbols. Indem die Menschen das Abbild der Sonne bewegten, konnten sie annehmen, damit auch der Sonne selbst zu ihrer erneuten Höherbewegung am Himmel zu verhelfen. Denn es ist ein uralter Grundzug magischen Denkens, dass man das, was man mit dem Abbild eines Objektes, Wesens oder Menschen tut, mit dem Abgebildeten selbst tut – man vergleiche die Marter oder das Verbrennen einer Strohpuppe.

Schon vor fast 7000 Jahren lebten im heutigen Sachsen-Anhalt Menschen, die ein Weltbild entwickelt hatten, in dem der Himmel, sicherlich vor allem die Sonne, eine zentrale Rolle spielte, die sich und ihr ganzes Leben in enger Beziehung zum Ablauf himmlischer Vorgänge sahen. Anlagen der Art, wie das Kreisgrabenwerk von Goseck, dürfen wir uns als heilige Stätten eines größeren Siedlungsgebietes vorstellen. Die geistige Nähe zur Himmelsscheibe von Nebra ist auffallend, denn auch hier sind ja in Gestalt der Randbogen die Auf- und Untergangsrichtungen der Sonne im Laufe des Jahres vergegenständlicht. Damit will ich nicht die direkte geistige Verbindung über die zwischen beiden liegenden 3000 Jahre hinweg behaupten, aber auf jeden Fall unterstützt Goseck die schon erwähnte lange geistesgeschichtliche Tradition, in der die Himmelsscheibe steht. Und auch für Goseck trifft zu, was für Nebra hinsichtlich der Langfristigkeit der Beobachtung himmlischer Vorgänge gesagt wurde, die erforderlich ist, bevor ein dementsprechendes Bauwerk errichtet werden kann. Und die Projektanten der Kreisgrabenanlage hatten sich ebenso wie ihre späteren Priesterkollegen in Nebra nach einer gesellschaftlichen Arbeitsteilung aus den Prozessen der Gewinnung von Nahrungsmittel und handwerklicher Arbeiten im Kreis ihrer Gemeinschaften herausgelöst. Sie konnten sich geistigen Tätigkeiten widmen, sich in ein bevorzugtes Verhältnis zu den Göttern stellen, ein Weltbild entwickeln, in solchen Bauten, wie der Grabenanlage vergegenständlichen und damit die Kontinuität des Lebens, wie es sich ihnen darstellte, sichern.

Wie schon gesagt, wissen wir natürlich nicht, was für Zeremonien in der Anlage von Goseck zur Wintersonnenwende stattfanden. Sicher hingegen ist, dass etwas getan wurde. Und die Ausrichtung von Bauten in der Weise, dass Beobachtungen möglich wurden oder Beleuchtungseffekte, ist eine Sache, die sich über die Zeiten, über geografische Territorien und ethnische Zugehörigkeiten hinweg immer wieder findet. Bauwerke wurden so errichtet, dass sich an bestimmten Tagen des Jahres Beleuchtungseffekte einstellen, die nicht nur optisch wirksam sind, sondern eine kultische Funktion erfüllen. Dazu gehört das schon näher vorgestellte Stonehenge mit einem Alter von 3500 bis 5000 Jahren und auch das einigen Bauphasen von Stonehenge zeitlich nahestehende gewaltige Ganggrab von Newgrange, nordöstlich von Dublin, dessen kultische Intention dem allerdings wesentlich älteren Goseck nahe steht.

Das Ganggrab von Newgrange (s. auch Abb. S. 26 und S. 116) wurde vor 4700 bis 5500 Jahren nach sorgfältiger Planung in der Weise angelegt, dass die Sonnenstrahlen zur Wintersonnenwende, wenn die Sonne beginnt höher zu steigen und länger zu scheinen, bis

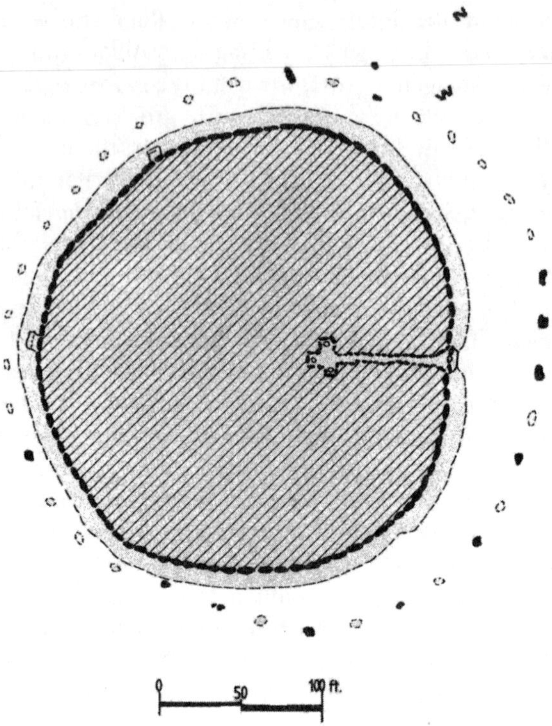

Schema des Ganggrabes von Newgrange, Irland.

zum Ende des 19 Meter tiefen Ganges vordringen. Die Länge des Ganges bewirkt eine so starke Bündelung, dass zwar das Sonnenlicht auch wenige Tage zuvor und danach die kreuzförmige Kammer am Ende erreicht, aber nur am entscheidenden Tag selbst das beeindruckende Schauspiel eintritt. Wir wissen nicht, welche Riten mit diesem Effekt verbunden waren, wer in der Kammer des Schauspiels harrte und welche Botschaft die Beteiligten anschließend dem auf freiem Feld wartenden Volk zu verkünden hatten. Aber es wird eine Botschaft der Art gewesen sein, dass nach einer Zeit des Niedergangs der Sonnengott nun im Begriff ist, seine Macht zurückzugewinnen, er im Kampf mit den Mächten der Finsternis siegte, mit seinem Lichtstrahl den Bund mit den Menschen erneuert hat und das Wachstum der Pflanzen und Tiere, Licht und Wärme verheißt. Mehrere gewaltige Steine der Grabanlage sind über und über mit Spiralen bedeckt.

Und um noch Beispiele heranzuziehen, die zeigen, in welch verschiedenen Kulturen und verschiedenen Zeiten Beleuchtungsphänomene eine religiöse, weltbildtragende Rolle spielen: An der um 455 n. Chr. erbauten Kukulcán-Pyramide der Maya in Chichén Itzá (Mexiko) „läuft" an den Tagen des Frühlings- und Herbstanfangs der Schatten der untergehenden Sonne in eigenartiger Weise am Leib einer steinernen Schlange empor, bevor das ganze Bauwerk in Dunkel gehüllt ist. Dort wo der letzte Lichtfleck verschwindet, befindet sich eine Kammer mit dem juwelenbesetzten Standbild des heiligen Jaguars. Dieses Schauspiel durch schattenwerfende Kanten setzt gute Kenntnisse vom Sonnenlauf an einem bestimmten Beobachtungsort voraus. Ein im Prinzip ähnliches Phänomen wird in dem etwa 1800 Jahre zuvor erbauten großen Tempel von Ramses II. in Abu Simbel bei Assuan (um 1260 v. Chr.) erzeugt. An zwei Tagen des Jahres, dem 18. Oktober, dem Neujahrsfest des ägyptischen Jahres zu Ramses' Zeiten, und am 22. Februar leuchtet die Sonne bei ihrem Aufgang für kurze Zeit tief in den Tempel hinein, um am Ende eines 60 Meter langen Ganges die Statue des Pharao zu treffen. Für Ramses und seine Zeitgenossen war das keine Spielerei; der Bau des Tempels wurde sorgfältig angelegt, damit die in dem langen Gang gebündelten Sonnenstrahlen das Bild des gottgleichen Pharao trafen – Leben und Wiedergeburt für Ramses sichernd, durch die Berührung mit dem Sonnengott die Göttlichkeit des Pharao bekräftigend.

2. Die Suche nach der Erklärung der Himmelserscheinungen

Im Besitz des heutigen Wissens von der Welt ist es leicht, die Entwicklung der Erkenntnisse im Laufe der Zeiten zu beurteilen. Doch das bloße Einsortieren des alten Wissens in die Schubladen „bestätigt“ oder „widerlegt“ zerstört jedes lebendige Bild der Vergangenheit. Natürlich ist es für uns leicht, solche Entscheidungen vorzunehmen. Hingegen in der Vergangenheit, in Zeiten, wo eine großartige Idee – nach späterer Wertung – entstand und sich anschickte, das alte, überholte Wissen – wieder nach späterer Wertung – abzulösen, war durchaus nicht von vornherein klar, was die großartige Idee und was das überholte Wissen war. Genau das musste erst herausgefunden werden. Und nicht immer entstand das Neue in der Klarheit, in der es uns erscheint. Und nicht immer musste allen Zeitgenossen das Neue, das Wahre, unbedingt als dieses erscheinen. Die Ablösung einer alten Theorie geht wohl nie so reibungslos vor sich, wie es oft in Lehrbüchern den Anschein hat. Allein schon deswegen, weil die alte Lehre eine Menge für sich hatte. Sie konnte gute Erklärungen liefern, stand im Einklang mit Beobachtungen und ermöglichte Berechnungen. Wäre sie dazu nicht in der Lage gewesen, hätte sie sich in der wissenschaftlichen Welt nie etablieren können. Und sie beherrschte das Denken, wurde in Forschung und Lehre erfolgreich verfochten, verhalf ihren Vertretern zu Ruhm und Ehre. Die Wahrheit ist ein Kind der jeweiligen Zeit. Unsere Beschreibung der Wirklichkeit kann sich dem Gegenstand nur immer weiter annähern, eine absolute und umfassende Kenntnis bleibt uns am Ende verwehrt.

Für eine neue Theorie müssen unter diesen Bedingungen die Zeichen nicht immer so gut stehen. Wieso soll das, was bislang als richtig erkannt wurde und sich in der Praxis bewährt hat, plötzlich nicht mehr gelten? Soll das Lebenswerk mitunter ganzer Generationen von Forschern auf tönernen Füßen gestanden haben, die brüchig werden und alles zum Einsturz bringen? „Eine neue wissenschaftliche Wahrheit pflegt sich nicht in der Weise durchzusetzen, dass ihre Gegner überzeugt werden und sich als belehrt erklären, sondern vielmehr dadurch, dass die Gegner allmählich aussterben und dass die heranwachsende Generation von vornherein mit der Wahrheit vertraut gemacht ist.“ So urteilte Max Planck und wenn das auch etwas drastisch klingt, hat er zweifellos recht. Wissenschaftliche Widerstände gegen eine neue Lehre können ganz vehement sein. Besonders massive Behinderungen wird neues Wissen dann erfahren, wenn es nicht nur gegen eine bisher geltende wissenschaftliche Theorie verstößt, sondern von so weitreichender Bedeutung ist, dass auch Bereiche der Weltanschauung, der Philosophie und Theologie oder sogar sozialer Verfassungen berührt werden.

Manche dieser Widerstände mögen wenigstens uns schwer verständlich erscheinen. Dennoch: Die Wissenschaft bedarf bei aller Freudigkeit am Neuen auch dringend eines gesunden Konservatismus, der genau wieder daraus entspringt, dass sich erst im Nachhinein bestätigt, was richtig und was falsch ist. Würde die Wissenschaft sofort auf jede Neuerung anspringen und das Alte verlassen, wäre ein wirklicher Fortschritt des Wissens unmöglich. Schließlich tauchen oft genug Ideen auf, die zunächst plausibel erscheinen, doch nach einiger Zeit als Irrweg wieder untergehen. Eine andere Wendung: Es tauchen neue Ideen auf, die nur vorübergehend keine Akzeptanz finden, weil einerseits das Alte seine Potenzen noch lange nicht ausgeschöpft hat, es andererseits der neuen Idee noch an Durchsetzungskraft mangelt. Und doch taucht die Idee möglicherweise nach einer längeren Zeit, vielleicht gar erst nach Jahrhunderten, wieder auf und kann sich nun durchsetzen. Lassen wir diese theoretischen Erörterungen lebendig werden.

Ein Plädoyer für das geozentrische Weltbild

Auf die Frage, ob sich die Erde um die Sonne, oder die Sonne um die Erde bewegt, wird es heute nur wenig Antwortvarianten geben. Das Wissen um die Grundstruktur unseres Planetensystems gehört zum allgemeinen Bildungsgut. Dennoch, vertieft man die Frage dahingehend, ob denn jemand die Bewegung der Erde erfahren habe, oder woher man diese elementare Tatsache kennt, wird das alles etwas schwieriger. Rasch wird sich bei den Befragten Ratlosigkeit einstellen, man wird verweisen auf Beobachtungen mit dem Fernrohr, gar auf die Raumfahrt und anderes. Genau das ist hier eines der fundamentalen Probleme. Die so völlig klare Erkenntnis von der Bewegung der Erde entzieht sich unserer Alltagserfahrung. Schlimmer noch: Wir erfahren genau das Gegenteil. Wir sehen jeden Morgen die Sonne aufgehen, über den Himmel ziehen und abends untergehen. Was für die Sonne gilt, stimmt genauso für den Mond, die Planeten und die Sterne. Wir sprechen vom „Aufgang“ und „Untergang“ und bemerken kaum, wie geozentrisch unsere Sprache ist, denn für die Bezeichnung des tatsächlichen Vorgangs des Auftauchens der Sonne am Horizont infolge der Erddrehung haben wir keinen sprachlichen Ausdruck. Solange wir unseren Augen trauen, unserer ganzen Erfahrung, können wir nichts anderes aussagen als: Die Erde befindet sich ruhend im Raum und alle Himmelskörper bewegen sich auf Kreisbahnen um sie herum. Muss es uns demnach so sehr wundern, wenn die Menschen, alle Gelehrten, diese Erscheinung lange für ein Abbild der Wirklichkeit hielten – solange keine zwingenden Argumente auftauchten, dem Augenschein zu misstrauen?

Was nun folgen soll, ist nichts anderes, als eine Verteidigungsschrift für das geozentrische Weltsystem. Der Richterstuhl der Vernunft soll erst später errichtet werden, wohl bedenkend, dass die Vorstellung von Vernunft äußerst dehnbar, interpretationsbedürftig und keineswegs voraussetzungslos ist.

Schon im 1. Kapitel konnte gezeigt werden, welch lange Tradition die Beobachtung des Himmels in der Geschichte der Menschheit hat und in welcher Weise Vorgänge am Himmel einen Platz in der Weltanschauung der frühesten Kulturen fanden. Bereits hier verband sich der beherrschende mythische und religiöse Grundzug der Weltbetrachtung mit klarer empirischer Beobachtung, die schon mit einer Systematisierung des Beobachteten verbunden war. Ganz empirisch, als Resultat langer Beobachtungen fiel auf, dass sich die Sterne auf Kreisbahnen bewegen, wohingegen die Planeten ihre Kreisbewegungen zeitweise durch Stillstände und Rückläufigkeiten unterbrechen. Bestand in dieser Kreisbewegung das Wesen des Laufes der göttlichen Gestirne? Hier verbinden sich Mythos und Logos zur Erhöhung der Bewegung auf einem Kreis, der schon von Alters her mit magischen Kräften verbunden wurde, zur einzig vollkommenen, also göttlichen Bewegung. Nur die Kreisbewegung führt in sich zum Ausgangspunkt zurück, bietet die Gewähr der wirklichen Vollendung und kann unendlich vollzogen werden. Auf der Erde gibt es sie als natürliche Bewegung nicht.

Zur Vollkommenheit der Kreisbewegung der Himmelskörper tritt notwendig die ihr einzig angemessene Körperform einer Kugel hinzu. Diese Beziehungen stellten zuerst Pythagoras und seine Schüler im 5. Jahrhundert v. Chr. in ihrer zwischen Mystik, Theologie und exakter Wissenschaft angesiedelten Lehre her, in der die Kreisbewegung der kugelförmigen Himmelskörper als Grundelement der Harmonien des Kosmos galt. Schon der Begriff „Kosmos“ bedeutet Harmonie, Schönheit und Vollkommenheit, wie Aristoteles in seinem Werk „Über die Welt“ in poetischer Stimmung über den Kosmos schreibt:

„Welche Wesenheit gäbe es denn, die ihm überlegen wäre? Was man auch nennen mag, es ist nur ein Teil von ihm. Alles Schöne hat seinen Namen von ihm und alles Geordnete; kommt doch von ‚Kosmos‘ der Ausdruck ‚kekosmesthai‘ [Geschmückt-, Geordnetsein] her. Welches Einzelding aber vermöchte sich der Ordnung am Himmel zu vergleichen, dem Lauf der Gestirne, der Sonne und des Mondes, wie sie sich nach den genauesten Maßen bewegen von einer Weltzeit zur anderen? Wo gäbe es eine solche Untrüglichkeit, wie sie die schönen Jahreszeiten bewahren, die alle Dinge hervorbringen, die Sommer und Winter geordnet heraufführen, die Tage und die Nächte bis zur Vollendung des Monats und des Jahres? Vollends ist seine Größe über-

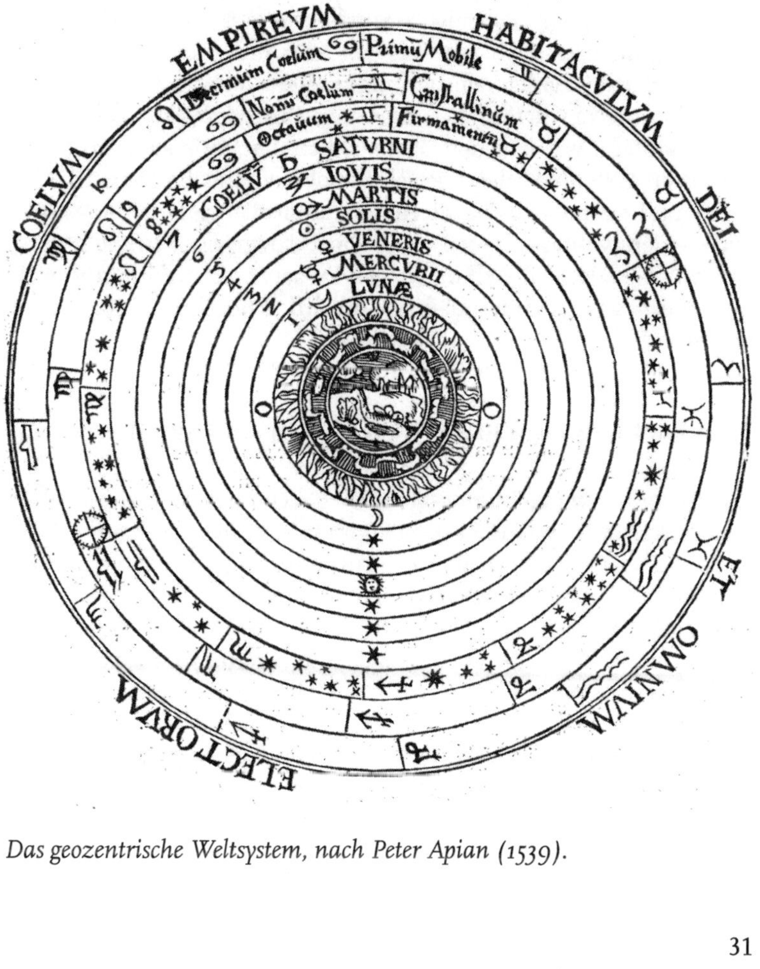

Das geozentrische Weltsystem, nach Peter Apian (1539).

ragend, seine Bewegung die rascheste, sein Glanz der lichteste, seine Kraft alterslos und unvergänglich. Er ists, der die Naturen der Lebewesen im Wasser, auf der Erde und in der Luft geschieden und ihre Lebensdauer nach seinen Bewegungen bemessen hat. Er ists, von dem alle Lebewesen den Odem ziehen und Seele haben. Er ists, in dem auch die überraschendsten Seltsamkeiten sich nach einer Ordnung vollziehen."

Ich möchte ergänzend hinzufügen, dass auch „Kosmetik" von diesem alten griechischen Wort abgeleitet ist: Schönheit, Schmuck, umgangssprachlich auch mit einer etwas negativen Bewertung im Sinne von überdecken und verbergen oder reiner Äußerlichkeit.

Eine harmonische, im wahren Sinne des Wortes kosmische Betrachtung des Weltbaus galt beispielsweise Platon im 4. Jahrhundert v. Chr. als völlig selbstverständlich. Nach seinen Worten im berühmten Dialog „Timaios" habe der Schöpfer die Welt selbst und alle Körper, die in ihr sind, nach dem Bild von Kreis und Kugel erschaffen.

Das gleichermaßen aus aufmerksamer Naturbeobachtung und weltanschaulicher Reflexion entstandene Bild der Welt, das kosmologische System, war klar und übersichtlich. Die Erde steht im Mittelpunkt der Welt, um sie bewegen sich der Mond und die Sonne, die Planeten und schließlich die Sterne auf kreisförmigen Bahnen. Alles folge einer wohlgeordneten, einfachen, harmonischen Bewegung, welche nach den Vorstellungen der Pythagoreer die für uns nicht wahrnehmbare Sphärenmusik als Ausdruck höchster Vollkommenheit erzeugt.

Die vier Elemente: Erde, Wasser, Luft und Feuer

Die geozentrische Weltordnung erhielt gleichermaßen eine vielfältige theoretische wie praktische Bestätigung. Natürlich steht am Beginn die einfache Beobachtung der Gestirnsbewegung, sowohl die tägliche, als auch die jährliche. Doch dann erwuchs dem naiven Geozentrismus eine starke Stütze in Gestalt der aristotelischen Physik, besonders der Lehre vom Erdmittelpunkt als dem natürlichen Ort aller schweren Körper, und weiteren Teilen der aristotelischen Lehre von den vier Elementen.

Aristoteles teilt die Welt in zwei Bereiche, die durch die Sphäre des Mondes voneinander geschieden sind. Der untere, sublunare Bereich ist gebildet aus den Elementen Feuer, Luft, Wasser und Erde (s. auch Abb. S. 117). Die beiden letzten sind die schweren Elemente, die ersten

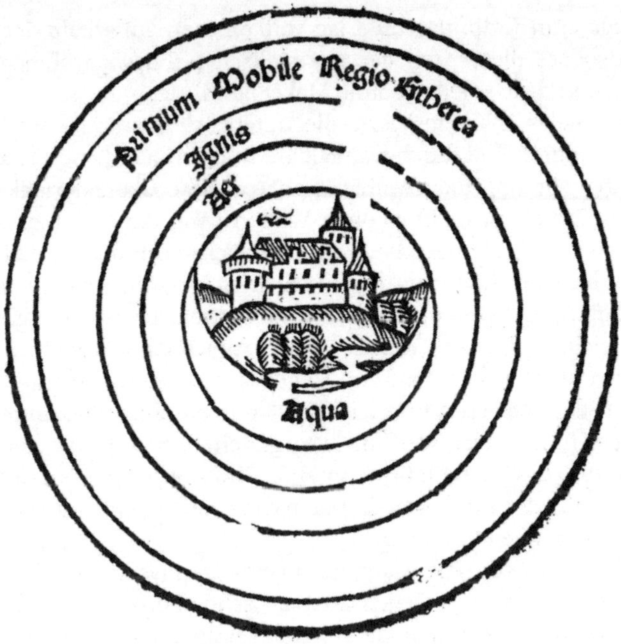

Der Ort der vier Elemente in der Welt, nach Johannes von Glogau (1506).

die leichten. Die schweren Elemente haben das Bestreben, vermöge ihrer einfachen und geradlinigen Bewegung zum Mittelpunkt der Welt als ihrem natürlichen Ort zu gelangen. So bilden sie den schweren Erdkörper, dessen Mittelpunkt aus diesem physikalischen Grund mit dem Weltmittelpunkt zusammenfällt. Um die schweren Elemente ordnen sich die leichten Luft und Feuer an, deren natürliche Bewegung vom Weltmittelpunkt weggerichtet ist. Da die schweren Elemente mit dem Erreichen des Weltmittelpunkts, also dem Erdzentrum, ihren natürlichen Ort erreicht haben und an ihm zur Ruhe kommen, kann der Erde keinerlei natürliche Bewegung zukommen, sie muss selbst in Ruhe verharren.

Dieses physikalische Konzept war Resultat vielfältiger Naturbeobachtungen, denn tatsächlich bewegen sich alle schweren irdischen Körper auf den Erdmittelpunkt zu. Wird ein in die Höhe gehobener Stein, dessen Bewegung nicht künstlich beeinflusst wird, losgelassen, fällt er senkrecht zum Erdmittelpunkt; wird er geworfen, mischt sich sein natürliches Streben nach größtmöglicher Nähe zum Weltmittelpunkt mit dem äußeren Zwang des Wurfs zu einer zusammengesetzten Bewegung. Irgendeine natürliche Bewegung in eine andere Richtung als zum Erdmittelpunkt lag vollkommen außerhalb der Erfahrung, sodass dieser Teil der aristotelischen Physik wohlbegründet erschien und sich vielfach ohne Makel bewährte.

Aristoteles charakterisierte die untere, elementische Weltsphäre als eine „durch und durch wandelbare und veränderliche", ja als eine „vergängliche und todgeweihte" Sphäre. Diese Charakteristik ist zunächst einmal gar nicht so ohne Weiteres von der Hand zu weisen, genauso wenig die des oberen Weltbereichs. Die dort vorhandenen Körper bestehen nicht aus den vier Elementen, sondern dem „fünften Elementarkörper", dem wirklich Dauerhaften, der weder schweren, noch leichten „Quinta essentia", heute sprachlich gelegentlich in der „Quintessenz" erscheinend. Im Gegensatz zu den natürlichen Bewegungen der schweren und leichten Elemente zum Weltmittelpunkt hin beziehungsweise von ihm weg gerichtet, besteht die natürliche Bewegung dieser Ätherkörper in einer Kreisbewegung um den Weltmittelpunkt, der aus diesen Gründen das einzige Zentrum natürlicher Kreisbewegungen sein kann.

Mit diesem Konzept gelang Aristoteles die physikalische Erklärung des augenscheinlichen Gegensatzes zwischen Himmel und Erde. Den Mond setzte er als trennende Sphäre zwischen beide Bereiche. Denn einerseits hat er hinsichtlich seines Laufes um die Erde an den kosmischen Prinzipien der Beständigkeit und Harmonie teil, weist andererseits jedoch mit seinen Lichtphasen als einziger kosmischer Körper Veränderungen auf, die ihm zudem die astrologische Bedeutung als kosmisches Symbol der Veränderlichkeit eintrugen. In dieses Gesamtkonzept kreisförmiger Bewegungen fügten sich die Planeten mit der von den Pythagoreern postulierten Kugelgestalt ein. Ebenso ergibt sich die Kugelgestalt der Erde aus der aristotelischen Lehre vom Weltmittelpunkt als natürlichem Ort der schweren Körper. Aristoteles schreibt: „Das ist jedenfalls klar, dass wenn alles gleichmäßig vom Rande aus zu einer einzigen Mitte hin stürzt, eine allseitig gleichmäßige Masse entstehen muss. Denn wenn überall gleichviel sich derart anreichert, muss schließlich der Rand von der Mitte überall denselben Abstand haben. Das aber ist die Gestalt einer Kugel." Im Detail: Alle schweren Körper, zusammengesetzt aus den Elementen Erde und Wasser, haben das natürliche Bestreben, ihrem natürlichen Ort, der Weltmitte, möglichst nahe zu sein. Die Folge ist, dass sich in der Weltmitte ein kugelförmiger Körper zusammenballt. Dieser Körper ist die Erde, deren Mittelpunkt mit dem Weltmittelpunkt zusammenfällt.

Die Göttlichkeit der Himmelskörper fand nach antiker Weltanschauung ihren Ausdruck nicht nur in ihrer vollkommenen Körperform und ihrer Bewegung auf Kreisbahnen, sondern ebenso im Gedanken ihrer Beseeltheit, der seine Wurzeln in altem Volksglauben hat. Die konsequente Entwicklung dieser Gedanken ist schließlich die Gleichsetzung von Himmel und Gott, was von erheblicher Konsequenz für das Ansehen der Astronomie war, wurde sie doch auf diese Weise zur Wissenschaft der Erforschung des Göttlichen und die Beschäftigung mit ihr sollte beim Menschen zur moralischen Besserung führen. Über den praktischen Nutzen der Astronomie für das Staatswesen und den einzelnen Menschen hatte sich Platon ausführlich in seinen „Gesetzen" geäußert. Die Betrachtung der Welt, die Bewunderung des Schöpfers und der durch sie gewährte Genuss, ja sogar die Behauptung, der Mensch habe den aufrechten Gang von Gott erhalten, um die Augen zu den Gestirnen erheben zu können, zieht sich durch die Literatur der unterschiedlichsten Zeiten, wodurch sich zudem ein teleologisches Argument zugunsten des Geozentrismus ergibt. Um die Zeitenwende schrieb Seneca:

„Um sich davon zu überzeugen, dass sie [die Himmelskörper] betrachtet und nicht bloß angesehen sein wollen, magst du überlegen, an welche Stelle sie [die Göttlichkeit] uns gesetzt hat, in ihre Mitte hat sie uns gestellt und uns nach allen Seiten den Rundblick gegeben und dazu nicht nur die aufrechte Stellung, sondern das in die Höhe gestellte Haupt auf einem beweglichen Hals, damit der Mensch als zur Beobachtung Geschaffener die vom Morgen zum Abend kreisenden Gestirne verfolgen und seinen Blick mit dem All herumführen könne."

Es mag nicht ohne Interesse sein, dass dieses Bild, der Mensch habe den aufrechten Gang erhalten, um den Lauf der Gestirne zu beobachten, eine lange Geschichte hat. Schon bei Platon und in Ovids Metamorphosen taucht es auf. In sehr erfrischender Sprache heißt es 1592 in einer kleinen Prognostik von Johann Krabbe, zunächst in Anknüpfung an die biblische Erzählung der Weltschöpfung: „Es hat Gott der Herr Allmechtige, bald in erschaffung der Welt Himmels und der Erden, wunderbarlichen, die tag und nacht lenge, das ab und zunemen des Liechts am Monde, und den gewissen lauff der Sonnen unterschiden, und fürnemmlich die beiden grossen Himlischen liechter Sonn und Mon, als fürnehme Regenten, der Monat, jahre und Tage erschaffen, und uns Menschen für augen gestellet, das wir solch herrlich geschöpff und überaus wunder schöne gebew nicht allein schlecht wie die Gottlosen Epicurer, und Schweine welche die Nasen under sich hangen ansuchen, sondern auch befohlen, das wir offtmals unser Heupter empor heben, und den Himel fleissig anschawen, und der Sternen lauff, auch abteilung der Monaten, jahre, und Tage, mit allem fleis unterscheiden, und die zorn zeichen, so Gott an den Sternen und in der lufft als vorboten künfftiger straff und unglücks anzeiget, fleissig obseruieren, und in acht nahmen, und den nutzen so wir dauon haben, stets behertzigen sollen, denn wenn solches alles nicht betrachtet, würden wir Menschen ja den unterscheid der Monat und Jar rechnung nicht besser wissen, als das unvernunfftige Viehe."

Öffnete sich einerseits in der aufmerksamen Beobachtung des Himmels ein Weg zur Verherrlichung Gottes, lag darin andererseits die Gefahr, über der Lobpreisung der Geschöpfe den Schöpfer zurücktreten zu lassen und somit den Geschöpfen das zukommen zu lassen, was einzig dem Schöpfer zusteht. Dieses Problem, schon im Alten Testament präsent, spielte in theologischen und populärastronomischen Schriften immer wieder eine Rolle. Das ist schon deswegen fast selbstverständlich, weil sich der christliche Monotheismus in einer Welt der vielfältigen Vergöttlichung von Naturerscheinungen, besonders der Gestirne, zu behaupten hatte. Ganz klar hieß es insofern im ersten der von Moses in der Wüste gegebenen Gebote: „JCH bin der HERR / dein Gott ... DV solt kein andere Götter neben mir haben. Du solt dir kein Bildnis noch jrgend ein Gleichnis machen / weder des das oben im Himel / noch des das vnten auff Erden / oder des das im Wasser vnter der erden ist. Bete sie nicht an / vnd diene jnen nicht."
(2 Mos. 20, 2–5)

Die Zentralstellung der Erde wird bewiesen

Der Ort der Erde im Weltzentrum, die kreisförmige Bewegung der Himmelskörper um die Erde sowie die Kugelgestalt der Himmelskörper und der Erde gehören zu den grundlegenden Elementen antiker Wissenschaft, wie sie beispielsweise dem klassischen, noch heute in jeder Hinsicht bewunderungswürdigen Werk der griechischen Astronomie, dem „Almagest" des Claudius Ptolemäus aus dem 2. nachchristlichen Jahrhundert zugrunde liegen. Ptolemäus stellt den mathematischen Ableitungen der Gestirnsbewegung als „Vorbesprechung" fünf Grundsätze voran:

1. Das Himmelsgebäude hat Kugelgestalt und dreht sich wie eine Kugel.
2. Ihrer Gestalt nach ist die Erde für die sinnliche Wahrnehmung, als Ganzes betrachtet, gleichfalls kugelförmig.
3. Ihrer Lage nach nimmt die Erde einem Zentrum vergleichbar die Mitte des ganzen Himmelsgewölbes ein.

4. Ihrer Größe und Entfernung nach steht die Erde zur Fixsternsphäre im Verhältnis eines Punktes.
5. Die Erde hat ihrerseits keinerlei Ortsveränderung verursachende Bewegungen.

Die Kugelgestalt des Himmelsgewölbes wurde zunächst aus der Bewegung der Sterne abgeleitet, besonders der weder auf- noch untergehenden Zirkumpolarsterne, die eine vollständig sichtbare Kreisbewegung um den Himmelsnordpol ausführen, wie der Große Wagen, und deren Kreise mit wachsendem Abstand vom Pol immer größer werden. So geht Ptolemäus vor, der zudem erläutert, dass jede andere Form des Himmels, etwa die eines Kastens, beim täglichen Umschwung der Gestirne dazu führen müsste, dass sich aufgrund der dann notwendigen Veränderung der Distanz der Gestirne von der Erde die scheinbare gegenseitige Entfernung der Sterne verändern müsste, was nicht beobachtet wird. Ein weiteres Argument besteht für Ptolemäus darin, dass für „die ohne Hindernis mit allergrößter Leichtigkeit vor sich gehende Bewegung der Himmelskörper" in der Ebene nur ein Kreis, für die Körper nur eine Kugel infrage komme und sich ohnehin die Moleküle des Äthers zu Körpern von Kugelgestalt zusammenballen müssten. So ist für Ptolemäus, der in seinem kosmologischen System auf Aristoteles fußt, die Erde ganz selbstverständlich von Kugelgestalt.

In den einleitenden Worten zu diesem Kapitel sprach ich davon, dass auch Wissenssysteme, die sich später als falsch erweisen, zu ihrer Zeit eine feste empirische Begründung finden können. Was führt in diesem Sinne Ptolemäus zugunsten seiner geozentrischen Kosmologie an? Zunächst stellt er fest, dass aus Gründen der inneren Symmetrie der Welt, das heißt in einem kugelförmigen Himmelsgewölbe mit kugelförmigen Himmelskörpern, die sich auf Kreisbahnen um die Erde bewegen, die Erde selbst nur in der Weltmitte stehen könne. Daraufhin prüft er mögliche Konsequenzen einer anderen Stellung der Erde und vergleicht sie mit den Resultaten astronomischer Beobachtungen: Wenn die Erde außerhalb der Weltachse, jedoch von beiden Polen gleichweit entfernt stünde oder wenn sie auf der Achse einem der Pole näher stünde sowie wenn beides zutreffen würde. Die Lösungen, die Ptolemäus gibt, sind verblüffend einfach: Stünde die Erde außerhalb der Weltachse (Bild a) auf Seite 38), hier nach rechts verschoben, würde die Zeit, die ein Gestirn vom Aufgang bis zum Erreichen der südlichen Richtung benötigt, größer sein, als die vom Süden bis zum Untergang. Außerdem wäre, wie Bild b) zeigt, beispielsweise der Winkelabstand zwischen zwei Sternen beim Aufgang im Osten klei-

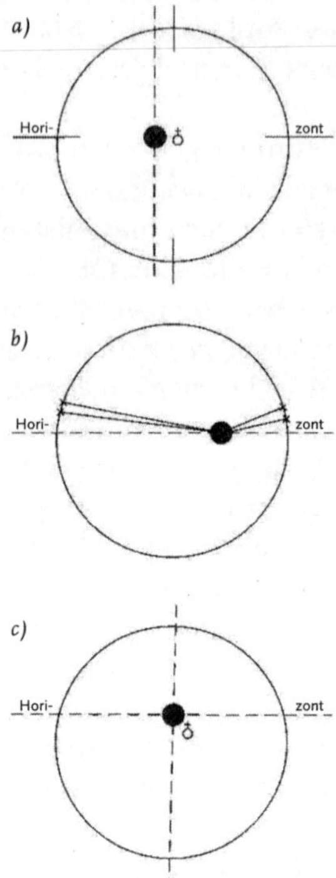

Argumentationen zur zentralen Lage der Erde im Weltall (vgl. Text).

ner als beim Untergang im Westen, da ihr Abstand zur Erde veränderlich wäre. Die Erfahrung, so stellt Ptolemäus mit Recht fest, lehrt etwas anderes – nämlich dass die Kulmination im Süden genau die Zeit zwischen Auf- und Untergang halbiert und die Winkelabstände zwischen den Gestirnen konstant sind. Stünde im zweiten Fall die Erde in Richtung auf einen der Himmelspole, wie in Bild c) nach oben verschoben, würde beispielsweise der Himmelsäquator die Ekliptik nicht mehr halbieren, sondern es wäre ihr kleinerer Teil über und ihr größerer unter dem Horizont. Auch das widerspricht den Beobachtungen.

Untersucht man solche Argumentationen in Verbindung mit der elementaren Betrachtung des Auf- und Untergangs der Gestirne, sind sie durchaus beweiskräftig. Es besteht jedoch eine Voraussetzung – ein räumlich nicht allzu ausgedehntes Weltall, weil ansonsten die Dimensionen des Erdkörpers gegenüber der Gestirnssphäre zu keinen sichtbaren Veränderungen an den Sternen führen können. Doch andererseits konnte dieses Weltall nicht allzu klein sein, weil ansonsten schon die Gestirnsbeobachtungen von verschiedenen Punkten der Erde aus, allein infolge des Erddurchmessers, zu merklichen Positionsänderungen der Gestirne führen müssten. Doch gegenüber der Sternsphäre lässt sich der Erddurchmesser praktisch vernachlässigen und sowohl die Sterne, als auch der Sonnenlauf stellen sich so dar, als würden wir vom Mittelpunkt der Erde und nicht von ihrer Oberfläche aus den Himmel beobachten. Gemessen an der Ausdehnung der Welt ist die Größe der Erde vernachlässigbar. In diesem Sinne spricht Ptolemäus, genauso wie später Kopernikus davon, dass die Erde zur Fixsternsphäre im Verhältnis eines Punktes steht.

Mehr theoretischer Natur ist der letzte Teil der einleitenden Erörterungen von Ptolemäus über die Unbeweglichkeit der Erde. Hier schließt er an die aristotelische Lehre von den leichten und schweren Elementen an und begründet, dass die Erde keinerlei Ortsveränderung haben kann, weil die sie bildenden Körper sich bereits an ihrem natürlichen Ort befinden und der von ihnen ausgeübte Druck von allen Seiten gleichermaßen wirkt. Ptolemäus dehnt die Erörterung des Erdstillstands auf das Verhalten von Wolken und anderen auf der Erde oder in ihrer Atmosphäre befindlichen Körpern und schließlich auf die Bewegung des Schweren an Stelle des Leichten aus. Es sei nach seiner Auffassung nicht denkbar, dass sich das Schwere in der Welt – die Erde – bewege, während das Leichteste – die aus dem Äther bestehenden Himmel – ruhen. Nähme man zudem an, dass sich die Erde fortbewegt, dann müsse alles, was nicht fest mit ihr verbunden ist, in einer der Erdbewegung entgegengesetzten Bewegung begriffen sein.

Nimmt man all dies zusammen, so ist festzustellen, dass die Gesamtheit der Argumente zugunsten eines geozentrischen Weltmodells für die antiken Gelehrten von großer Überzeugungskraft sein musste – und das zunächst aus rein wissenschaftlichen Erwägungen, eingeschlossen die direkte Sinneserfahrung. Verstärkend kommen im Weiteren theologische Argumentationen hinzu, die besonders seit dem 17. Jahrhundert in den Vordergrund rückten. Dem alten biblischen Weltbild, den Schöpfungsberichten, wie überhaupt der Reflexion über die Stellung des Menschen in der Welt, entsprach am besten die Zentralstellung der Erde. Die Worte aus der Genesis, „vnd seien Liechter an der Feste des Himels / das sie scheinen auff Erden" (1 Mos. 1,15), lassen im Kontext an den wohlbehütet in der Weltmitte ruhenden Menschen denken, dem zu dienen die Himmelslichter erschaffen wurden. Zudem setzt sich auf diese Weise die strenge Strukturiertheit feudaler Gesellschaftsverfassungen in einer kosmischen Strukturiertheit fort, die eine Wertigkeit von unten nach oben im Sinne von mängelbehaftet und vergänglich zu göttlich, ewig und vollkommen einschließt – bis hin zu dem über allem thronenden Schöpfer.

Das geozentrische Weltbild weist eine strikte duale Gliederung von außen nach innen, von oben nach unten, vom Umfassenden zum Umfassten auf, in der zugleich eine Skala der Würde und des Wertes der physischen Realität begründet liegt. Das „Erste Bewegte", der „Erste Himmel", ist die Fixsternsphäre, die in ewiger Gleichförmigkeit um die Erde kreist. Sie gibt die Bewegung an die Planeten und den Mond weiter sowie in geschwächter und die Reinheit und Regelmäßigkeit vermissenden Form an den Weltbereich der vier Elemente. Die Himmel, die Sphären der Planeten und der Sterne erscheinen mit dem Vorzug größter Gottesnähe ausgestattet, die Erde, „unsere finstertrübe Stätte", dagegen als dem höchsten Vollkommenen am weitesten entrückt, mit aller Mangelhaftigkeit und Vergänglichkeit.

Abgesehen von diesem Nachteil ist die Erde aber mit dem Vorzug der Mittelstellung begnadet und das geozentrische Weltbild führt dem Menschen eine abgeschlossene, übersichtliche Welt vor Augen. Der Mensch befindet sich eingeschachtelt und behütet von kristallenen Sphären der Gestirne in der Mitte der Welt, die ganz oben vom empyräischen Himmel abgeschlossen wird, über dem Gott mit den himmlischen Engelscharen und den erleuchteten Seelen thront. Die Aufgabe des Menschen auf der Erde ist es, zu Gott emporzuschauen und ihm wohlgefällig zu leben. Gott andererseits blickt auf die von ihm geschaffene Erde, um sich an ihr zu erfreuen oder mit den Menschen zu zürnen.

Der eigentliche Bewegungsantrieb liegt nach aristotelischer Lehre außerhalb der Welt, ist als „das erste unbewegte Bewegende" unkörperlich und unräumlich, ein rein geistiges Prinzip. Deshalb setzt es den Weltlauf nicht durch einen physisch zu verstehenden Anstoß in Bewegung, sondern allein durch sein Dasein, seine Vollkommenheit. Nicht seine Beteiligung und sein Wille übt auf die Weltsphären die bewegende Ursache aus, sondern dieser wirkt ähnlich, wie das Geliebte durch seine Schönheit anzieht. In christlicher Deutung der aristotelischen Physik wurde aus dem als Neutrum stehenden „ersten unbewegten Bewegenden" der göttliche „erste unbewegte Beweger", der die Welt durch einen unkörperlichen Schöpfungsakt hervorbringt.

Die Astronomie verliert ihren Realitätsanspruch

So weit, so gut. Solange die astronomische Beobachtungstätigkeit noch gering entwickelt war, sodass man ohnehin nicht in der Lage war, die Bewegung der Gestirne bis zur letzten Exaktheit zu berechnen, gab es mit dem geozentrischen Weltsystem keine Probleme. Bei genauerer Betrachtung traten jedoch einige Besonderheiten der Planetenbewegung auf, die das harmonische und einfache Bild der Kreisbewegung der Gestirne um die zentrale Erde als korrekturbedürftig erwiesen. Da war zunächst und in erster Linie die von den Planeten regelmäßig durchlaufene Schleifenbewegung. Beobachtet man den Lauf der Planeten über längere Zeit sehr genau, bemerkt man, dass die Planeten ihren von West nach Ost führenden Lauf vor dem Himmelshintergrund in bestimmten Abständen verlangsamen, ihre Bewegung dann in einer rückläufigen Schleife fortsetzen, dabei Punkte des Stillstands passieren, um bald wieder auf ihren „normalen" Weg zurückzukehren. Dabei verändert sich zudem die Helligkeit der Planeten nicht unerheblich.

Wie lässt sich dies mit der Voraussetzung der gleichförmigen Kreisbewegung der ewigen, göttlichen Himmelskörper in Einklang bringen? Verändern sich die Abstände der Planeten von der Erde, sollten sich die Planeten doch nicht auf Kreisbahnen bewegen, steht die Erde doch nicht in der Weltmitte? Diese Alternativen waren unannehmbar, da sie den gesicherten theoretischen Grundsätzen der Naturerklärung widersprachen. Doch die Erscheinungen forderten eine Erklärung. Die einfache Vorstellung von den an Kugelschalen angehefteten und mit ihnen um die Erde geführten Planeten erwies sich jedenfalls als problematisch und schien so nicht real zu sein. Schwierigkeiten bereitete neben der genannten Schleifenbewegung ebenso Folgendes:

Die Planeten, eingeschlossen die Sonne, durchlaufen verschiedene Bahnstücke mit unterschiedlichen Geschwindigkeiten. Beispielsweise benötigt die Sonne für den Abschnitt zwischen Frühlings- und Sommeranfang 94,5 Tage, für den zwischen Sommer- und Herbstanfang nur 92,5 Tage.

Ganz sicher waren schon den früheren Philosophen und Astronomen die genannten Erscheinungen der Planetenbewegung nicht entgangen. Doch zwischen der Wahrnehmung dieser Erscheinungen bis zur Einsicht in die Notwendigkeit ihrer theoretischen Erklärung verging einige Zeit. Das erste geometrische Weltmodell, das diese Erscheinungen berücksichtigt, stammt von Eudoxos von Knidos, einem

Schüler und Mitarbeiter Platons an der Athener Akademie aus dem 4. Jahrhundert v. Chr. Eudoxos ersann für jeden Planeten, Sonne und Mond eingeschlossen, ein System homozentrischer Sphären, mit denen die Schleifenbewegung der Planeten gut erklärbar wurde. Dieses Modell stellte die Planetenbewegung durch ein System ineinander geschachtelter, zum Erdmittelpunkt als Weltzentrum konzentrischer, gleichmäßig um dieses rotierende Kugelschalen dar, deren Achsen eine Neigung zueinander aufweisen. Eudoxos benötigte für Sonne und Mond je drei, für die übrigen Planeten je vier Kugelschalen. Durch geeignete Wahl der Umlaufzeit und der Umlaufrichtung sowie der Neigung der Achsen zueinander erreichte man teilweise eine gute theoretische Darstellung der scheinbaren Planetenbewegung. Vor allem für Jupiter und Saturn, auch noch für Merkur und Venus lieferte das gute Ergebnisse – versagte jedoch beim Außenseiter Mars, dessen Bewegung auf diese Weise nicht darstellbar war. Hingegen blieb das Rätsel der Helligkeitsschwankungen, die ja nur durch Abstandsänderungen zwischen Erde und Planet erklärt werden können, ungelöst.

Aus wissenschaftstheoretischer Sicht ist das Konzept der homozentrischen Sphären auch deswegen interessant, weil es hinsichtlich der Planetenbewegung streng zwischen der Erscheinung (Ungleichmäßigkeit des Ablaufs, Schleifenbewegung) und dem Wesen (gleichmäßige Kreisbewegung) differenziert und damit einem fundamentalen Anspruch an Wissenschaftlichkeit gerecht wird – hinter der Erscheinung das Wesen der Dinge aufzuspüren. Das homozentrische Sphärenmodell fand zunächst – ungeachtet seiner Begrenztheit bei der Erklärung der Realität – großen Anklang.

Doch auf die Dauer kam man an den anderen Ungleichheiten der Planetenbewegung nicht vorbei. Schon der Astronom Euktemon hatte um 430 v. Chr. die Länge der Jahreszeiten mit 93, 90, 90 beziehungsweise 92 Tagen angegeben und bald darauf Kallippos mit 94, 92, 89 und 90 Tagen – ist also die Sonnenbewegung ungleichmäßig, durchläuft sie einzelne Abschnitte ihrer Bahn tatsächlich mit unterschiedlicher Geschwindigkeit? Zudem waren die Helligkeitsschwankungen besonders bei Venus und Mars viel zu auffällig, als dass man es unterlassen konnte, diese Wahrnehmungen in ein Modell der Planetenbewegung einzubauen. Theoretisch wäre es vielleicht möglich gewesen, unter dem Druck der empirischen Wahrnehmung und der nicht zufriedenstellenden Leistung der homozentrischen Sphärensysteme das Prinzip der gleichförmigen Kreisbewegung aufzugeben – doch der weitere Weg der Wissenschaft verlief anders. Die paradigmagleiche Überzeugung von der Welt als einem Kosmos, die Erfahrung der

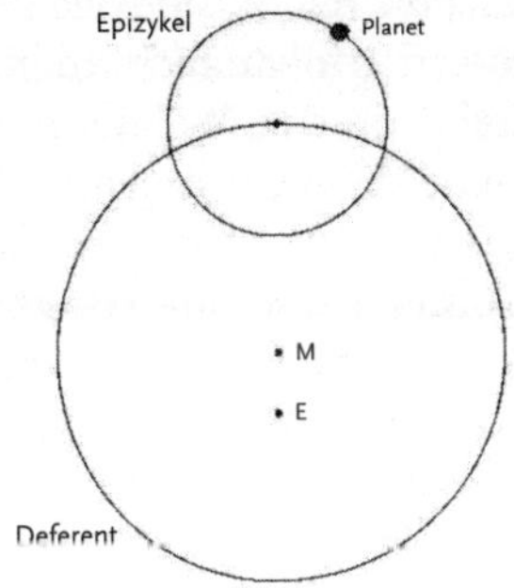

Im Modell der epizyklischen Bewegung kreist der Planet um den Mittelpunkt des Epizykels, der wiederum auf dem Deferenten herumgeführt wird. Dessen Mittelpunkt M liegt exzentrisch zum Weltmittelpunkt E, der zugleich der Erdmittelpunkt ist.

kreisförmigen Bewegung der Gestirne, die Lehre von der Göttlichkeit der himmlischen Sphären, waren in solchem Maße in das Bewusstsein der Menschen eingedrungen, dass sie sich für die weitere Forschung als unerschütterliche Grundlage erwiesen.

Die gewünschte bessere Übereinstimmung zwischen den Erscheinungen am Himmel lieferte die auf Apollonius von Perge zurückgehende Theorie epizyklischer Kreise. Bei einer epizyklischen Bewegung wird zunächst ein Grundkreis, der Deferent, konstruiert, auf dem ein zweiter Kreis, der Epizykel, der Aufkreis, läuft; erst auf diesem wird der Planet herumgeführt. Auf diese Weise lässt sich nicht nur die schon durch homozentrische Sphären erklärte Schleifenbewegung der Planeten darstellen, sondern zudem die durch einen veränderlichen Abstand zwischen Erde und Planet wechselnden Helligkeiten der Gestirne.

Die exzentrische Lage der Sphären wurde von Hipparch im 2. Jahrhundert v. Chr. eingeführt. Die Erde steht im Mittelpunkt des Deferenten, jedoch um den Betrag der Exzentrizität E vom Mittelpunkt des Exzenters entfernt. Auf diese Weise erscheint durch die wechselnden Abstände zwischen Planet und Erde die im Epizykel gleichförmige Bewegung von der Erde aus betrachtet ungleichmäßig und vermag beispielsweise die unterschiedliche Länge der Jahreszeiten und die wechselnden Helligkeiten der Planeten zu erklären.

So zuverlässig mit dem epizyklischen Modell die Planetenbewegung darstellbar war – für mehr als 1500 Jahre beherrschte es die Planetentheorien – es hatte gravierende Nachteile, da es mehrere Widersprüche zu den Grundlagen der aristotelischen Physik beinhaltete. Die Bewegung der Planeten erfolgte nicht mehr, wie noch im homozentrischen Modell, direkt um den Weltmittelpunkt, der gleich dem Erdmittelpunkt ist, sondern um in keiner Weise physisch ausgezeichnete, sondern rein mathematisch zu definierende Punkte. Nun war die für göttliche Körper geforderte Gleichförmigkeit der Bewegung nur noch mittels mathematischer Kunstgriffe zu gewährleisten. Hierzu gehörte neben den Epizykeln die Einführung des Ausgleichskreises, der später in besonderer Weise die Kritik von Kopernikus herausforderte.

Die Rettung der Phänomene

Die Willkürlichkeit der von Ptolemäus meisterhaft verfeinerten Konstruktionen fanden in der besten mathematischen Darstellung der Gestirnsbewegung ihr einziges Kriterium. Sie waren längst von der aristotelischen Physik abgehoben. Dies konnte nicht lange verborgen bleiben. Man lastete es jedoch nicht den Theorien an, sondern umging das Problem spätestens seit dem 1. Jahrhundert v. Chr. mit der Formulierung des Prinzips der „Rettung der Phänomene", das als Resultat des Bewusstwerdens dieser Schwierigkeiten sicher zeitlich noch weiter zurückzuverlegen ist. Die Verstöße der astronomischen Theorien gegen die aristotelische Physik konnten nur unter der Bedingung akzeptiert werden, dass man eine inhaltliche Trennung zwischen beiden einführte, sodass sie miteinander gar nichts zu tun hatten. Das war möglich, indem die Astronomie nicht den Anspruch auf Widerspiegelung der Realität erhob, sondern lediglich auf exakte mathematische Darstellung der Gestirnsbewegung. Die Astronomie durfte künftig nicht mehr als physikalische Disziplin gelten, sondern lediglich als ein Zweig der Mathematik, vor allem der Geometrie. War dies einmal festgelegt, konnten der Astronomie Hypothesen mit beliebigen Verstößen gegen die tradierte Physik zugestanden werden, die dann gar keine Verstöße mehr waren.

Bereits Aristoteles hatte die Differenz zwischen Astronomie und Physik erkannt und in seiner „Physikvorlesung" ausgesprochen. In aller Deutlichkeit schrieb dann der Neuplatoniker Simplikios über den Astronomen: „Hypothetisch macht er irgendeine Methode ausfindig, indem er angibt, unter Zugrundelegung welcher Hypothesen die Phänomene gerettet werden können. Wie zum Beispiel: Warum scheinen Sonne, Mond und Planeten sich ungleichförmig zu bewegen? Antwort: Wenn wir ihre Kreise hypothetisch als exzentrisch annehmen oder, dass die Gestirne sich auf einem Epizykel herum bewegen, so wird deren erscheinende Anomalie gerettet werden können [...] Deshalb kann jemand selbst öffentlich auftreten und behaupten, dass auch, wenn die Erde irgendwie bewegt wird und die Sonne irgendwie ruht, die bei der Sonne erscheinende Anomalie gerettet werden kann. Denn es ist überhaupt nicht die Aufgabe des Astronomen, zu erkennen, warum etwas von Natur ruht und welcher Art das Bewegliche ist, sondern er untersucht nur, indem er als Hypothesen einführt, dass das eine ruht und das andere sich bewegt, welchen Hypothesen die Himmelserscheinungen folgen werden. Er muss allerdings die Prinzipien von dem Physiker übernehmen, dass nämlich die Bewegungen der Gestirne einfach, gleichförmig und geordnet sind, womit er aufzeigen wird, dass aller Gestirne Bewegung kreisförmig ist und teils auf parallelen, teils auf schiefen Kreisen erfolgt."

Derselben Intention folgte Ptolemäus, wenn er bei der Entscheidung zugunsten einer der konkurrierenden Beschreibungsweisen der Planetenbewegung nicht nach einem Wahrheitskriterium fragte, sondern die größere Einfachheit als Entscheidungshilfe heranzog. Man sollte zur Erklärung der Erscheinungen nicht mehr voraussetzen als unbedingt notwendig. Aus diesem Grunde war die Frage, ob sich beispielsweise die Sonne auf einem Epizykel oder einem Exzenter bewegt, astronomisch sinnlos. Richtig müsse danach gefragt werden, so Ptolemäus, auf welche Weise die Kreisbewegung der Sonne um das Weltzentrum besser beschrieben werden könne. „Es wird sich doch wohl niemand im Hinblick auf die Dürftigkeit menschlicher Machwerke der Technik Gedanken machen, dass die hier vorgetragenen Hypothesen zu künstlich seien. Darf man doch Menschliches nicht mit Göttlichem vergleichen und ebenso wenig die Beweisgründe für so gewaltige Vorgänge den ungleichartigsten Beispielen entnehmen. Denn was könnte es Ungleichartigeres geben als Wesen, die sich ewig gleichmäßig verhalten, gegenüber Geschöpfen, die sich niemals so verhalten, oder Ungleichartigeres als Geschöpfe, die von jeder Kleinigkeit aus ihrem Gleise gebracht werden können gegenüber Wesen, die nicht einmal durch sich selbst Störungen erleiden? Versuchen freilich soll man, so weit es möglich ist, die einfacheren Hypothesen den am Himmel verlaufenden Bewegungen anzupassen; wenn dies aber durchaus nicht gelingen will, so soll man zu den Hypothesen schreiten, welche diese Möglichkeit bieten."

Die Trennung zwischen Astronomie und Physik sowie die Definition der Astronomie als mathematische Disziplin und die daraus verständliche Aufgabe der „Rettung der Phänomene“ zog sich durch die Jahrhunderte bis in die Zeit des Kopernikus und spielte in den Auseinandersetzungen um sein Weltsystem eine grundlegende Rolle, weshalb ich diesen Gedanken später immer wieder aufgreifen werde.

Zu den Vorbesprechungen des geozentrischen Weltsystems durch Ptolemäus gehört auch die Behandlung der Reihenfolge der Planeten. Grundsätzlich einig waren sich die antiken Denker darüber, dass das „Gesetz der Reihenfolge“ von der Dauer des geozentrischen Umlaufs der Planeten bestimmt wird, also der Mond mit der kleinsten Umlaufzeit der Erde am nächsten, der Saturn am weitesten von ihr entfernt ist. Hartnäckige Schwierigkeiten bereitete jedoch die Anordnung von Merkur und Venus. Ihr Lauf erschien sehr merkwürdig an die Sonne gebunden zu sein. Anders als die anderen Planeten entfernen sie sich nur maximal 27 beziehungsweise 47 Grad östlich oder westlich von der Sonne (Elongation), sodass sie mit der gleichen Geschwindigkeit wie diese um die Erde zu laufen scheinen und deshalb andere Kriterien für ihre Stellung im Planetensystem gefunden werden mussten.

Aristoteles ordnete Merkur und Venus als die mit der Sonne „gleichlaufenden“ Planeten oberhalb der Sonne an, wie dies zuvor Platon gelehrt hatte. Diese Anordnung wurde, wie Ptolemäus bezeugt, deshalb gewählt, weil es, wenn man Merkur und Venus unter die Sonne setzt, gelegentlich zu einem Vorbeigang der Planeten vor der Sonne kommen müsse, was jedoch niemals beobachtet worden war. Allerdings ist dieses Argument insoweit falsch, als die von Ptolemäus bestrittenen Merkur- und Venusdurchgänge vor der Sonnenscheibe wirklich stattfinden, doch mit bloßem Auge wegen der Kleinheit der Planeten und der Helligkeit der Sonne nicht beobachtbar sind. Einige Leser werden sich vielleicht noch des Venusdurchgangs aus dem Jahre 2004 erinnern, der mit einem Fernrohr in Mitteleuropa sehr gut beobachtbar war. Nach Ptolemäus‘ Voraussetzungen ist eine Entscheidung auf dem Wege von Beobachtungen nicht zu treffen und er sucht diese aus Gründen der harmonischen Strukturiertheit abzuleiten. Setze man Merkur und Venus unter die Sonne, sei dies natürlicher, weil dann die Sonne „die zur Opposition gelangenden Planeten von denen scheidet, welche diese Stellung nicht erreichen“. Zudem: Würden Merkur und Venus oberhalb der Sonne stehen, entstünde zwischen Mond und Sonne ein großer Raum, der nicht von Planetensphären erfüllt ist. Weil jedoch in der Natur nichts Sinnloses und Überflüssiges besteht, müssen die beiden Planeten sich gerade dort befinden, weil dieser sonst ungenutzte Raum genau für ihre Sphärensysteme Platz bietet.

Unabhängig davon, dass heutige Wissenschaftler der Argumentation mit harmonischen Strukturen in der Regel fremd gegenüberstehen, obwohl die Suche nach Harmonie und Einfachheit einer wissenschaftlichen Theorie als heuristisches Element durchaus seine Bedeutung behalten hat, besaß diese Vorgehensweise angesichts der empirischen Unentscheidbarkeit der Stellung von Merkur und Venus eine große Überzeugungskraft. In Ergänzung zu Ptolemäus kann noch ein ähnliches Argument hinzugefügt werden: Erhält die Sonnensphäre den ihr von Ptolemäus zugewiesenen Platz, befindet sie sich in der „Mitte" der Planeten – nicht im heliozentrischen Sinn, sondern so, dass unter ihr Mond, Merkur und Venus, über ihr Mars, Jupiter und Saturn kreisen. Solcherart harmonische und symmetrische Strukturen festigten die Überzeugung von der Sonderstellung der Sonne unter den Planeten mit einer für die damalige Zeit als wissenschaftlich anerkannten Argumentation, die sich mit poetischen Sonnenhymnen trafen, wie sie schon im alten Ägypten entstanden

Die Sonne im Reigen der Planeten (Bildmitte), nach Peter Apian (1539).

und in der christlichen Literatur des Mittelalters häufig zu finden sind, den Vorrang unseres Tagesgestirns unter den Planeten, aber nicht in der Welt insgesamt betonend. Die poetischen Lobpreisungen der Sonne stehen zunächst mit dem wissenschaftlichen Heliozentrismus in keinerlei Zusammenhang, doch dienten sie später beispielsweise Kopernikus zur Ausmalung seines Bildes vom neuen Weltsystem.

Wie die Fachwissenschaft solche Gedanken aufgriff, zeigt, um nur ein Beispiel zu nennen, Johannes Regiomontan im unmittelbaren geistigen Vorfeld von Kopernikus. Er kritisierte die Annahme, Merkur und Venus befänden sich oberhalb der Sonne mit dem Hinweis darauf, weil „die Sonne Quelle der Wärme und des Lichtes sei, müsse sie mitten unter den Planeten sein, gleichsam wie der König im Königreich oder das Herz im Lebewesen."

Die bisher skizzierten Entwicklungen der Astronomie führten zu sehr erfolgreichen und zuverlässigen Beschreibungen der Phänomene des Gestirnslaufes. Erst viel später erwies sich das geozentrische Weltsystem als Irrtum, als grandioser Irrtum, als ein historisch unterlegenes Wissenschaftskonzept. Aber es war nicht infolge ungenauer Forschungen, mangelhafter Beobachtungen und falscher Denkansätze entstanden, sondern es entsprang den Möglichkeiten und Grenzen seiner Zeit. Dieses System war gleichermaßen theoretisch, wie empirisch abgesichert und spiegelte das Lebensgefühl der Menschen wider, deren Denken durch die antike, später feudal geprägte christliche Weltvorstellung erfüllt war. Deshalb ein Plädoyer für das geozentrische Weltbild, dem man nicht gerecht wird, wenn man es schlechthin in Rücksicht auf die „Tat des Kopernikus", aus dem Blickwinkel späterer Zeiten, einfach als falsch bezeichnet.

Konkurrierende Weltmodelle

Ungeachtet der Absicherung und der Erfolge der geozentrischen Astronomie entstanden im Altertum konkurrierende Vorstellungen, die Mängel und Unsicherheiten der tradierten Systeme ausnutzten und später in unterschiedlicher Weise Anstöße zur Neuorientierung der Astronomie gaben.

Neben manchen anderen Versuchen, in den Zeiten des alten Griechenlands die Welt zu erklären, ragt einer heraus: Aristarch von Samos, einer der bemerkenswertesten Forscher der alten griechischen Zeit. Leider sind seine astronomischen Vorstellungen, ausgenommen seine Arbeit „Über die Größen und Entfernungen von Sonne und

Mond“, in der er eine Methode der Bestimmung der relativen Entfernung zwischen Sonne, Erde und Mond sowie des Durchmessers der Sonne und der Erde darlegt, nur fragmentarisch aus späteren Werken anderer Autoren bekannt geworden.

Von herausragender Bedeutung ist Aristarchs Versuch, die Erscheinungen der Gestirnsbewegung durch ein heliozentrisches Weltsystem zu erklären. Dies sprengte den Rahmen jeglicher herkömmlicher Wissenschaft und letztlich auch den Rahmen weltanschaulicher Traditionen. Leider gibt es auch zum astronomischen System Aristarchs keine originale Überlieferung. Wir sind auf Erwähnungen in der späteren Literatur angewiesen, die jedoch ein ungefähres Bild seiner Idee skizzieren. Noch zu Lebzeiten des Astronomen erwähnt dessen jüngerer Zeitgenosse Archimedes das System des Aristarch in seiner „Sandrechnung“, die als authentisches Zeugnis gelten darf, doch leider recht knapp ist: „Du bist darüber unterrichtet, dass von den meisten Astronomen als Kosmos die Kugel bezeichnet wird, deren Zentrum der Mittelpunkt der Erde und deren Radius die Verbindungslinie der Mittelpunkte der Erde und der Sonne ist [...] Aristarch von Samos gab die Erörterung gewisser Hypothesen heraus, in welchen aus den gemachten Voraussetzungen erschlossen wird, dass der Kosmos um ein Vielfaches der von mir angegebenen Größe sei. Es wird nämlich angenommen, dass die Fixsterne und die Sonne unbeweglich seien, die Erde sich um die Sonne, die in der Mitte der Erdbahn liege, in einem Kreise bewege, die Fixsternsphäre aber, deren Mittelpunkt im Mittelpunkt der Sonne liege, so groß sei, dass die Peripherie der Erdbahn sich zum Abstande der Fixsterne verhalte, wie der Mittelpunkt der Kugel zu ihrer Oberfläche.“

Mehr als drei Jahrhunderte später gibt Plutarch hierzu einige Ergänzungen: „Klag nur mich nicht wegen Religionsfrevel an, mein Lieber, wie es einst Kleanthes vorgenommen hatte, als er ganz Griechenland zur Anklage gegen Aristarch von Samos aufrief, weil der Mann die Phänomene zu retten gesucht, indem er den Herd des Kosmos in Bewegung brachte, den Himmel aber ruhen und die Erde sich auf einem schiefen Kreis fortrollen und zugleich um ihre eigene Achse wirbeln ließ.“

Demnach vertrat Aristarch folgende Thesen:

1. Die Sonne befindet sich unbeweglich im Mittelpunkt der Welt.
2. Die Erde bewegt sich auf einer gegen den Himmelsäquator geneigten Kreisbahn um die Sonne (implizit alle Planeten).
3. Die Erde vollführt im Verlauf eines Tages eine Drehung um die eigene Achse.

4. Die Sphäre der Fixsterne ist unbeweglich.
5. Die Größe der Erde verhält sich zur Entfernung der Fixsternsphäre wie ein Punkt.

Ohne Zweifel erkannten bereits antike Denker, dass die heliozentrische Theorie einige deutliche Vorzüge für die Erklärung – die „Rettung" – der Phänomene der Planetenbewegung vorweisen kann. Sowohl die Schleifenbewegungen, als auch die Bewegung von Merkur und Venus waren neben anderen Erscheinungen aus der doppelten Erdbewegung einfach zu beschreiben. Darin ist ein Motiv für Aristarch grundsätzlich klar, doch wie er sein Weltsystem begründete, wie er auf die genaue Umkehrung der tradierten Astronomie kam, liegt in Dunkelheit verborgen, die nur durch Vermutungen ein wenig erhellt werden kann. Sicherlich wird für ihn die Überzeugung eine Rolle gespielt haben, es sei logischer, die große Sonne nehme das Weltzentrum ein als die viel kleinere Erde und weiterhin könnte es eine Rolle gespielt haben, dass nach pythagoreischer Lehre das Feuer ein würdigeres Element als die Erde ist und somit geeigneter wäre, von den Planetensphären umschlossen zu werden. Auf jeden Fall überschritt Aristarch die Grenzen bloßer Spekulation, die sich um Probleme der Beweisbarkeit nicht schert, aber dafür Gedanken in beliebiger Weise in die Welt setzt. Davon zeugt beispielsweise, dass sich Aristarch über die Konsequenz der Verschiebung der Fixsternorte durch die Jahresbewegung der Erde (die Parallaxe) klar war und deren Fehlen, ähnlich wie später Kopernikus, mit dem gewaltigen Abstand der Fixsternsphäre erklärt, der gegenüber sich nicht nur der Erdkörper, sondern sogar die Erdbahn wie ein Punkt verhalte.

Das aristarchsche Konzept vermochte sich aus mehreren Gründen nicht durchzusetzen. Teilweise gehören diese zum engeren Bereich der Physik, zum anderen berühren sie Belange des gesamten Weltbildes. Die aristotelische Physik genoss ein viel zu großes Vertrauen, hatte sich so umfassend bewährt, dass man nicht bereit war, sie zugunsten eines konkurrierenden Entwurfs einfach aufzugeben. Darin verhielten sich die alten Denker völlig „normal". Dies ist das von mir schon eingangs dieses Kapitels als notwendig erachtete Element des Konservatismus der Wissenschaft als Schutz gegen die Zersplitterung des forschenden Geistes, das daran hindert, tradierte Konzeptionen fallen zu lassen, bevor alle Möglichkeiten ihrer Erhaltung, ihrer Anpassung an neue Erkenntnisse ausgeschöpft sind. In der historischen Rückschau stellt sich dies oft recht einfach dar – zu einfach. Mit kühnen Gedanken lässt sich das Verhalten unserer wissenschaftlichen Vorfahren rasch kritisch untersuchen, der „richtige" Weg, der irgendwann, nach vielen Um- und Irrwegen beschritten wurde, ist nun klar. Den Zeitgenossen stellt sich dies ganz anders dar. Völlig ahistorisch wäre es, den aristarchschen Weg als den richtigen zu apostrophieren, demgegenüber die geozentrische Astronomie falsch ist – obwohl tatsächlich die Sonne im Zentrum des Planetensystems steht. Dies zu wissen war man in antiker Zeit nicht in der Lage. Deshalb blieb man mit gutem Recht beim Alten, Bewährten.

Um den Weg zum heliozentrischen Weltsystem zu beschreiten, fehlten mannigfache Voraussetzungen, darunter die Fähigkeit, sich vom Zeugnis der Sinne soweit zu entfernen, dass eine abstrakte Konstruktion, wie das heliozentrische Weltbild, das genaue Gegenteil des sinnlich Wahrnehmbaren, überhaupt eine Chance bekam, nicht ins Absurde und Lächerliche gezogen zu werden. Das ganze Weltbild, nicht nur die Physik und der bloße Augenschein, sondern ebenso die philosophische und theologische Weltanschauung, basierte auf der Zentralstellung der Erde im räumlich sehr begrenzten Kosmos. Und ein weiteres Argument darf nicht übersehen werden: die antike Astrologie, von demselben Ptolemäus zu einem Lehrgebäude gestaltet, der die antike Astronomie im „Almagest“ zum Abschluss brachte. Sie benötigte den geistigen Ansatz einer Sonderstellung des Menschen im Weltall, ohne den das astrologische Prinzip der „Bedeutung“ der Himmelskörper für die Erde, ihre Wirkung auf irdisches Geschehen und menschliche Geschicke unbegreiflich bleiben musste.

Die weithin fehlende Anerkennung des antiken Heliozentrismus und die nicht ernsthaft bezweifelte Gültigkeit des geozentrischen Weltsystems darf angesichts der Widersprüchlichkeit des Prozesses der Wahrheitsfindung in den Wissenschaften keineswegs als Rückschritt angesehen werden. Was nicht beweisbar ist, kann nicht anerkannt werden. Es sei denn, es wird aus Gründen der inneren Logik des Forschungsprozesses oder resultierend aus nichtwissenschaftlichen Faktoren akzeptiert, was jedoch wieder ein Beweis, wenn auch ein indirekter, wäre. So ging das aristarchsche System in der Antike nicht über den Stand einer Denkmöglichkeit hinaus. Ungeachtet dessen ist der antike Heliozentrismus mehr als nur eine Episode in der Astronomiegeschichte. Wenn zwar in der alten Literatur nicht allzu viele Belege für dieses System vorhanden sind, kann doch festgestellt werden, dass es über Jahrhunderte hinweg diskutiert wurde und in den Kreisen der Gebildeten für einige weltanschaulich begründete Unruhe sorgte, wie Plutarch bezeugt. Immerhin liegen zwischen Aristarch und Archimedes einerseits und Plutarch andererseits fast vier Jahrhunderte, und noch einmal ein halbes Jahrtausend danach nimmt, wie ich erwähnte, Simplikios Bezug auf die zur Rettung der Phänomene nicht ungeeignete heliozentrische Lehre. Zudem, noch schwerwiegender, trat kurz nach Plutarch kein geringerer als Ptolemäus als Zeuge für die Bedeutung des aristarchschen Systems auf, der diesen Gedanken, wenn auch ohne Namensnennung diskutiert. Hätte er das getan, wenn das heliozentrische System zu seiner Zeit nur noch als ein totes Objekt historischer Rückschau gegolten hätte? Ptolemäus kommt nicht umhin, zuzugestehen, dass, „was die Erscheinungen in der Sternenwelt anbelangt, bei der größeren Einfachheit der Gedanken nichts hinderlich sein würde, dass dem so wäre", das heißt, die Sonne im Zentrum der Planetenbewegung stehe. Doch konstatiert er im Anschluss daran die bekannten Widersprüche dieses Systems mit den Beobachtungen.

Die Denkleistung des Aristarch blieb in der Geschichte anerkannt. Achthundert Jahre später wurde vielfach das heliozentrische Weltsystem von Kopernikus als eine „Erneuerung" des alten Gedankens des Griechen bezeichnet, was geistesgeschichtlich durchaus zutreffend ist, astronomiegeschichtlich jedoch insofern nicht, weil Kopernikus auf ganz anderen Voraussetzungen gründet – eben denen einer jahrhundertelangen Geschichte der Wissenschaften, der Weltanschauungen und nach 1500 Jahren völlig gewandelter sozialer Verfassungen.

3. Von der Zeitenwende ins helle Mittelalter

Die des freien Mannes würdige Bildung

Die mittelalterlichen Universitätsstudien beruhten auf einem strengen Bildungskanon, der seinen Ursprung im antiken Bildungsideal hatte. Einem freien Manne gebühre eine Bildung, die ganz bestimmte Bereiche umfassen sollte. Ein solches System tauchte zunächst locker umrissen auf und wurde in römischer Zeit zu einem festen Kanon gebracht. Es waren die „Sieben freien Künste", lateinisch „septem artes liberales". Sie beruhten auf einer Zweiteilung, einem zweifachen Weg, der zur Bildung führe, dem Trivium und dem Quadrivium. Der Dreiweg umfasste die redenden oder schreibenden Künste Dialektik, Grammatik und Rhetorik, der Vierweg die mathematischen Künste Arithmetik, Geometrie, Musik und Astronomie.

Es fällt auf, dass es sich hierbei durchweg um theoretische Lehrgebäude handelt, diese etwas unscharfe Bezeichnung sei mir gestattet. Gerade dies entspricht aber dem antiken Bildungsideal für einen „freien Mann" – in tief sozial verankerter Entgegensetzung zur unterprivilegierten Stellung der Frau in der antiken Gesellschaft und natürlich zu den Handwerkern oder gar den Sklaven. Dem freien Mann, sprich dem Angehörigen der Sklavenhalterklasse, war nur eine denkende Betätigung gemäß, etwa sich in der Redekunst zu üben, sich den in der Arithmetik und Geometrie offenbarenden reinen Strukturen des Seins zuzuwenden und über die Harmonien der Welt nachzusinnen. Sieht es aber nicht so aus, als wäre die Musik in diesem System deplaziert? Durchaus nicht, denn Musik erscheint hier als etwas ganz anderes, als wir heute darunter verstehen. Ganz klar unterschieden wurde nämlich zwischen der „musica mundana" und der „musica humana". Letztere ist das, was für uns Musik ist: Die Erzeugung von Tönen mittels Instrumenten und der Gesang sowie alles, was damit zusammenhängt. Genau dies war mit Musik als „ars" nicht gemeint; der freie Mann musizierte, sang und tanzte nicht. Musik war die „musica mundana", es war die Lehre der harmonischen Strukturen des Weltalls, der Anordnung der Planeten um die in der Weltmitte ruhende Erde, es war das Nachsinnen über die Sphären des göttlich geschaffenen Weltalls, über die Bewegung der als göttlich empfundenen Himmelskörper und schließlich deren Beherrschung in Gestalt der mittels Geometrie und Arithmetik möglichen Berechnung ihrer Orte am Himmel. Das Nachsinnen über den Kosmos wurde empfunden als eine Art Gottesdienst, um die Himmelskörper anzubeten und ihre geheimen Wege zu erkunden, wie sich dies in der antiken Vergöttlichung der Planeten offenbart.

Doch auch wenn die Bildungsstruktur der „Sieben freien Künste" aus antiken Sozialvorstellungen resultierte, so erwies sie sich doch für lange Zeit als brauchbare Grundlage des höheren Bildungswesens. Denn als im 12. Jahrhundert die ersten Universitäten aus den alten Schulen der großen, einflussreichen Klöster, der Kathedralen oder dem Hof der fränkischen Herrscher hervorgingen, folgte man genau der antiken Bildungsstruktur und schuf als Basis jeglicher Universitätsstudien die Fakultät der freien Künste, die Artistenfakultät. Das bedeutet, dass jeder Student, gleich ob er sich der Medizin, der Jurisprudenz oder der Theologie widmen wollte, zunächst einen zumeist zweijährigen Kurs an der Artistenfakultät zu absolvieren hatte. Wenn man dies mit einem etwas zu modernen Begriff bezeichnen darf, um eine Vorstellung von der Funktion der Artesstudien zu geben, so kann man sie als eine Art Gymnasialabschluss bezeichnen. Die Studenten an den frühen Universitäten ab dem 13./14. Jahrhundert, wie in Paris, Bologna, Köln, Leipzig, Rostock und anderswo, kamen nicht nur in der Regel in sehr jungen Jahren an die Universität – ein Immatrikulationsalter von 14 bis 16 Jahren war völlig normal – sondern sie besaßen auch sehr unterschiedliche Bildungsvoraussetzungen. Diese zu vereinheitlichen, gewissermaßen einen territorial übergreifenden Bildungsstandard zu schaffen, war die Aufgabe der Artesfakultäten. Dass diese Standards dann an den einzelnen Universitäten sehr unterschiedlich in die Tat umgesetzt wurden, tut dem Grundgedanken eines europaweiten, sprich für die damaligen Verhältnisse weltweiten, einheitlichen universitären Bildungssystems keinen Abbruch.

Innerhalb der Sieben freien Künste kam der Astronomie zweifellos der höchste Rang zu. Diese Disziplin lag dem Göttlichen am nächsten, waren doch die göttlichen Himmelskörper und die Struktur des in der Bibel beschriebenen Sechstagewerkes ihr direkter Gegenstand. Und für die Astronomie gab es bald ein Lehrbuch, das sich einer solchen Anerkennung und Verbreitung erfreute, wie für keine andere freie Kunst dieser Zeit – und überhaupt der gesamten Wissenschaftsgeschichte bis heute. Es war die „Sphaera" von Johannes de Sacrobosco, entstanden um 1230 an der Pariser Universität.

Die Sieben freien Künste, eine allegorische Darstellung, nach Gregor Reisch (1508).

So überaus bedeutend die „Sphaera“ wurde, so wenig ist von ihrem Autor bekannt. In den ältesten Handschriften und Drucken wird er Johannes de Sacrobosco, auch Johannes (John) von Holywood, von Halifax, auch Johannes de Sacro Busto genannt. Er wurde zum Ende des 12. Jahrhunderts geboren, mit großer Wahrscheinlichkeit in York shire; möglicherweise stammte er aus Irland oder Schottland. Nach seinen Studien, wohl in Oxford, trat er in den Augustinerorden ein und ging nach Paris. Dort ist er am 5. Juni 1221 an der Universität nachweisbar. Dies ist das erste sichere Datum aus seinem Leben – und schon das letzte. Er könnte in Paris seine Studien beendet haben, wenn dies nicht zuvor in seiner Heimat geschehen war, lehrte bald darauf Mathematik und Astronomie, vermutlich auch andere Fächer der Sieben freien Künste und wurde ein weithin bekannter Gelehrter. Er starb entweder 1244 oder 1256 in Paris und wurde in der Kirche der Mathuriner beigesetzt.

Die Bedeutung der „Sphaera“ beruht darauf, dass ihr Autor zur rechten Zeit am rechten Ort war und die Gunst der Stunde zu nutzen wusste. Damit ist Folgendes gemeint: Nachdem, wie ich noch genauer schildern werde, die großen Werke der „Alten“ in der Spätantike zunächst untergingen und erst später, durch Vermittlung islamischer

Die Sphären des Himmels werden durch Engel bewegt, nach Johannes de Sacrobosco (Leipzig, um 1494).

Gelehrter nach Europa zurückkehrten, gründete das Studium der Astronomie an den großen Kloster-, Kathedral- und Hofschulen auf dürftigem Material. In erster Reihe war dies die Naturgeschichte des Plinius, die mythische Erzählung des Martianus Capella von der Hochzeit zwischen dem Merkur und der Philologie sowie einige kleinere Werke. Deren Bedeutung für das spätantike und frühmittelalterliche Bildungswesen soll damit nicht verkleinert werden. Ganz im Gegenteil verdient gerade Plinius eine große Wertschätzung, weil er mit seinem monumentalen Werk das Naturwissen einer ganzen langen und glanzvollen Epoche zusammenfasste und systematisierte. Seine Naturenzyklopädie richtete sich an bildungsbeflissene Laien, die nach einem Überblick über das Wissen von der Natur strebten, um damit gleichermaßen Bildungsbedürfnisse zu befriedigen und sich auf diese Weise das gesellschaftliche Ansehen eines zutiefst informierten Menschen zu geben. Als Lehrbuch astronomischer Fachstudien hätte Plinius sein Werk sicherlich nicht gesehen. Doch genau das musste es werden, als die großen Werke des Aristoteles, Platon und Ptolemäus, um nur diese beispielhaft zu nennen, den gebildeten Köpfen des Mittelalters nicht mehr zur Verfügung standen. Sie befanden sich zwar in der Hand islamischer Gelehrter, doch zu denen gab es lange keine Beziehungen.

Wenn auch der Handel zwischen Mittel- und Nordeuropa einerseits und dem islamischen Kulturraum andererseits während des ganzen Mittelalters sehr intensiv war – von Arabien bis nach Skandinavien gab es rege genutzte, feste Handelsstraßen – schlossen diese Kontakte die Wissenschaften und eine kulturelle Begegnung insgesamt nicht mit ein. Das änderte sich erst mit dem Ausbau des westlichen Kalifats in Spanien mit Cordoba, seit 756 dessen Hauptstadt und damit politisches und kulturelles Zentrum. Mit diesem politischen Vorstoß des Islam war dessen Kultur bis zur Grenze der mittelalterlich-christlichen Kultur vorgestoßen. Und trotz der Fremdartigkeit – oder gerade wegen? – begann nach und nach ein gegenseitiges Kennenlernen, das für die Europäer von tiefer Bedeutung wurde. Weitere islamische Zentren entstanden in Sevilla, Valencia, Saragossa und Toledo. Hier gab es vielfache Kontakte zwischen zweisprachigen Muslimen, Juden und Christen, in deren Ergebnis wissenschaftliche Werke, die lange nur in arabischer, syrischer oder anderer Sprache erhalten waren, ins Lateinische übersetzt wurden. Darunter waren sowohl Bücher islamischer Gelehrter selbst, als auch solche der alten Griechen, die zunächst durch ihre Rezeption in der islamischen Astronomie für die Wissenschaften gerettet worden waren.

Im 10. Jahrhundert, als die glanzvolle Zeit des Frankenreiches unter Karl dem Großen, die den Wissenschaften die „karolingische Renaissance“ bescherte, schon vorbei war, entstanden am Fuße der Pyrenäen, im Benediktinerkloster Santa Maria de Ripoll, Textsammlungen zur Mathematik, Astronomie und Kalenderrechnung. Sie enthielten wissenschaftliches Material islamischer Gelehrter und fanden durch den Nachrichten- und Personenverkehr zwischen den Klöstern von Ripoll aus den Weg nach ganz Europa.

Zwei außergewöhnliche Gelehrte fördern die Wissenschaften

Zwei Gelehrten möchte ich an dieser Stelle gesondert gedenken: Gerbert von Aurillac, späterer Papst Sylvester II., und Hermann von Reichenau, genannt „der Lahme“.

Gerbert stammte aus der Auvergne, aus einfachen Verhältnissen und erhielt dann eine sorgfältige Erziehung. Er wurde in Barcelona ausgebildet, wurde Bischof von Vich, nahe Barcelona, Abt und Erzbischof von Bobbio, Reims und Ravenna, schließlich im Jahre 999 auf den Stuhl Petri erhoben. Gerbert war als großer Gelehrter berühmt, kannte lateinische Übersetzungen arabischer Werke und wurde wegen seiner Gelehrsamkeit sogar der verbotenen Zauberei verdächtigt. Zu seiner Zeit war zwar das westliche Kalifat längst untergegangen, doch das Wissen der einstigen Kultur der Kalifen war geblieben, und so sorgte Gerbert vor allem für die Verbreitung des Bewusstseins der Notwendigkeit des Studiums der islamischen Wissenschaften. Diese Erkenntnis führte langsam dazu, dass christliche Gelehrte auf die iberische Halbinsel wanderten, auf der Suche nach bedeutenden Werken, um sie in die lateinische Sprache zu übersetzen. Gerbert selbst verfasste Schriften zur Astronomie und Mathematik, darunter über die Herstellung sowie den Gebrauch des Astrolabs (einem astronomischen Instrument, das sich seit dem 12. Jahrhundert für längere Zeit großer Beliebtheit erfreute) und entwarf Himmelsgloben.

Das Astrolab ist auch das wichtigste astronomische Thema für Hermann von Reichenau. Er wurde 1013 als Sohn eines schwäbischen Grafen geboren, trat als Siebenjähriger in die berühmte Klosterschule der Reichenau ein, wo er 1043 zum Mönch geweiht wurde, und starb 1054. Hermann verfasste mehrere Schriften zur Mathematik, so über die Grundrechenarten Multiplikation und Division sowie Astronomie, besonders astronomische Instrumente. Auch sind einige von sprachlicher Gewandtheit und Beherrschung des Versmaßes zeugende Dichtungen Hermanns bekannt sowie ein Werk zur Musik mit einem System der Notation. Von großer Bedeutung wurde seine Weltchronik, die spätere Historiker des Mittelalters immer wieder heranzogen. Sein Werk ist die erste große Weltchronik, nach einer Zeit, in der verschiedentlich nur kleinere Schriften dieser Art entstanden, die auf Dauer nicht befriedigten. Herrmanns Chronik hingegen zeichnet sich durch großen Fleiß, eine außerordentliche Belesenheit und sorgfältige Genauigkeit aus. Für die Schilderung seiner Lebenszeit, die er als Augenzeuge darstellt, ist sie eine Quelle ersten Ranges.

Auch Herrmann kannte lateinische Übersetzungen arabischer Astronomieschriften, vor allem zum Astrolab. Seine Beschreibung und Handhabung des Astrolabs umfasst einen Katalog von 26 Bezugssternen, berechnet für die Polhöhe Reichenaus sowie eine ausführliche mathematische Darstellung der Erdmessung des Eratosthenes auf der Grundlage der Kugelgestalt der Erde. Letzteres, die Berechnung des Erdumfangs aus zeitgleichen Schattenmessungen an zwei verschiedenen Orten und die Beziehung zwischen Kreisumfang und Kreisdurchmesser, war für manchen seiner Zeitgenossen nur sehr schwer verständlich. Wir kennen nämlich den Brief eines Meinzo von Konstanz, den dieser 1048 an Hermann schrieb und darin nähere Auskünfte über den Rechenweg erbat. Weiterhin führte Hermann die Säulchensonnenuhr in die lateinische Instrumentenliteratur ein, die sich zu einem beliebten Typ der Reisesonnenuhr entwickelte. Für deren Herstellung berechnete er eine Tafel der Sonnenhöhen. Schließlich ist auch die Beschreibung des astronomischen Quadranten zu nennen, den Hermann darüber hinaus in einer neuen Gestalt entwarf.

Hermann ist einer der ersten Gelehrten, die Ergebnisse der islamischen Wissenschaft mit Nachdruck in die lateinische Welt einführten, sein Einfluss ist herausragend und lange nachwirkend. Doch nach dieser kurzen Schilderung seiner großen wissenschaftlichen Verdienste möchte ich auf seine Persönlichkeit zurückkommen. Denn hätte ich nicht schon mit dem erwähnten Namenszusatz „der Lahme – Hermannus Contractus“ auf ein Problem aufmerksam gemacht, wäre kaum zu vermuten, in welcher schweren Situation sich Hermann für seine wissenschaftlichen Arbeiten befand. Aus einer ungewöhnlich genauen Schilderung seines Lebens durch seinen Schüler Berthold von Reichenau wissen wir, dass Hermann bereits seit etwa dem siebten Lebensjahr vollständig gelähmt war. Er saß in einem Tragstuhl, in gekrümmter Haltung (contractus), konnte sich selbst nicht bewegen, nicht einmal seine Lage verändern. Hinzu kommt, dass er auch in Gesicht, Lippen und Zunge eine Lähmung hatte und nur mühsam – in die Länge gezogen – sprechen konnte, vermutlich war er auch des Schreibens nicht fähig. Dennoch, Hermann war nicht nur von tiefer Gelehrsamkeit, sondern auch von einem offenen, liebenswürdigen Wesen. Er war ein gefragter Gesprächspartner, schlagfertig und geistreich.

Ich bin auf das Leben Hermanns auch aus dem Grunde eingegangen, um zu zeigen, zu welch herausragenden intellektuellen Leistungen körperlich schwerstbehinderte Menschen in der Lage sind. Vielfach ist es ja gerade diese Behinderung, die sie auf die konsequente Ausbildung des Geistes lenkt. Freilich muss es im Kloster Reichenau Menschen von tiefem Verständnis für die geistigen Gaben des geschädigten Kindes gegeben haben, die Hermann nicht nur persönliche Lehrer, sondern später auch „wissenschaftliche Hilfskräfte" und Diener an die Seite stellten. Wir kennen aus der Geschichte weitere Fälle, in denen körperlich mehr oder weniger stark behinderte oder entstellte Menschen wissenschaftliche oder künstlerische Leistungen vollbrachten – bis in die Gegenwart hinein zu Stephen Hawking. An ihnen allen erweist sich, wie falsch der vielfach zitierte Satz unter Umständen sein kann: „In einem gesunden Körper steckt ein gesunder Geist." Ein Satz, der geradezu gefährlich sein kann, wenn man seine Aussage umkehrt. Es wäre wohl gut, ihn aus dem Zitatenschatz zu streichen.

Auf den geschilderten Wegen wurden die ersten Werke von Aristoteles und Platon in Westeuropa bekannt und man kann die 100 Jahre zwischen etwa 1150 und 1250 für die Astronomie als eine Art vorgezogener Renaissance ansehen. Daran ändert beispielsweise auch nichts, dass Gerhard von Cremonas Übersetzung des „Almagest" von 1175, des bedeutendsten Werkes zur Astronomie der Griechen, einem auf höchstem mathematischen Niveau stehenden Fundamentalwerk der Astronomie, noch recht fehlerhaft war und 250 Jahre später die harsche Kritik Johannes Regiomontans herausforderte. Denn nicht zu vergessen: Auch Gerhard kannte die Astronomie zuvor nur aus elementaren oder enzyklopädischen Werken, viele Fachtermini werden ihm völlig unbekannt gewesen sein, die Bewältigung der komplizierten mathematischen Ableitungen war ein mühsames Unterfangen. Zudem hatte Gerhard mit der Eigenart des Arabischen zu kämpfen, nur die Konsonanten, nicht jedoch die Vokale zu schreiben. So stellten die Übersetzungen von Gerhard von Cremona und seinen Kollegen eine Kulturleistung ersten Ranges dar.

Der Weltbestseller von Johannes de Sacrobosco

Mit Gerhard von Cremona, der über 40 Jahre in Toledo arbeitete, schließt sich der Kreis zurück zu Johannes de Sacrobosco. Ich sagte, er habe eine Gunst der Stunde genutzt – diese Gunst bestand darin, dass er Gerhards Übersetzung des „Almagest“ kennenlernte, studierte, verstand und sofort die Bedeutung des Buches erkannte. Und so sah Johannes de Sacrobosco die Möglichkeit, ein Lehrbuch zu verfassen, das auf der sicheren Quelle des Standardwerkes der antiken Astronomie beruhte. Einzelne Elemente entnahm er auch dem Werk des islamischen Astronomen Alfraganus und stellte seine Kenntnisse der klassischen Literatur mit Zitaten oder allgemeinen Hinweisen auf Plinius, Marcus Manilius, Macrobius Theodosius, Euklid sowie die Dichter Ovid und Virgilius Naso unter Beweis.

Mit der „Sphaera“ schuf Johannes de Sacrobosco in einer Zeit des neu erwachten Interesses an den Wissenschaften und der Philosophie, einer Zeit theologischer Diskussionen, ein Lehrbuch der ptolemäischen Astronomie, das alle Bereiche der Himmelskunde, hier der sphärischen Astronomie, umfasst. Es trägt einen elementaren Charakter, er verzichtet auf jegliche mathematische Ableitungen, sondern gibt qualitative Beschreibungen der Phänomene. Das Buch befriedigt elementare Bedürfnisse an der Astronomie für den Unterricht an den Artistenfakultäten und ist zudem Einstiegslektüre für spätere, vertiefte Studien. Diesem Charakter entsprechend ist der Text vollkommen sachlich-nüchtern, ohne mythische Einkleidungen, wie in Hyginus‘ „Hochzeit des Merkur mit der Philologie“. Johannes gibt die Grundlage für alle Anwendungen der Astronomie in der Praxis, für die Astrologie, den Kalender, den Bau von Sonnenuhren und für das Verständnis der biblischen Schriften, des astronomisch-kosmogonischen Teils des göttlichen Sechstagewerkes.

Nur an einer Stelle durchbricht Johannes dieses strenge Konzept, als er die Sonnenfinsternis zur Zeit der Kreuzigung Christi in wenigen Worten behandelt. Da diese Finsternis, von der Dionysius Areopagita, ein christlich-neuplatonischer Schriftsteller um 500, berichtet, zur Zeit des Vollmondes geschah, kann diese nur ein Wunder gewesen sein, entgegen dem natürlichen Lauf der Gestirne, „miraculosa, et contraria naturae“.

Wovon handelt das Buch nun? Es ist in vier Kapitel geteilt:

Kapitel 1: Über die Definition der Sphare, über den Himmel, über die Erde, dass der Erdkörper aus Erde und Wasser besteht, die Erde das Zentrum der Welt ist und in der Mitte des Universums unbeweglich steht, wie der Umfang der Erde aus ihrem Durchmesser gefunden wird.

Kapitel 2: Über die Kreise, aus denen die „Sphaera materialis" zusammengesetzt ist, den Äquinoktialkreis, den Tierkreis, über die Wendekreise, den Meridian und den Horizont, über die fünf Klimazonen der Erde.

Kapitel 3: Über den Auf- und Untergang der Tierkreiszeichen, die Verschiedenheit der Tage und Nächte und die Unterschiede der Klimate, über den Auf- und Untergang der Gestirne, über die natürlichen und künstlichen Tage, über die Bewohner der Erde.

Kapitel 4: Über die Kreise, die Bewegungen und die Ursachen der Finsternisse der Sonne und des Mondes.

Nun muss man wissen, dass die „Sphaera" äußerlich alles andere als ein monumentales Werk darstellt. Die ersten gedruckten Ausgaben, von denen gleich noch näher berichtet wird, umfassten im handlichen Quartformat mit etwa 20 cm Seitenlänge je nach Druckausführung lediglich etwa 32 bis 48 Seiten.

Doch waren damit die Grundlagen für alle praktischen Anwendungen der Astronomie gelegt, mit denen man es als Absolvent einer Universität zu tun haben konnte, auch wenn man nicht als berufsmäßiger Astronom wirken wollte: für die Kalenderrechnung, für die Konstruktion von Sonnenuhren oder die Astrologie, wenn auch letztere keine explizite Darstellung erfährt. Mit der Erläuterung des geozentrischen Weltbaus sowie einiger Demonstrationen für eine Ruhestellung der Erde in der Weltmitte waren zudem empirische Voraussetzungen für das christliche geozentrische Weltbild gegeben und es gab viel Belehrung für ein allgemeines Bildungsinteresse.

Neben dem Glücksfall für Johannes de Sacrobosco, die noch recht neue lateinische Übersetzung des „Almagest" studieren zu können, muss die von ihm geschaffene methodisch klare Darstellung des Stoffes, dessen Auswahl und Anordnung hervorgehoben werden, die den doch fast unbekannten Autor als einen guten Methodiker und Didaktiker erweist. Die Vermutung, er habe mit der „Sphaera" eine Grundlage für eigene Vorlesungen schreiben wollen, wird dadurch gestützt, dass das Büchlein sofort in zahllosen, von Studenten selbst angefertigten Handschriften verbreitet wurde, und über Paris hinaus an allen damaligen Universitäten sowie Kloster- und anderen höheren Schulen als Grundlage der Studien diente. Die noch heute existierende Zahl der Handschriften dürfte bei 300 oder mehr liegen. Und bald gab es auch volkssprachliche Übersetzungen, die zeigen, wie dieses Buch für bildungsbeflissene Laien wirken konnte. Die erste entstand schon um

Die Muse Urania, die personifizierte Astronomie und Ptolemäus beim Studium des Himmels und der Bücher. Allegorische Darstellung auf dem Titelholzschnitt zur „Sphaera“ von Johannes de Sacrobosco, Venedig 1488.

1250 – man wird es kaum erwarten – ins Altisländische. Um 1350 folgten die ersten deutschen Übersetzungen, die eine durch Konrad von Megenberg, noch heute in mindestens zehn Handschriften erhalten, die zweite als anonymes „Puechlein von der Spera“. Konrad von Megenberg spielt zudem als Autor der ersten Naturgeschichte in deutscher Sprache, dem großartigen „Buch der Natur“, eine wichtige Rolle in der Geschichte der Naturforschung. Die „Sphaera“ wurde zum Standardwerk astronomischer Studien für mehr als 400 Jahre.

Sehr wichtig wurde die zwischen 1516 und 1539 in vier Ausgaben in Nürnberg, Köln und Straßburg im Druck erschienene Übersetzung des Konrad Heinfogel. Heinfogel stammte aus dem Nürnberger Gelehrtenkreis um Albrecht Dürer. Seine Übersetzung ist genauso wie die von Konrad von Megenberg auch für die Herausbildung einer

deutschen mathematischen und astronomischen Fachsprache von Bedeutung.

Um einen Eindruck von diesem Text zu vermitteln, seien einige Sätze sowohl aus der Übersetzung des Konrad von Megenberg um 1350, als auch dem frühneuhochdeutschen Text von 1516 zitiert, die von der Rundung der Wasserfläche als Teil der Erörterung der Kugelgestalt der Erde handeln. Es geht darum, dass von einem sich entfernenden Schiff das Ufer von der Spitze des Mastes aus noch gesehen werden kann, wenn es für einen Beobachter auf Deck längst unsichtbar ist (einige schwerer verständliche Worte werden in eckigen Klammern erläutert). Die alte Sprache und die Unterschiede in beiden Texten scheinen mir nicht uninteressant zu sein.

Konrad von Megenberg: „Daz auch daz wazzer sinbel [kugelförmig] sei, dez zaichen nem wir also: man setz ain zil an dez meres ufer oder an daz gestat [Gestade], und ge ain schif von dem zil. Daz schif mag als verre [fern] in daz mere treten, daz aines menschen auge unden pei dem mastpaum [Mastbaum] daz zil an dem ufer oder an dem gestat niht gesehen mag, und die augen oben in der hohen des mastpaumes sehen daz selb zil wol [...] Dez mag kain ander sach gesein danne dez wazzers geperg und die rundengrozz."

Konrad Heinfogel: „Das aber das Wasser sey auffgeplosen [aufgeblasen, gerundet] und neyg sich zu der runden, des zeichen nem wir also: Man setz ein zill an des Meres ufer, oder an das gestat, und gee ein

Die Demonstration der Kugelgestalt der Erde aus verschiedenen Drucken der „Sphaera" des Johannes de Sacrobosco, linke Seite: naives Bildchen (Leipzig um 1495), didaktisch klare Darstellung in einer Ausgabe von Peter Apian (Ingolstadt 1526),
rechte Seite: missverstandene Verhältnisse (Valladolid 1567 und Florenz 1579).

schyff von dem zill, das schyff mag als verren in das Mere tretten, das eines menschen auge unten bey dem mastbawm, das zill an dem ufer, oder an dem gestat nit sehen mag. Also das schyff stund, das auge des menschen oben in der höhe des mastbawms mags wol sehen dasselbig zill [...] das mag kein andere ursach sein, dann die runde des wassers".

Die Erörterung der Kugelgestalt der Erde anhand dieses Beispiels ist ein Standardmotiv für Holzschnittillustrationen der Sphaeradrucke. Darunter finden sich ebenso klare Prinzipskizzen, wie gleichermaßen etwas „undurchsichtige" Bilder bis hin zu Darstellungen, bei denen man sieht, dass der Holzschneider gar nicht verstand, worum es überhaupt geht (s. Abb. rechts).

Wie schon angedeutet, war die Nachfrage nach dem kleinen Werk enorm. Schon 1472 erschienen in Ferrara und Venedig je ein Druck. Damit war die „Sphaera" nach einer Vielzahl kleiner Kalender und astrologischer Vorhersagen eines der ersten größeren Werke der Astronomie überhaupt, die im gutenbergschen Verfahren des Druckes mit beweglichen Lettern erschienen. Mit etwa 230 Ausgaben von 1472 bis 1656 ist Johannes de Sacroboscos Buch das am meisten gedruckte astronomische Werk aller Zeiten und dürfte auch innerhalb der wissenschaftlichen Literatur insgesamt einen Spitzenplatz belegen. Darauf beruht seine überragende Bedeutung. Denn es muss nicht unbedingt das größte, schönste und selbst nicht das Buch mit den meisten neuen, gar bahnbrechenden Ideen das bedeutendste sein. Nicht nur diese sind ein Maßstab für Bedeutung, sondern dazu kann beispielsweise für ein Lehrbuch auch eine besonders gelungene didaktische Aufarbeitung beitragen. Und dies alles trifft für Johannes de Sacroboscos „Sphaera" in vollem Maße zu.

Der großen Verbreitung kam auch noch ein niedriger Preis entgegen. Zwischen etwa 1490 und 1610 erschien auf dem europäischen

Buchmarkt jedes Jahr mindestens eine Ausgabe der „Sphaera", in manchen Jahren zwei, drei und mehr. Viele der heute erhaltenen Exemplare sind über und über mit Randnotizen und Anmerkungen zwischen den Zeilen versehen. Ein solches Buch, das vor 500 Jahren einem Benutzer dazu diente, sich die ersten Kenntnisse von der Welt zu erarbeiten, zu lernen, warum die kugelförmige Erde ruhend in der Weltmitte steht und sich alle Planeten, Sonne und Mond auf Kreisen um sie drehen, während Gott und alle erleuchteten Seelen jenseits der Sphäre der Sterne weit am Himmel entrückt sind, vermag ein lebendiges Empfinden von Wissenschaftsgeschichte zu vermitteln.

Erfreute sich das Büchlein von Beginn an einer großen Beliebtheit, so steigerte sich dies noch, als ab 1538 eine von Philipp Melanchthon initiierte Ausgabenreihe dieses Werkes erstmals erschien. Melanchthon suchte im Rahmen seiner Bildungsreform nach einem für einführende Universitätsstudien geeigneten Buch. Zwar hatte er für eigene Vorlesungen auf dem Gebiet der Astronomie und Physik seine „Initia doctrinae physicae" geschrieben, die erstmals 1549 im Druck erschien und bis 1589 insgesamt 17 Auflagen erlebte. Doch das war schon ein Buch für fortgeschrittene Studien, deren astronomischer Teil übrigens in vielen Daten auf dem Werk von Nikolaus Kopernikus beruhte. Sacroboscos „Sphaera" erschien Melanchthon hierfür die geeignete Grundlage zu sein. Das Buch erschien in Wittenberg erstmals 1531 und dann 1538, zusammen mit der ebenfalls von Johannes de Sacrobosco stammenden Einführung in die Kalenderrechnung, genannt „Computus ecclesiasticus". Bedeutet dies eigentlich die Berechnung des Kirchenkalenders, gibt der Titel den Inhalt jedoch zu sehr verkürzt wieder, weil es hier vor allem um die astronomischen Grundlagen des Kalenders geht, wie die Länge des Tages, der Monate und Jahre, das Schaltjahr usw. In der Form dieses Zusammendrucks mit der „Sphaera" entstand ein Buch, das allein in Wittenberg unter dem Titel „Libellus de sphaera" bis 1629 in 19 Auflagen erschien, wechselnd herausgegeben von mehreren Schülern Melanchthons. Der Reformator selbst, der spiritus rector dieses Projektes, hatte für das Buch zwei Vorworte geschrieben. Besondere Erwähnung gebührt den Abbildungen dieser Drucke, die sich durch eine große didaktische Klarheit und Schlichtheit der grafischen Gestaltung auszeichnen. Sie wurden erstmals von Peter Apian, einem bedeutenden Didaktiker wissenschaftlicher Literatur, der 1526 in Ingolstadt erschienenen Ausgabe der „Sphaera" beigegeben.

War der Erfolg der „Sphaera" ohnehin schon groß, so setzten die Wittenberger Drucke noch einmal neue Maßstäbe. An vielen Druckorten, wie in Paris und Antwerpen erschien nun die „Sphaera" zusam-

Ein Schmuckbild aus dem Druck der „Sphaera" (Paris 1498), das noch 1529 als Kalenderillustration für den Monat April Verwendung fand.

men mit dem „Computus", zahlreichen Ausgaben wurden, wie in Wittenberg, kleine Instrumente beigedruckt, die aus drehbaren Rechenscheiben aus Papier bestanden, mit deren Hilfe einfache astronomische Aufgaben gelöst werden konnten. Die auf Apian zurückgehenden Bilder, geradezu ein fester Bildkanon, erschienen nicht nur in Wittenberger Drucken. In katholischen Städten hatte es dann manchmal mit Melanchthons Vorwort seine Schwierigkeit, weshalb gelegentlich von Benutzern der Name Melanchthons dick mit Tinte durchgestrichen, das Vorwort ohne Nennung des Autornamens und der Ortsangabe Wittenberg gedruckt, oder gar die Seiten mit dem Vorwort des „Ketzers“ herausgerissen wurden.

Und noch etwas: Da das Bestreben vieler Professoren der Astronomie dahin ging, ihre Vorlesungen nach einem eigenen Lehrbuch zu halten, sie jedoch die Zweckmäßigkeit der Stoffauswahl und die Vorbildlichkeit der didaktischen Gestaltung des Johannes von Sacrobosco anerkennen mussten, entstanden vielfach Lehrbücher der Astronomie, die auf seinem Werk aufbauten, es inhaltlich erweiterten oder thematisch vertieften, oder einfach nur etwas anders waren. Andere Gelehrte verzichteten ganz auf das Schreiben eines eigenen Buches und fügten statt dessen zwischen den Text der „Sphaera“ ihre eigenen Kommentare ein. Diese schwollen im Laufe der Zeit, mit dem Fortschritt der Astronomie, immer mehr an. Diese Gewohnheit resultierte daraus, dass „der Sacrobosco“ sich in Jahrhunderten zu einem Standardwerk, ja gar zu einem Markenzeichen entwickelt hatte, weshalb es für den Verkauf eines Buches günstig erschien, es mit diesem Namen zu verbinden. Der letzte große Kommentar stammt von dem bedeutenden Jesuitenastronomen Christoph Clavius, in dessen etwa 600 Seiten starkem Folioband „In sphaeram Ioannis de Sacro Bosco commentarius“, in mehreren Auflagen zwischen 1570 und 1618 erschienen, die ursprüngliche „Sphaera“ wohl kaum noch fünf Prozent des Umfangs einnimmt.

Doch mit dem Buch von Christoph Clavius sind wir der Zeit etwas vorausgeeilt und befinden wir uns schon in einer neuen Zeit der Astronomie, die vor allem durch das Werk von Nikolaus Kopernikus und Johannes Kepler, dann durch die ersten Entdeckungen mit dem neu erfundenen Fernrohr geprägt wurde.

Von islamischen Gelehrten und dem gar nicht so finsteren Mittelalter

Deshalb noch einmal einige Jahrhunderte zurück für zwei Exkurse, nämlich zur arabischen Astronomie, besonders zu as-Sufi als einem ihrer bekanntesten Vertreter sowie zur Frage der Kenntnis der Kugelgestalt der Erde im lateinischen Mittelalter.

Zu der Zeit, als im westlichen Kalifat, auf dem Territorium des heutigen Spanien, die Ausstrahlung islamischer Gelehrsamkeit in das europäische Geistesleben begann, war am Hofe des Emirs Adud ad-Daula in Isfahan (heute Iran) der Gelehrte Abd ar-Rahman as-Sufi tätig. Er ist bis heute vor allem durch seinen Sternkatalog bekannt, dem Sternbildzeichnungen von großer künstlerischer Qualität beigegeben sind, die auch für die Kunstgeschichte Aufmerksamkeit beanspruchen dürfen. Der Katalog, das „Buch der Fixsterne“, beruht auf der Tradition des ptolemäischen Almagest. Es enthält die dortigen 48 klassischen Sternbilder und gibt die Positionen der Fixsterne nach einer Umrechnung auf das 10. Jahrhundert wieder. Doch es lag im Bemühen as-Sufis, die griechischen Sternbilder mit der islamischen Tradition zu verbinden, vor allem was die Bezeichnung der Sterne betrifft. Und so hat as-Sufi einen großen Anteil daran, dass noch heute viele Sterne einen Namen tragen, dessen arabische Herkunft erkennbar ist, unter Wegfall einzelner Silben oder einer missverstandenen Aussprache, wie Aldebaran (Stier), Algol (Perseus), Deneb (Schwan), Denebola (Löwe), Alkor (Großer Bär), Beteigeuze (Orion) und viele andere, ebenso wie eine Reihe astronomischer Fachtermini.

Von den kolorierten Handschriften des Kataloges sind aus kunsthistorischer Sicht vor allem die Exemplare der Bibliotheken in Gotha, Prag und Berlin hervorzuheben, die vermutlich aus Norditalien stammen und deren erstes auf 1428 zu datieren ist. Sie sind demnach zwar Produkte europäischer Künstler, die jedoch eine Reihe arabischer Gestaltungselemente, vor allem in der Bekleidung der Figuren, übernommen haben. Diese Bilder legen keinen vorrangigen Wert auf die korrekte Darstellung der Sternpositionen, sondern stellen das Bild in den Vordergrund. Doch die Beobachtungen, die dem Katalog selbst zugrunde liegen, sind sehr genau. Als ein Indiz dafür sei nur darauf verwiesen, dass as-Sufi als Erster überhaupt den Andromeda-Nebel erwähnt. Das heißt nun nicht, dass er dieses matt schimmernde Fleckchen als erster gesehen hat, denn unter guten Beobachtungsbedingungen ist er nicht schwer zu erkennen. Aber niemand vor ihm hielt es für angebracht, dieses Objekt, dessen Aussehen so völlig von dem eines Sterns unterschiedlich ist, schriftlich festzuhalten.

Das Werk as-Sufis nimmt in der Reihe der frühen Sternkataloge eine bedeutende Stellung ein, wie die folgende Reihe wichtiger Kataloge bis um 1700 zeigt:

Claudius Ptolemäus	138 n. Chr.
as-Sufi	Mitte 10. Jh.
Ulug Beg	1437
Christoph Rothmann	1586
Tycho Brahe	1600
Johannes Hevelius	1687
John Flamsteed	1725

Ich hatte erwähnt, dass mit der Physik des Aristoteles, mit der Lehre von Erde und Wasser als den beiden schweren Elementen, die schon seit den Pythagoreern gelehrte Kugelgestalt der Erde wissenschaftlich begründet wurde. Diese Grundlagenwerke gingen spätestens mit dem Untergang des römischen Reiches für Jahrhunderte verloren. Somit stand den mittelalterlichen Gelehrten ein Wissensreservoir zur Verfügung, das sich nicht auf die grundlegenden Originalwerke stützen konnte. Dennoch fanden sie zu Einsichten, die man dem „finsteren Mittelalter" oftmals nicht zugestehen möchte. Denn nicht selten wird das Mittelalter als Zeit der religiösen Verfolgung, des Hexenwahns, der astrologischen Verirrungen charakterisiert, in der die Erde in den rohen Zustand einer Scheibe zurückfiel.

Neuere Forschungen haben jedoch gezeigt, dass im Mittelalter die Erde keinesfalls im Bild einer Scheibe gedacht wurde – auf die anderen Negativattribute kann ich hier leider nicht eingehen, doch sind sie ebenfalls nicht ausschließlich zutreffend beziehungsweise nicht typisch für die Zeit. Hinsichtlich der Erdgestalt ist festzustellen, dass sowohl in astronomischen, naturkundlichen oder enzyklopädischen Abhandlungen, als auch in Kommentaren zur biblischen Genesis und vielen Gelegenheitsschriften die Erde ganz selbstverständlich als ein in der Weltmitte ruhender kugelförmiger Körper angesehen wird. Die dafür vorgebrachten Argumente waren korrekt. Sie resultierten aus der unterschiedlichen Sichtbarkeit der Gestirne und der unterschiedlichen Tageslänge in Abhängigkeit von der geografischen Länge und Breite eines bestimmten Ortes, aus der Erdmessung des Eratosthenes oder der Entstehung von Mondfinsternissen. Die Kugelgestalt wird veranschaulicht mit Hilfe des Vergleichs der Erde mit einem runden Apfel oder dem komplexen Bild der Welt als einem Ei, in dem die Erde mit dem Eigelb verglichen wird, umgeben von der Eischale (dem Himmel, Feuer oder Äther), der Eihaut (der Luft) und dem Eiweiß (Luft oder Wasser), kugelförmig in der Weltmitte ruhend.

Ich möchte auf einige Gelehrte, die sich zu diesem Problem geäußert haben, genauer eingehen. Von großem Einfluss auf das frühe Mittelalter war Beda Venerabilis, der „Ehrwürdige", der hinsichtlich der Erdgestalt direkt an die „Naturgeschichte" des Plinius anschließt. Neben seiner Argumentation einer wie ein Ball in alle Richtungen runden Erde, auf der die Höhendifferenz zwischen Bergen und Tälern nicht ins Gewicht fällt, erwähnt er die Erdmessung des Eratosthenes. Nur wenige Autoren schildern die mathematischen Grundlagen dieser Messung, die Zusammenhänge zwischen Durchmesser, Umfang und Radius sowie die Rechenoperationen als solche. Beda bringt ein bald immer wieder angeführtes Argument vor, nämlich dass in Thule, dem sagenhaften Nordland, meistens identifiziert mit Island, während der Sommerzeit für sechs Monate keine Nacht und während des Winters ebensolange kein Tageslicht herrscht. Dies wird von manchen Autoren mit Berichten von weitgereisten Händlern oder christlichen Missionaren konkretisiert und ausgeschmückt. Um 825 meint der irische Mönch und Geograf Dicuil, dass auf Island zur Sommersonnenwende die Sonne nur ganz kurz untergehe, wobei es den ganzen Tag über hell bleibe. So könne er selbst bei Nacht – seine Läuse suchen!

Interessant ist ein Gedankenexperiment, das Adelard von Bath um 1115 entwickelt: Er analysiert das Verhalten eines Steins, der in einen durch die Erde gehenden Schacht geworfen wird und dabei wegen der Erdschwere zum Stillstand kommt. Diese nur auf der Grundlage einer wirklich verstandenen aristotelischen Elementenlehre untersuchbare Frage führt etwa 100 Jahre später Alexander Neckam hinsichtlich einer Bleikugel an. Noch einmal 50 Jahre darauf, in der 1246/47 entstandenen „Image du monde" des Gossouin von Metz, wird dies zu einer komplexen, reizvollen Gedankenkonstruktion entwickelt:

1. Würde ein Mensch wie eine Fliege auf einem Apfel um die Erde laufen, käme er an den Ausgangspunkt zurück, soweit sein Weg nicht durch Wasser behindert wäre.
2. Würde sich ein Mensch so weit von uns entfernen, dass seine Füße gegen uns gekehrt wären, würde sein Kopf ebenfalls in den Himmel zeigen und er könnte sagen, wir sind unter ihm.
3. Würden zwei Menschen mit gleicher Geschwindigkeit auf der Erde auseinander gehen, der eine nach Osten, der andere nach Westen, würden sie sich am gegenüberliegenden Punkt der Kugel treffen (s. auch Abb. S. 118).

4a. Würde ein Stein oder ein eiserner Ring in ein quer durch die Erde gegrabenes Loch geworfen, müssten diese in der Erdmitte zum Stillstand kommen.

4b. Würde der Fall aus großer Höhe erfolgen, könnten die Gegenstände über den Erdmittelpunkt hinausgelangen, würden jedoch zurückschwingen und ihren natürlichen Ort einnehmen. Und in methodisch kluger, systematischer Ausweitung des Experiments:

5. Würde man in vier, genau senkrecht zueinander stehende Löcher gleichzeitig Steine werfen, würden sie bei gleichem Gewicht zur gleichen Zeit den Mittelpunkt erreichen. All dies ist möglich, weil die Erde alle schweren Körper anzieht und diese Anziehung mit dem Gewicht des Körpers und seiner Nähe zur Erdmitte anwächst.

Damit war die Kugelgestalt der Erde in die „populäre", belehrende Laienliteratur eingedrungen. Für diese Wissensvermittlung stehen der altnorwegische „Königsspiegel", das „Buch Sidrach", die „Mainauer Naturlehre" und die Predigten des Berthold von Regensburg, des volkstümlichsten Predigers des Mittelalters. Berthold setzt die Kugelgestalt der Erde als Selbstverständlichkeit voraus, und zieht sie zur Verdeutlichung weniger klarer Dinge heran. Es gibt, meint er, Vieles, was uns daran hindert, den allmächtigen Gott zu erkennen, ähnlich, wie unsere Sinne uns darin täuschen, die wahre, kugelförmige Gestalt der Erde zu erkennen, die wie ein Ball geschaffen ist, „diu erde ist rehte geschaffen alse ein bal". Sie befindet sich im Himmel wie der Dotter im Ei. Würde man ein Loch quer durch die Erde graben, so könnte man durch dieses die Sterne sehen, während bei uns heller Tag ist.

Selbst die Existenz von Antipoden (auf der gegenüberliegenden Weltseite lebende Menschen) wurde im Mittelalter erörtert, allerdings in der Regel ablehnend. Die typische Sicht entwickelte Augustinus im „Gottesstaat". Mit der Anerkennung der Kugelgestalt der Erde hatte er keine Probleme. Doch diese vorausgesetzt müssten die unteren Weltteile nicht zwingend bewohnt sein. Seine Argumentation ist zunächst naturkundlich: Den unermesslichen Ozean, spätere Autoren ergänzen die verbrannte Äquatorzone, könne niemand durchqueren. Darauf folgt ein theologischer Schluss: Nach biblischem Zeugnis stammt das gesamte Menschengeschlecht von Noahs Söhnen ab, doch wie sollten diese die Gegenden der Antipoden erreicht haben? Deshalb wären unsere Gegenwohner vom Heilsgeschehen ausgeschlossen, wohingegen es bei Matthäus 28,19 heißt: „Darumb gehet hin / vnd leret alle Völcker / vnd teuffet sie / im Namen des Vaters / vnd des Sons / vnd des heiligen Geists". So geriet die Annahme von Antipoden zur Ketzerei, was der aus Irland stammende Salzburger Bischof Virgilius zu spüren bekam. Nach einer Anklage des Missionars Bonifazius bei Papst Zacharias (748) wurde Virgilius ermahnt, von seiner Lehre abzulassen, es gäbe eine andere Welt und andere Menschen mit Sonne und Mond unter der Erde. Im Falle der Weigerung drohten ihm die Aberkennung priesterlicher Würden und Exkommunikation. Über den weiteren Verlauf dieser Angelegenheit schweigen die Quellen, zu schwerwiegenden Konsequenzen kam es offenbar nicht.

Doch was ist nun mit der vielzitierten Vorstellung von der Scheibengestalt im Mittelalter? Entgegen aller sonstigen Behauptungen lassen sich im lateinischen Mittelalter beziehungsweise der Spätantike lediglich drei Autoren nachweisen, welche die scheibenförmige Gestalt der Erde lehrten: Lucius Caecilius Firmianus Lactantius, der Anonymus von Ravenna und ein Aethicus Ister sowie aus dem Griechischen Kosmas Indikopleustes. Mit Ausnahme von Lactanz blieben diese Autoren im lateinischen Mittelalter ohne jegliche Rezeption. Doch selbst Lactanz drang mit seiner in der Nachfolge von Ciceros philosophischem Skeptizismus stehenden Ansicht nicht durch, man könne nicht wissen, ob die Sonne so groß ist, wie sie erscheine oder größer als die Erde, ob der Mond kugelförmig oder konkav, ob die Sterne am Himmel feststehen oder beweglich sind, ob der Himmel unbewegt oder sich in rasender Geschwindigkeit herumdrehe, wie dick die Erde ist und auf welchen Fundamenten sie beruhe. Schließlich wäre es aus rein naturkundlichen Gründen unsinnig anzunehmen, es gäbe Menschen, deren Fußsohlen über den Köpfen sind, dass bei ihnen hängt, was bei uns liegt, Früchte und Bäume nach unten wachsen, Regen, Schnee und Hagel nach oben auf die Erde fallen usw. All dies ist die Folge der Ablehnung der aristotelischen Physik, die Lactanz vorgibt widerlegen zu können, wenn der Platz nicht zu knapp wäre. Die spöttischen Worte des „christlichen Cicero" gibt 1300 Jahre später Nikolaus Kopernikus in der Widmung seines Hauptwerkes an Papst Paul III. zurück, indem er Lactanz als „kindisch" argumentierend abtut.

Angesichts dieser Tatsachen ist es sehr verwunderlich, dass doch die allgemeine Meinung eher dahin tendiert, dem Mittelalter die Kenntnis der Kugelgestalt der Erde abzusprechen. Scheitert dies an den Tatsachen, ist die Ursache eher im allgemeinen Bild vom Mittelalter als einer finsteren Zeit selbst zu suchen. Keinesfalls soll damit ein Loblied auf die Zeit zwischen dem 6. und 15. Jahrhundert angestimmt werden. Es ist natürlich richtig, dass viel Wissen, das schon einmal – bei den alten Griechen und Römern – bekannt war, in dieser Zeit nicht mehr gegenwärtig war. Ist dies der Maßstab, ist der Verfall zu konstatieren. Aber auf der anderen Seite können wir zunächst im 8. Jahrhundert im fränkischen Reich der Karolinger und darauf vor allem seit dem 12. Jahrhundert einen Aufschwung der Wissenschaften feststellen, der zunächst in der Übernahme alten Wissens bestand, bis sich neue Völker anschickten, über ihre antiken Lehrmeister hinauszuwachsen. Und wenn wir heute manche Diskussion, die das Mittelalter beherrschte, nicht mehr so recht verstehen – muss das in jedem Fall an den Diskussionsthemen unserer geistigen Ahnen liegen, oder nicht auch an uns, die wir zu leicht dazu neigen, die ganze Welt aus dem Blickwinkel unserer Zeit und unserer Kultur zu betrachten und zu bewerten?

4. Kopernikus
und die schwer wiegenden Folgen

Privatsekretär des Bischofs und Domherr in Frauenburg

Die Nächte in seiner Heimatstadt Thorn am Unterlauf der Weichsel waren dunkel. Die Laternen der wenigen, spät heimkehrenden Bürger erleuchteten geradeso die unebenen Gassen, damit sie nicht durch einen unvorsichtigen Schritt in städtischen Abfällen landeten. Der Tag brachte in die alte Handelsstadt mehr Regsamkeit. Der Vater von Kopernikus wusste von der Königsstadt Krakau zu berichten, er war als Kaufmann erfahren und erfolgreich. Aufmerksam mag Nikolaus gelauscht haben, wenn er, der Schöffe des altstädtischen Gerichtes, von den Problemen der städtischen Verwaltung sprach. In eine andere Welt führte ihn Onkel Lukas Watzenrode, der dem geistlichen Stand angehörte – nichts von asketischer Weltabgewandtheit, sondern mehr von den Geheimnissen des Weges zu Ansehen und Einfluss. Dass Nikolaus all dies wachen Sinnes empfing, kann man glauben, dass er sich nicht alles zu eigen machte, wird man sehen.

Als der Junge zehn Jahre alt war, starb sein Vater und Onkel Lukas übernahm die Vormundschaft; Nikolaus konnte es kaum besser treffen. Der Bruder der Mutter war Bischof von Ermland und damit Landesherr des Fürstbistums von knapp der doppelten Größe des Saarlandes. 1491 kam Nikolaus mit seinem Bruder Andreas an die Universität nach Krakau, der polnischen Königsstadt – eine Bildungsanstalt von europäischem Ruf. Spätestens hier hatte sich Kopernikus mit der Himmelskunde zu beschäftigen, die an der Artistenfakultät, dem universitären Grundstudium, Krönung und Abschluss bildete. Nikolaus lernte die himmlischen Sphären kennen, das Jahr und seine Teile, seine Lehrer erklärten ihm, warum die kugelförmige, kleine Erde als das schwerste Element in der Weltmitte stehen müsse. Denn: Merken wir etwas von einer Bewe-

Kopernikus – ein Altersporträt, das vielleicht auf ein Selbstbildnis des Astronomen zurückgeht.

gung unseres Planeten? Natürlich nicht, dagegen hatte Kopernikus nichts zu sagen – vorläufig nicht.

Nach drei Jahren wechselte Kopernikus nach Bologna. Im Land der Humanisten boten sich ihm und seinem Bruder Andreas nicht nur tiefe Quellen des Wissens, sondern auch studentische Lustbarkeiten, und die Brüder nutzten beides.

In Bologna führte der Student Kopernikus auch mit Dominicus Maria von Novarra, einem gebildeten Geist, Himmelsbeobachtungen aus, so zum Beispiel während der Bedeckung des Aldebaran durch den Mond am 9. März 1497. Hier scheint das alte Weltbild des Kopernikus einige Risse bekommen zu haben: Aristoteles lehrte, dass sich die Planeten gleichmäßig auf Kreisbahnen um die in der Weltmitte ruhende Erde bewegen. Aber was war mit Ptolemäus? Die Gestirne beschreiben Kreise auf Kreisen, deren Mittelpunkte exzentrisch zur Weltmitte liegen, mit Bewegungen, die nur von einem irgendwo liegenden Ausgleichspunkt gleichmäßig erscheinen. Ein verwickelter Mechanismus! Und Kopernikus las, schon der alte Aristarch habe eine Bewegung der Erde um die Sonne gelehrt, und erfuhr von den Pythagoreern, die Sonne aus dem edelsten Element Feuer müsse in der Weltmitte sein. Und er hörte, der gelehrte Kardinal Nikolaus von Cues habe gemeint, die Welt sei als Abbild Gottes unendlich, in ihr gebe es weder absolute Ruhe, noch Weltmitte oder Weltrand.

Also, dachte Kopernikus, wenn die Welt von Gott, dem höchsten und weisesten Werkmeister erschaffen wurde, wie die Heilige Schrift bezeugt, dann muss sie nach Ordnung, Harmonie, Schönheit und Ebenmaß gestaltet sein. Dies wenigstens in den kosmischen Bereichen, denn für die Gestaltung des menschlichen Tuns bleiben Weisheit und Eintracht auch 500 Jahre nach dem Tod des Kopernikus nichts als ein schöner Traum. Lässt sich der göttliche Bauplan etwa finden, wenn man die bisherige Welt vom Kopf auf die Beine stellt? Was passiert, wenn die Sonne in der Weltmitte ruht und die Erde sich bewegt, also alle anderen Bewegungen nur Schein sind, so wie wir von einem Schiff das an uns „vorbeiziehende" Ufer betrachten?

Nachdem Kopernikus in Padua noch Medizin studiert hatte und in Ferrara zum Doktor des Kirchenrechts, zum „Doctor decretorum", promoviert wurde, war er auf die Tätigkeit vorbereitet, die ihn für sein künftiges Leben erwartete. Ende 1503 kam er aus Italien ins Ermland zurück. Ermland (Warmia), nun für sein weiteres Leben die Heimat, wurde als Fürstbistum regiert, kirchenrechtlich unmittelbar dem Papst, staatsrechtlich als feudales Lehen dem polnischen König unterstellt. Geografisch lag es zwischen den Territorien des Staates der deutschen Kreuzritter und dem Königreich Polen, zwischen zwei politischen Kontrahenten, unter deren oft gewaltsam ausgetragenen Zwistigkeiten die Bevölkerung Ermlands viel zu leiden hatte. Sein Onkel sah ihn wohl schon als Nachfolger auf dem Bischofsstuhl. Mit einträglichen feudalen Pfründen auf Lebenszeit hatte er seinen Neffen längst versorgt. Als im August 1495 das 14. Numerarkanonikat am Frauenburger Dom frei geworden war, gelang es dem Bischof, seinem Neffen diese Pfründe zu verschaffen. Von der Anwesenheitspflicht wurde Kopernikus beurlaubt, um den Studien nachzugehen.

Der Bischof holte Kopernikus 1503 an seine Residenz nach Heilsberg, machte ihn zum Leibarzt und Privatsekretär, und weihte ihn in alle Kniffe erfolgreicher Politik und Verwaltung ein, die man als Herrscher des Ermlandes in hohem Maße benötigte. Doch Kopernikus schien nicht so recht zu wollen. 1510 kehrte er ziemlich abrupt seinem Onkel den Rücken und übernahm das Kanonikat am Frauenburger Domkapitel. Mit sich führte er sicherlich erste Vorstellungen seines Weltsystems. Fühlte sich Kopernikus durch die Erwartungen des Onkels in einem schweren Konflikt, fühlte er sich eher zu einem astronomischen Werk berufen, als auf einen Platz in der kirchlichen Hierarchie oder am polnischen Königshof? Es galt, die ganze Himmelskunde neu zu entwerfen, allen zu zeigen, dass man nicht nur eine kurzatmige Idee hegte, sondern die ganze Welt besser funktioniert, wenn die Erde in Bewegung und die Sonne in Ruhe ist.

Ging Kopernikus nun an die Arbeit? Ja und nein. Denn das sterile Leben eines weltabgewandten Grüblers blieb ihm erspart. Die Domherren waren Weltgeistliche, eigentlich Beamte im mittleren Verwaltungsdienst der Territorialverwaltung. Als in Klausur lebende Mönche dürfen wir uns die Kanoniker in Frauenburg nicht denken. Sie lebten zwar im Zölibat, doch als Vorsteher kleiner Wirtschaftshöfe. Sie hielten ihr Gesinde, kleideten sich nach ihrer Herkunft wie vornehme Bürger der preußischen Städte, waren im Reiten und der Handhabung von Waffen geübt und oft dienstlich unterwegs in Rom, am Königshof in Krakau, als Verwalter der weiten Besitzungen. Höhere priesterliche Weihen hatten in Frauenburg nur ganz wenige Kanoniker erhalten.

Was hatte Kopernikus eigentlich für sein Kanonikat zu tun? Es war eine ganze Menge und keinesfalls konnte er seine ganze Kraft auf das schwierige Werk der Reform der Astronomie konzentrieren. Gleich Ende 1510 sehen wir Kopernikus auf einer Visitation im Allensteiner Gebiet. In den Jahren 1511/12 und später noch dreimal führte er als

Kanzler des Kapitels die innere Verwaltung, war später Vorsteher der Verpflegungskasse, also Aufseher über Bäckerei, Brauerei und Mühlen. Als Allensteiner Administrator war Kopernikus Chef der Kreisverwaltung und ordnete als Archivar die wichtigen Dokumente zur rechtlichen Stellung des Domkapitels und ihrer feudalen Privilegien.

Das Frauenburger Domkapitel ist im modernen Sinne vergleichbar mit einer Kreisverwaltung, zu deren Jurisdiktion fünf Kammerämter gehörten. Die Funktion des Administrators der Kammerämter war für das Domkapitel eines der wichtigsten Ämter, war dieses doch mit kirchen- und zivilrechtlichen Befugnissen ausgestattet, neben der Sicherung der Verteidigungsfähigkeit der Burg dafür verantwortlich, dass im zugehörigen Territorium alle Hofstellen besetzt waren, die feudalen Abgaben festgelegt und pünktlich entrichtet wurden – schließlich bestritten die Domherren auf diese Weise den größten Teil ihres Einkommens.

Kopernikus war viel über Land, in den Dörfern unterwegs. Hier hatte er für die Besetzung von Bauernstellen zu sorgen, inventarisierte vorhandenes Gerät, setzte die Pacht fest, befreite Neusiedler von Steuern, vergab Saatgut und Vieh und nahm Steuern ein. Als Ermland nach langen Kämpfen zwischen dem Deutschen Orden und Polen schwer verwüstet war, betraute ihn 1521 das Kapitel als „Warmiae commissarius" mit der Beseitigung der Kriegsschäden. Während der Zeit der Kämpfe hatten sich die meisten Domherren in die sicheren Städte geflüchtet, nach Elbing oder Danzig; lediglich Kopernikus blieb mit zwei Domherren zurück und hatte die militärische Verteidigung zu sichern. 1523 leitete Kopernikus nach dem Tod des Bischofs für einige Monate die Geschicke des Bistums als Generaladministrator. Man übertrug ihm die Verwaltung der Totengedächtnisstiftungen, der Dombaukasse mit der Ziegelei, der Lehmgewinnung, der Brennstoffversorgung sowie dem Verkauf von Ziegeln und Kalk. Zwischen 1517 und 1526 widmete sich Kopernikus einer Münzreform. Seine Denkschriften enthalten eigenständige wissenschaftliche Leistungen zum Geldumlaufgesetz; er berechnete 1530 den amtlichen Brotpreis in Abhängigkeit vom Preis des Getreides. Zu all dem kommen die routinemäßigen Verpflichtungen als Domherr, bei denen er sich jedoch wenigstens teilweise durch einen Vikar vertreten lassen konnte.

Werfen wir einen Blick in Kopernikus' Terminkalender für 1514: Am 24. Februar beobachtete er den Ort des Saturn; am 17. März bezahlte er mit 75 Mark die erste Rate für seinen Hof am befestigten Dombezirk, nachdem er zuvor 800 Ziegelsteine und eine Tonne Kalk zu dessen Ausbesserung gekauft hatte; am 5. Mai beobachtete er die

Saturnopposition; am 8. Mai erscheint er als Unterzeichner der Bierbraulizenz für Frauenburg, am 7. Oktober als Zeuge der Unterzeichnung bischöflicher Urkunden. Machen wir einen Sprung ins Jahr 1517: Kopernikus wirkt als Administrator des Kapitels und ist ununterbrochen unterwegs. Über alle Tätigkeiten führt er Buch in den „Locationes mansorum“. In vielen Dörfern hat er Land zu vergeben oder bestätigt Verkäufe und fertigt entsprechende Urkunden aus. Eine bunte Mischung wissenschaftlicher Betätigung und alltäglicher Geschäfte. Dennoch scheint es in dieser Zeit genügend Muße für Wissenschaft gegeben zu haben.

Die Religionsstreitigkeiten zwischen Protestanten und der katholischen Kirche spielten für Kopernikus keine große Rolle. Auch nachdem der ehemalige Hochmeister des Deutschen Ordens, politischer Gegenspieler des polnischen Königs und damit auch des Bistums Ermland, 1525 zum Protestantismus übertrat und das Ordensland in das weltliche Herzogtum Preußen umwandelte, setzte man auf gute Nachbarschaft. Die ärztliche Tätigkeit von Kopernikus, die sich nachweislich auf die ermländischen Bischöfe und sicherlich auch auf die Mitbrüder des Domstiftes erstreckte, führte Kopernikus sogar an den Hof des Herzogs. Im April 1541 bat der protestantische Albrecht von Preußen den katholischen Domherren Kopernikus um die Behandlung eines seiner Amtshauptleute in Marienburg, wohin sich Kopernikus dann unverzüglich und offiziell beurlaubt begab. Offenbar muss er ein erfolgreicher Arzt gewesen sein, dessen Ruf sich über die Grenzen des Bistums erstreckte. Ob er auch seinen an Lepra erkrankten Bruder behandelte, wissen wir nicht; um 1512 brach dessen Krankheit mit aller Schwere aus, man hob, eine Ansteckung befürchtend, alle Gemeinschaft mit dem Kranken auf, der wenigstens noch bis 1518 lebte.

Ein Amateurastronom bringt Ordnung in die himmlischen Bewegungen

Kopernikus war also kein hauptberuflicher Astronom, sondern als, wir könnten heute sagen, Verwaltungsbeamter in mittlerer und höherer Laufbahn tätig und arbeitete an seinem astronomischen Werk neben vielen Verpflichtungen als Domherr.

Er besaß einige typische Instrumente seiner Zeit: Einen Dreistab zur Messung von Zenitdistanzen von fast zwei Metern Höhe und einen Quadranten von 1,70 Metern Seitenlänge, dazu transportable

Geräte. Sie waren selbst hergestellt, aus Holz, mit Tintenstrich-Skalen. Verwunderlich, denn das Geld zur Beschaffung professionell gefertigter Instrumente hätte er allemal gehabt. Kopernikus hatte eine Beobachtungsplattform im Garten seines Allodiums in der Nähe des Doms. Doch war er kein beobachtender Astronom – ja er hatte die Bedeutung eines neuen empirischen Fundaments für die Reform der Astronomie nicht erkannt. Er vertraute blind den Alten und sah weder die mangelnde Genauigkeit ihrer Beobachtungen, noch die vielen Schreib-, Lese-, Rechen- und Übersetzungsfehler, die sich im Laufe der Zeit in ihre Werke eingeschlichen hatten. Seine Beobachtungen sollten lediglich den Zeitraum der Verfolgung der Planetenbewegung erweitern. Von den etwa 60 bekannt gewordenen eigenen Beobachtungen verwertete Kopernikus nur 27 Resultate in seinem großen Werk. Mit diesem, seinem Hauptwerk „De revolutionibus orbium coelestium“, begründete er im Jahr 1543 das heliozentrische Weltsystem.

Wie kaum ein anderer Gelehrter in der langen Kulturgeschichte der Menschheit ist er damit in das Bewusstsein der Menschen eingedrungen – als der Astronom, der die Wissenschaften revolutionierte und geistige Auseinandersetzungen provozierte, die zu tiefgreifenden Veränderungen im Denken führten. Es waren Veränderungen, die weit über den Bereich der Astronomie hinausgingen, weite Teile der Geisteswissenschaften erfassten, in das Gebiet der Philosophie, der Theologie, der Weltanschauung im weitesten Sinne eindrangen – die neue Fragen provozierten und neue Antworten erforderten hinsichtlich der Stellung des Menschen in und zur Welt, zum Verständnis der Bibel, zu einem neuen Gottesbild. Dennoch verfolgte Kopernikus selbst niemals das Ziel, irgendetwas zu revolutionieren, oder umzustürzen. Im Gegenteil, er trachtete danach, durch konsequente Rückbesinnung auf alte Grundsätze die in „Konfusion“ geratene Astronomie wieder in Ordnung zu bringen. Sein Ziel war es, für die Welt ein geistiges Bild zu entwerfen, das dem ihr zugrunde liegenden göttlichen Bauplan gerecht würde.

Ohne Zweifel war sich Kopernikus über die Schwierigkeit dieses Unternehmens im Klaren. An der Aufgabe, ein würdiges Abbild der Welt zu schaffen, waren die Astronomen bislang gescheitert. In seinem Bestreben, dies zu finden, bediente sich Kopernikus strikt des antiken Instrumentariums, also zunächst der Epizykel und Exzentersysteme. Vor allem sollten die der Darstellung des Gestirnslaufes dienenden Bewegungen auf vollkommenen Kreisen und absolut gleichförmig verlaufen. Damit stützte sich Kopernikus auf alte, wenigstens bis zur Philosophie der Pythagoreer zurückreichende Grundsätze der

Welterklärung: Den als von göttlicher Natur gedachten Himmelskörpern entspreche in der Körpergestalt die Kugel, in der Bewegung der absolut gleichförmig durchlaufene Kreis. Die Planeten bewegen sich auf Kreisbahnen um das Weltzentrum. Diese Prinzipien sah Kopernikus in der ptolemäischen Astronomie erheblich verletzt und trachtete danach, sie wieder in eine reine Form zu bringen. Es ist ein kennzeichnendes Element für Kopernikus, dass er sich hierbei auf klassische Autoritäten beruft und sich in der Nachfolge der Pythagoreer sieht – ganz abgesehen von seinem festen Glauben an die Zuverlässigkeit der von Ptolemäus überlieferten alten Himmelsbeobachtungen.

Bis heute ist nicht eindeutig zu sagen, wann in Kopernikus die ersten grundsätzlichen Zweifel an der tradierten Astronomie aufkeimten, ebenso nicht, welchen Anteil daran die Theorien pythagoreischer Gelehrter hatten. Demgegenüber muss deutlich hervorgehoben werden, dass die Erklärung der himmlischen Bewegungen mit Hilfe der Erdbewegung seit Ende des 13. Jahrhunderts, zunächst in Paris, dann auch an anderen Universitäten, ein nicht seltenes Thema gelehrter Dispute war. Genannt seien Nikolaus Oresmius, Johannes Buridan, Albert von Sachsen und Nikolaus Cusanus. Man darf annehmen, dass Kopernikus von diesen Ansichten Kenntnis besaß. Dies schmälert indes keineswegs sein Verdienst, eine astronomische Theorie auf heliozentrischer Grundlage entwickelt zu haben. Denn zwischen der hypothetischen Annahme, man könne die Erscheinungen der Gestirnsbewegungen auch durch eine Erdbewegung erklären, oder dem philosophischen Gedanken der Pythagoreer, dass dem Feuer als edelstem Element, also der Sonne, der Rang der Weltmitte zukomme, und der vollständigen mathematischen Durcharbeitung der heliozentrischen Weltbetrachtung liegen geistige Welten.

Doch wann sich im Denken von Kopernikus der Wandel vom geozum heliozentrischen Weltbild vollzog, dafür gibt es nur Vermutungen. Wir wissen, dass die erste schriftliche Fixierung des heliozentrischen Systems durch Kopernikus vor 1514 erfolgte, denn in jenem Jahr wurde in der Bibliothek eines Krakauer Gelehrten ein Manuskript mit der Darstellung der heliozentrischen Weltvorstellung katalogisiert, bei der es sich um den so genannten „Commentariolus“ von Kopernikus handelte. In dieser kleinen Abhandlung von etwa 20 Seiten Umfang, heute in drei Abschriften bekannt, erscheint das heliozentrische Weltsystem noch ohne mathematische Durcharbeitung und gegenüber dem späteren Hauptwerk gewissermaßen im Status einer Arbeitshypothese. Die von Kopernikus abgeleiteten Grundsätze umreißen seine Theorie jedoch sehr klar.

Spätestens Ende der 1520er Jahre waren Kopernikus' astronomische Vorstudien so weit gediehen, dass er an die Niederschrift seines Werkes gehen konnte (s. auch Abb. S. 119). Von Beginn an wollte er nicht nur die spezifischen Züge seiner heliozentrischen Weltsicht darlegen, sondern eine vollständige Astronomie auf heliozentrischer Grundlage entwickeln. Doch die Arbeit gestaltete sich komplizierter als erwartet. Der Autor wurde mit seinem Werk nicht zufrieden. Das an der Krakauer Universitätsbibliothek erhaltene Originalmanuskript spiegelt sein Bestreben wider, das einmal Geschriebene immer neu zu korrigieren, Ergänzungen einzufügen, die Korrekturen zu korrigieren, sogar die Anordnung des Stoffes umzustellen. Während dieser Zeit drang die mehr oder minder deutliche Kunde vom Entstehen einer neuen Astronomie im fernen Preußen in gelehrte Kreise ein. Man brachte diesem Gerücht großes Interesse entgegen, da die Unsicherheit astronomischer Rechnungen sowie die Fehler des Kalenders sich mehr und mehr zu einem öffentlichen Ärgernis auswuchsen. Man erhoffte sich von einem neuartigen Ansatz der Astronomie eine bessere Lösung.

Kopernikus hielt sich mit Details bedeckt und beinahe wäre es möglich gewesen, dass er über den Korrekturen an seinem Werk verstorben und die Handschrift bestenfalls ins Frauenburger Domarchiv gekommen wäre. Aber es kam anders: Die Kunde einer reformierten Astronomie war auch nach Wittenberg gelangt, wo seit 1536 Georg Joachim Rheticus als Professor für Mathematik wirkte. Nach sicherlich intensiven Diskussionen mit seinen akademischen Kollegen, unter ihnen Philipp Melanchthon, Erasmus Reinhold, vermutlich auch Luther, entschloss sich Rheticus, an Ort und Stelle nachzuforschen. Im Frühjahr 1539 begab er sich, von den Lehrverpflichtungen beurlaubt, auf die Reise in das ferne Frauenburg. Die Begegnung der beiden Männer war ebenso ergebnisreich wie merkwürdig und wirft auf beide Persönlichkeiten ein bezeichnendes Licht. Rheticus, der 25-jährige Professor aus dem protestantischen Wittenberg, Schüler Melanchthons, ein vorwärtsdrängendes, geistvolles Talent – und Kopernikus, der 67-jährige, erfahrene katholische Domherr, der bis ins Detail kritische, an einsames Denken gewöhnte Gelehrte. Kopernikus gewährte dem so unverhofft zugereisten Schüler bereitwillig Einblick in sein Werk. Binnen kurzer Zeit verfasste Rheticus einen „Ersten Bericht" darüber, der 1540 im Druck erschien.

Nach längeren Diskussionen und einer weiteren Durcharbeitung vor allem der trigonometrischen Teile des Werkes, gab Kopernikus seine Einwilligung zum Druck. Rheticus hatte mit dem gelehrten und erfahrenen Drucker Johannes Petreius die Herausgabe vereinbart und fuhr im Mai 1542 mit dem von ihm kopierten Manuskript nach Nürnberg. Der Druck begann, doch Rheticus hatte eine ehrenvolle Berufung nach Leipzig erhalten und musste an seiner künftigen Wirkungsstätte erscheinen. So gelangte die Aufsicht über den Druck an den streitbaren protestantischen Theologen Andreas Osiander. Dieser hatte sich schon im Jahr zuvor zu Fragen der Herausgabe der heliozentrischen Astronomie geäußert. In ähnlich lautenden Briefen an Rheticus und Kopernikus versuchte er beide vergeblich davon zu überzeugen, dem geplanten Werk ein Vorwort voranzustellen, in dem die neue Lehre als rein mathematische Hypothese, ohne jeden Anspruch auf Wahrheit dargestellt werde. Soviel bis heute darum gestritten wurde, ist diese Ansicht Osianders verständlich. Sie entsprach genau der seit dem Altertum tradierten Auffassung von der Stellung der Astronomie im System der Wissenschaften. Sie sollte lediglich dafür sorgen, die Positionen der Gestirne mit höchster Genauigkeit berechenbar zu machen. Zu diesem Zweck ließ man die Astronomen beliebige willkürliche Annahmen machen, denn mit dem wirklichen Weltbau hätten sie nichts zu tun, da dieser ausschließlich durch die Physik beschrieben werde, die in ihrer aristotelischen Form die Zentralstellung der Erde lehrt. Weiterhin, so schreibt er, sei alle Wissenschaft nur Menschenwerk und wahres Wissen liege nur bei Gott. Osiander sprach also gleichermaßen der ptolemäischen, wie der kopernikanischen Astronomie den Anspruch auf Wahrheit ab. Anders gesagt, als mathematische Hypothese könne man auch eine heliozentrische Astronomie akzeptieren, solange nur der Verzicht auf Wahrheit beachtet werde.

Gerade Letzteres tat Kopernikus und mit ihm Rheticus eben nicht. Doch als Osiander nach Rheticus' Abreise allein die Verantwortung für den Druck des Werkes von Kopernikus übertragen bekam, fügte er eigenmächtig und unberechtigt, wissentlich entgegen dem Wunsch des Autors, ein anonymes Vorwort hinzu, das genau diese Hypothetisierung der Astronomie im Allgemeinen und der heliozentrischen im Speziellen darstellt. Und in diesem Sinne schreibt er nach vielem Lob des Werkes: „Allerdings müssen seine Hypothesen nicht unbedingt wahr sein, sie brauchen nicht einmal wahrscheinlich zu sein. Es reicht schon vollkommen, wenn sie zu einer Berechnung führen, die den Himmelsbeobachtungen gemäß ist."

Lob und Ablehnung in der wissenschaftlichen Welt

Bald nach Erscheinen des Werkes begann die Rezeption der kopernikanischen Astronomie. Den Weg zu diesem Ruhm hatte in erster Linie Erasmus Reinhold in Wittenberg geebnet. Unter Verwendung kopernikanischer Daten, gefördert von Melanchthon und mit Herzog Albrecht von Preußen als Sponsor, hatte er 1551 die „Prutenischen Tafeln“ veröffentlicht. Diese machten es möglich, die Gestirnspositionen, wie sie beispielsweise für Kalender und Horoskope gebraucht wurden, mit einem relativ geringen Rechenaufwand abzuleiten. Kopernikus war etwa seit 1570 ein bekannter und anerkannter Astronom, ein geachteter Gelehrter. Aber die Rezeption erfolgte in dem von Osiander artikulierten Sinn als rein mathematische Hypothese. Es gab also eine ausgebreitete, aber doch nur partielle Rezeption, die das, was später als das Wesentliche erkannt wurde, die Darstellung der realen Welt als heliozentrisch, völlig unberücksichtigt ließ. Dies entsprach in dem geschilderten Sinne der Aufgabenstellung der Astronomie als mathematischer, hypothetisierender Disziplin. Den von Kopernikus vertretenen Wahrheitsanspruch überlasen die Benutzer seines Werkes entweder ganz oder ließen ihn als Übertreibung eines bedeutenden Gelehrten durchgehen.

Es ist hier keine Gelegenheit, die zahlreichen Belegstellen für die Rezeption von Kopernikus in der Literatur des 16. und frühen 17. Jahrhunderts anzuführen. Sie folgen stets dem üblichen Schema: Wo Kopernikus erwähnt wird, erfolgt dies mit einigen Bahnelementen der Planeten oder mit Beobachtungen. Sein System wird entweder gar nicht erwähnt oder nach der gewohnten Argumentation zurückgewiesen.

Auf einen wenig beachteten, jedoch für die Wahrnehmung des Kopernikus sehr wichtigen Aspekt möchte ich noch aufmerksam machen: Insbesondere die Reinholdschen Planetentafeln waren wenigstens seit den 70er Jahren des 16. Jahrhunderts infolge der offensichtlichen Mängel der geozentrischen Alphonsinischen Tafeln bei den Autoren von Kalendern und astrologischen Vorhersagen ein viel benutztes Hilfsmittel. So fand ich bei einer systematischen Durchsicht solcher Schriften aus dem Zeitraum von etwa 1570 bis 1605, dass eine große Zahl von Kalenderschreibern die „Prutenischen Tafeln“ verwendete und dabei Kopernikus selbst oder Erasmus Reinhold erwähnte. Deshalb darf zweifelsfrei festgestellt werden, dass Kopernikus seit dem Ende des 16. Jahrhunderts ein bekannter und weithin anerkannter Astronom war. Er wurde der „Hoch und weitberümbte Nikolaus

Copernicus" genannt, der „vortreffliche Mathematicus", ein „zweiter Ptolemäus". Einige Autoren finden außerordentlich lobende Worte, wie beispielsweise Valentin Steinmetz im Jahre 1581: „Dergleichen fleis, mühe und arbeit haben auch noch zu unsern zeiten gehabt und angewendet etzliche vortreffliche Leute, als der Nikolaus Copernicus, Erasmus Reinholdus, und andere mehr, welche alle nur dahin gesehen, das da möchte diese kunst Astronomia richtig und gewis erhalten werden und bleiben."

Dem weiten Lob, das der heliozentrischen Astronomie als mathematischer Hypothese zuteil wurde, steht in den wenigen Fällen, wo man das System physikalisch diskutierte, eine zunächst fast einhellige Ablehnung entgegen. Nicht nur, dass man den Heliozentrismus in völligem Gegensatz zu dem stehend befand, was augenfällig am Himmel wahrzunehmen ist und was in Übereinstimmung mit der bewährten aristotelischen Physik war, es gab weitere Einwände. Schon 1540 hatte der Feldkircher Stadtarzt Achilles Gasser im Vorwort zur 2. Auflage des erwähnten „Ersten Berichtes" von Rheticus festgestellt, dass nicht nur ein Satz der neuen Astronomie „ketzerisch" sei, wie die Mönche sagen würden. Und im Juni 1539 hatte Martin Luther davon gesprochen, dass, wenn auch die Astronomie in Unordnung sei, er der Heiligen Schrift vertraue, in der der Sonne geboten wird, stillzustehen, folglich die Lehre des „neuen Astrologen", wie er schrieb, falsch sein müsse. Damit zielt Luther auf Josua 10, 11–13, einen Text, der in der Argumentation der theologischen Gegner des heliozentrischen Weltsystems noch lange eine Schlüsselrolle spielte. Noch Rothmann, Kepler und Galilei wurden damit konfrontiert, worauf ich später genauer eingehen werde.

Wir müssen uns davor hüten, die Widerstände, denen das kopernikanische Weltsystem etwa 150 Jahre ausgesetzt war, als kleinlich, ängstlich und vielleicht gar dumm anzusehen. Erneut gilt, dass wir heute wissen, wie die Geschichte am Ende ausging, während die damaligen Akteure davon noch weit entfernt waren. Außerdem: Die Argumente contra wogen schwer, die pro blieben doch wenigstens problematisch. Das Einfachste wäre schon die Frage, wie die rasend schnelle Bewegung der Erde sowohl um die eigene Achse im Laufe eines Tages und in einer riesigen Bahn im Laufe eines Jahres nachweisbar sein solle. Die Alltagserfahrung versagt hier, niemand spürt etwas von dieser Bewegung, wir sehen, wie Sonne, Mond, Planeten und Sterne im Osten aufgehen und nach ihrem Tag- oder Nachtbogen im Westen wieder unter dem Horizont verschwinden. Eigentlich brauchte man doch zur Prüfung des kopernikanischen Systems nur aus dem Fenster zu sehen, um zu erkennen, was ist, dem Augenschein trauend.

Weiter hatte das geozentrische Weltsystem seine physikalische Begründung in der durch lange Zeiten bewährten Physik des Aristoteles. Für Kopernikus ergaben sich in dieser Beziehung große Schwierigkeiten. Irgendein grundsätzliches oder wenigstens dem Augenschein verhaftetes Prinzip hatte Kopernikus nicht vorzuweisen. Er argumentierte in dem Sinne, dass alle Körper eine Bewegung zu demjenigen haben, mit dem sie durch eine Gleichartigkeit verbunden sind. Dahinter steckt in aristotelischer Terminologie der „natürliche Ort", von dem es nun jedoch nicht mehr nur einen einzigen gibt. Was die Kreisbewegung der Himmelskörper betrifft, meinte Kopernikus lediglich, jedoch das Problem der fehlenden Physik für sein System nicht lösend, „es muss genügen, wenn nur jede einzelne Bewegung sich auf ihren eigenen Mittelpunkt stützt." Die physikalische Begründung für den Heliozentrismus fand erst Isaac Newton mit der Lehre der Gravitation und indem er zeigen konnte, dass das Planetensystem nur infolge der Zentralstellung eines sehr massereichen Körpers konstituiert werden kann.

Der Höhepunkt der fernrohrlosen Zeit

Die herausragende Persönlichkeit der Astronomie im ausgehenden 16. Jahrhundert war Tycho Brahe. Er hatte schon frühzeitig Kenntnis vom Werk des Kopernikus erhalten und schätzte den Autor als den nach Ptolemäus bedeutendsten Astronomen. In seiner „Akademischen Antrittsrede" in Kopenhagen von 1574 heißt es: „In unserer Zeit hat aber Nicolaus Copernicus, den man mit vollem Recht einen zweiten Ptolemäus nennen könnte, einige Fehler des Ptolemäus aus seinen eigenen Beobachtungen erkannt und ist deshalb zu der Meinung gekommen, daß die von ihm aufgestellten Hypothesen unstimmig seien und gegen die Grundgesetze der Mathematik verstoßen; auch hatte er gefunden, dass die Alphonsinischen Berechnungen nicht mit den Himmelsbewegungen übereinstimmen. Daher hat er mit staunenswertem Genie und Geschick andere Hypothesen aufgestellt und die Wissenschaft von den himmlischen Bewegungen so erneuert, dass niemand vor ihm Genaueres über den Lauf der Gestirne gelehrt hat. Zwar stellt er gewisse Behauptungen auf, die den physikalischen Grundsätzen widersprechen: dass die Sonne im Mittelpunkt der Welt ruhe, dass die Erde mit ihren Elementen und dem

Mond in dreifacher Bewegung um die Sonne laufe und die achte Sphäre unbeweglich feststehe; aber trotzdem lässt er nichts zu, was vom Standpunkt der mathematischen Grundgesetze aus ungereimt wäre, während man solche Fehler in den Ptolemäischen und gebräuchlichen Theorien finden kann, wenn man die Sache ganz durchschaut [...] Von diesen beiden Meistern, Ptolemäus und Copernicus, ist alles gefunden, was wir heute an klaren Erkenntnissen über die Sternbewegung besitzen."

Am Vorabend der Fernrohrerfindung war Tycho Brahe neben Christoph Rothmann in Kassel einer der Begründer der modernen astronomischen Beobachtungskunst (s. auch Abb. S. 120). Die von ihm geschaffenen Sternwarten stellten Frühformen von Großforschungseinrichtungen dar. Seine genauen Planetenbeobachtungen gaben Kepler das Material, die Gesetze der Planetenbewegung aufzufinden. Brahe erkannte die kosmische Natur der Kometen und Novae und stellte ein geistesgeschichtlich zwischen Ptolemäus und Kopernikus stehendes geo-heliozentrisches Planetensystem auf.

Brahe wurde am 14. Dezember 1546 in einem Dorf bei Lund in einer wohlhabenden, adligen Familie geboren und nahm einen seinem Stand entsprechenden Bildungsweg. Privatlehrer bereiteten ihn auf die Universitätsstudien vor, die er 1559 in Kopenhagen begann. Dort widmete er sich vor allem der Rhetorik und der Philosophie und durchlief die Artistenfakultät, an deren Ende die Astronomie stand. Diese blieb jedoch eine Nebenbeschäftigung. Seine Familie fand die Himmelskunde unpassend und drängte auf den Erwerb einer standesgemäßen Ausbildung. Dennoch gelang es Brahe, sich bald in Leipzig der Astronomie zuzuwenden, und er wurde in die praktische Himmelsbeobachtung eingeführt. Daneben spielten auch Alchemie und Medizin eine Rolle in seinen Studien, die beide nach damaligen Vorstellungen von der Astronomie und der Astrologie nicht weit entfernt standen.

Im Anschluss an einen kurzen Aufenthalt in der Heimat setzte Brahe seine Ausbildung zunächst in Wittenberg, dann 1566 in Rostock fort, wo er bis Anfang 1568 weilte und spätestens hier durch seinen Lehrer Heinrich Brucaeus das kopernikanische System kennen lernte, bis er auf eine Reise über Wittenberg nach Basel ging und für etwa ein Jahr in Augsburg weilte. In Rostock ereilte ihn ein mitverschuldetes Ungemach: Beim Duell mit einem dänischen Landsmann verlor er die Spitze seiner Nase, für die er sich eine metallische Prothese anfertigen ließ, die mit einem Spezialkleber befestigt wurde. Auf zahlreichen Porträts ist dies deutlich sichtbar.

Nach dem Tod des Vaters 1571 lebte Brahe auf dem Gut der Familie und richtete sich bald ein alchemistisches Laboratorium ein. In dieser Zeit war er eine Bindung mit einer „unfreien“ Frau eingegangen, mit der er „nicht standesgemäß“ 26 Jahre zusammenlebte und nach altem dänischen Gewohnheitsrecht, ohne kirchlichen Akt, dann als mit ihr verheiratet galt. Wir erfahren wenig von ihr, wir wissen hingegen von seiner Schwester Sophie, dass sie als 17-jähriges Mädchen, gebildet und begabt, ihrem Bruder bei dessen wissenschaftlichen Arbeiten assistierte.

Von großer Bedeutung auf einer zweiten Bildungsreise wurde Tychos Aufenthalt in Kassel an der Sternwarte des Landgrafen Wilhelm IV. im April des Jahres 1575. Bei Diskussionen dürften beide Gelehrte rasch übereinstimmende Vorstellungen festgestellt haben. Brahe kehrte nach Dänemark zurück. Er hatte viel gelernt, gesehen, gearbeitet und strebte nach selbstständiger Forschung. König Frederik II. belehnte ihn im Mai 1576 mit der unweit nördlich von Kopenhagen gelegenen Sundinsel Hveen (Ven), und Brahe legte den Grundstein für seine großartige Sternwarte, die „Uraniborg“. Es war kein reiner Zweckbau, sondern eine Prachtanlage, ein symbolisches Monument wissenschaftlicher Forschung mit allem Schmuck, allem Prunk eines Schlosses, einer „Himmelsburg“, erbaut in Fronarbeit der ihm hörigen Bauern mit Hilfe der beträchtlichen finanziellen Mittel aus seinem feudalen Lehen.

Die Instrumente wurden nach Brahes eigenen Angaben gefertigt: Globen, Armillarsphären, Quadranten, Sextanten und andere. Der Mauerquadrant wies einen Radius von 2,6 Metern auf, eine Armillarsphäre sogar von drei Metern. Er hoffte, an den großen Skalen eine genauere Ablesung der Bruchteile von Bogenminuten zu erreichen, mit Recht, doch führen andererseits große Instrumente auch rasch zu Problemen bei ihrer Herstellung und sicheren Justierung. Deshalb blieb man beispielsweise in Kassel bei kleineren Instrumenten und setzte lieber auf höchste Präzision der Skalen, Visiereinrichtungen und Beobachtungsuhren – ganz im Sinne der modernen Entwicklung astronomischer Präzisionsinstrumente (s. Abb. S. 88).

Brahe ordnete die ganze Insel, sein Lehen, dem Zweck der Himmelskunde unter. Dabei scheint er vielfach, seinem Stande gemäß, als feudaler Herr mit Härte regiert zu haben. Die großen Bauten brachten viel Arbeit mit sich und Tychos aufbrausendes Wesen führte zu vielen Klagen der Inselbewohner vor dem königlichen Hof. Solange sein königlicher Wohltäter die Regentschaft innehatte, ging alles gut. Doch Frederik II. starb im September 1588, und der neue König,

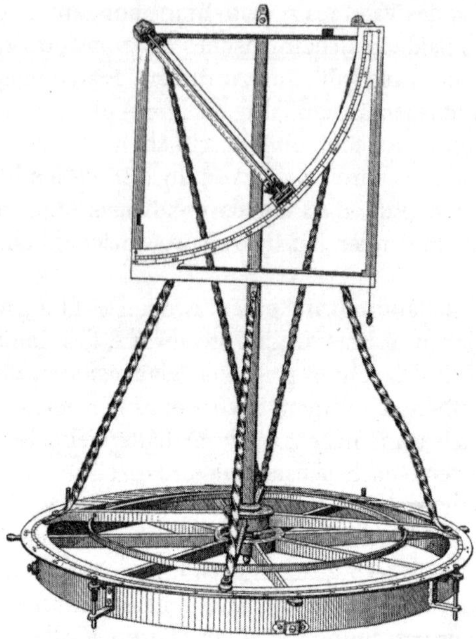

Der Azimutalquadrant der Kasseler Sternwarte, um 1560.

Christian IV., hatte nicht das astronomische Interesse seines Vaters und nahm nach und nach alte Privilegien zurück. Es kam zu Spannungen und 1597 zu Brahes eigenmächtigem Verlassen Dänemarks. In der ihm eigenen Selbstüberschätzung hatte er zu hoch gepokert. Christian bat Brahe nicht kniefällig um Rückkehr, sondern akzeptierte die von seinem Lehnsmann illegal geschaffenen Fakten.

Brahe ging nach Rostock, dann nach Wandsbek bei Hamburg zu Heinrich Rantzau, dem gebildeten, astronomisch und astrologisch interessierten dänischen Statthalter für Holstein. Hier vollendete er 1598 das schon auf Hveen begonnene Prachtwerk der Beschreibung seiner Sternwarten und Instrumente, die „Astronomiae instauratae mechanica“, mit zahlreichen handkolorierten Abbildungen. Er schickte es an mehrere deutsche Fürsten, versehen mit Briefen, in denen er um Unterstützung bat. Gewidmet war es Kaiser Rudolph II. Dieser, ein Förderer der Wissenschaften und Künste, lud Tycho nach Prag ein und wies ihm das unweit der Stadt gelegene Schloss Benatek (Benátky) als Wohnsitz zu, wo Brahe, seit 1599 in der Stellung des Kaiserlichen Astronomen, begann, sich wissenschaftlich einzurichten. Zum Beobachten kam er nur wenig, doch mehrere Assistenten setzten die umfangreiche Bearbeitung der alten Beobachtungen fort, unter diesen Johannes Kepler. Brahe starb am 24. Oktober 1601 und fand seine letzte Ruhestätte in der Prager Theinkirche mit einem noch heute zu besichtigenden prächtigen Grab.

Am Abend des 11. November 1572 erblickte Brahe in der Kassiopeia einen Stern, den er dort nie zuvor gesehen hatte. Mit einem selbstgebauten Quadranten maß er dessen Abstand zu benachbarten Sternen, um seine Bewegung zu verfolgen – zu Brahes Überraschung zeigte das Gestirn seit Beginn der Sichtbarkeit keinerlei Ortsveränderung. Es war kein Komet, kein Objekt der Erdatmosphäre, doch was dann? Nach alter, bewährter Lehre des Aristoteles konnte es in den Gestirnssphären keine Veränderungen geben. Doch wenn das Gestirn keine Parallaxe aufweist, musste es der Sphäre der Sterne zugehören. Noch vorsichtig zog Brahe einen weitreichenden Schluss: Es könnte sein, dass sich im Reich der Sterne doch Veränderungen vollziehen und dass Aristoteles unrecht hat. Künftige Beobachtungen müssten das Rätsel lösen. Schon hier erweist sich Brahe als junger Gelehrter von unabhängigem Geist, der die Dinge aus eigener Anschauung erfahren will. Was damals angesichts der Tragweite dieser Gedanken noch zögerlich blieb, führte Brahe beim Erscheinen des Kometen von 1577 fort, sowie dann besonders beim Kometen von 1585. Die Kometen schieden als Objekte der Erdatmosphäre aus und wurden in die Sphären der Planeten oder gar der Sterne gesetzt. Nur wenigen Gelehrten gelangen ähnliche Beobachtungen, unter ihnen Landgraf Wilhelm IV. in Kassel, Michael Mästlin, dem Lehrer Keplers in Tübingen und dann Christoph Rothmann. Im Zusammenhang mit den Kometenforschungen, aber überhaupt aus dem sich immer mehr ansammelnden Material, das die aristotelische Physik infrage stellte, eliminierte Brahe die festen Planetensphären aus seinem Weltbild. Die Planeten sollten sich einfach in dem die Welt erfüllenden Äther bewegen.

Brahe war sehr früh mit dem kopernikanischen Weltsystem bekannt geworden. Er teilte die Kritik an Ptolemäus und wusste um die mangelnde Genauigkeit der Alphonsinischen Tafeln. Seine eigenen Beobachtungen hatten ihn dazu geführt. Aber wenn Brahe auch die grundsätzlichen Mängel der ptolemäischen Astronomie sah, konnte er sich doch andererseits nicht dazu bewegen, die heliozentrische anzunehmen. Zwar fand er darin nichts, was gegen mathematische Prinzipien verstoße, doch die theologischen Einwände waren ihm ebenso wichtig wie die auf Aristoteles beruhenden physikalischen. Tiefes Unbehagen bereitete Brahe die aus dem kopernikanischen System folgende riesige Entfernung der Fixsterne und die notwendige

Konsequenz der Annahme eines unermesslichen leeren Raumes zwischen Saturn und der Fixsternsphäre. In der aristotelischen Physik und ihrer späteren christliche Prägung gibt es keinen leeren Raum. Die Sphären der Planeten grenzen unmittelbar aneinander. Nicht nur physikalisch war ein leerer Raum unmöglich, sondern auch theologisch war die Frage, wozu dieser denn nütze sein sollte. Schließlich hatte Gott die Welt als vollkommenster Baumeister nach seinem Bilde, harmonisch, in vollendeten Proportionen geschaffen.

Tychos Weltsystem ist ideengeschichtlich gewissermaßen ein Vermittlungsversuch zwischen Ptolemäus und Kopernikus. Es wird geo-heliozentrisch genannt, weil sich in ihm zunächst alle Planeten, ausgenommen die Erde, um die Sonne bewegen. Dieses ganze Gebilde rotiert dann um die in der Weltmitte ruhende Erde. Die Fixsternsphäre dreht sich in täglichem Umschwung um die Erde, während die Bahn der Sonne sich mit der Marsbahn schneidet. Letzteres ist möglich, weil die Planetenkreise nur geometrische Konstruktionen zur Berechnung der Himmelsbewegung sind und keine reale Existenz besitzen. Es zeigt, welche Schwierigkeit es den Gelehrten bereitete, sich des kopernikanischen Systems anzunehmen. Ein geo-heliozen-

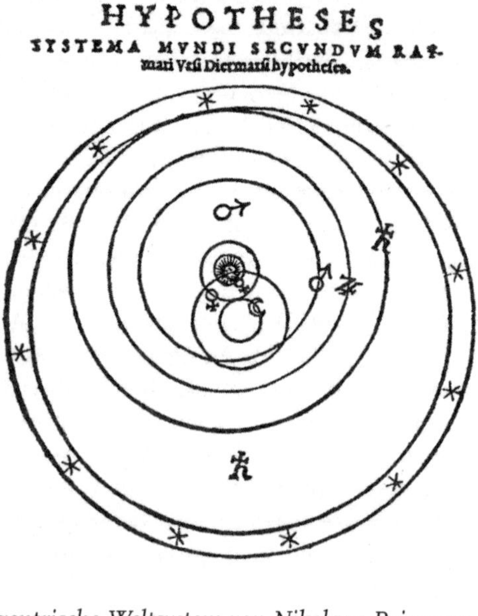

Das geo-heliozentrische Weltsystem von Nikolaus Reimarus Ursus, wie es ähnlich auch von Tycho Brahe entwickelt wurde (nach H. Röslin).

trisches Weltsystem wurde als wirkliche Alternative gesehen und von mehreren anderen Gelehrten unabhängig von Brahe entwickelt. Es galt in der ersten Hälfte des 17. Jahrhunderts bei den Jesuitenastronomen als das aussichtsreichste Modell der Planetenbewegung. Seine Anerkennung erreichte ein solches Maß, dass es bald nach 1600, als immer deutlicher wurde, dass sich die aristotelische Physik in ihrer Gesamtheit nicht halten ließ, neben dem kopernikanischen eines der beiden hauptsächlichen Weltsysteme wurde, während vom alten geozentrischen nur noch wenig die Rede war.

Völlig zu Recht gilt Tycho Brahe als einer der bedeutendsten Astronomen, als Höhepunkt und Abschluss der vorteleskopischen Astronomie. Niemand vor und lange nach ihm häufte ein solch gewaltiges Beobachtungsmaterial an, zudem insgesamt von einer solchen Genauigkeit der Beobachtung – und dann im Werk Keplers mit solchen Konsequenzen.

Gelehrte, Geniale und Beobachtungskünstler in Kassel

Ein Mitstreiter in wissenschaftlichen Dingen war der schon mehrfach von mir genannte Christoph Rothmann aus Bernburg im Anhaltischen. Er wurde am 1. August 1575 als Christophorus Rothmannus Bernburgensis in Wittenberg immatrikuliert. Über den Gang seiner Studien liegen keine sicheren Angaben vor, da weder Vorlesungsverzeichnisse noch Abgangszeugnisse oder Ähnliches aus dieser Zeit erhalten sind. Aus seinen späteren Arbeiten dürfen wir dennoch schließen, dass er an der Philosophischen Fakultät vor allem Mathematik und Astronomie studierte, sicher auch Theologie. Durch seine hier bereits zutage tretenden besonderen Interessen und Fähigkeiten in den mathematischen Wissenschaften trat er mit bekannten Lehrern der Universität in Verbindung, später gelangte er zum Fürsten Joachim Ernst von Anhalt, der ihn in seinen Studien förderte.

Im November 1584 kam Rothmann in die Residenzstadt der Landgrafschaft Hessen-Kassel. Bei seinem Eintreffen war dort bereits seit 1579 der Schweizer Mathematiker, Instrumentenbauer, Uhrmacher und Astronom Jost Bürgi in hessisch-landgräflichem Dienst, „das ehr und unser auermacher und diener unser auerwerk klein und groß allesampt in gang erhalten, anrichten und keinswegs in abgang kommen laßen [...] und alles dasjenige thun, so ein treuer auermacher und diener seinem hern schuldig und pflichtig ist, inmaßen er uns solchs gelobt und geschworen“, so heißt es im Anstellungsbrief für Bürgi.

Jost Bürgi, Porträt aus dem Jahre 1648.

Bürgis Leben steht in der Wissenschaftsgeschichte fast einmalig da. Er wurde 1552 in Lichtensteig, in der Talschaft Toggenburg, im Kanton Sankt Gallen geboren. Die etwa 400 Bewohner des Dorfes waren Bauern und Handwerker, die vor allem für den lokalen Bedarf produzierten und deren Lebenskreise innerhalb der engeren Heimat verliefen. Die Familie gehörte zur dörflichen Oberschicht, vermutlich war sein Großvater der zum Protestantismus übergetretene „Stadt- und Landweibel" Lienhard Bürgy, also so etwas wie der Bürgermeister, der mehrfach in Fehde mit dem Sankt Gallener Fürstabt lag, und sein Vater mit einiger Wahrscheinlichkeit der mehrfach bezeugte Schlosser Lienz Bürgi.

In seiner Heimat war es Bürgi nicht möglich, eine angemessene Schulbildung zu erhalten, da der Lehrbetrieb über längere Zeit hinweg gar nicht stattfand, vermutlich mangels geeignetem Personal. So sind wir hinsichtlich jeglicher Details auf Vermutungen angewiesen. Die eine: Bürgi könnte bei seinem Vater eine Ausbildung zum Schlosser bekommen haben; immerhin war die Herstellung von Großuhren, wie Uhren an Kirchtürmen, ein Gebiet des Schlosserhandwerks. Die zweite: Bürgi könnte auf dem Wege seiner Wanderschaft als Handwerksbursche nach Straßburg gekommen sein und dort beim Bau der zweiten Münsteruhr nicht nur beschäftigt gewesen sein, sondern dort auch seine Ausbildung zum Großuhrenhersteller und Feinmechaniker erlangt haben. Dafür gibt es allerdings keine Belege, dies ist eine Verlegenheitslösung, um überhaupt erklären zu können, wie es möglich war, dass aus dem ungelehrten Jungen, als der er in den Akten zuerst erscheint, der Hofuhrmacher des hessischen Landgrafen in Kassel wurde. Denn wie aus dem Nichts taucht Bürgi für uns am 25. Juli 1579 in Kassel auf und erhält von Wilhelm IV. eine Anstellung. Dort konstruiert er die genauesten Uhren des ganzen 16. Jahrhunderts mit Langzeitlaufwerken, Zwischenaufzügen und einem ganz neuen Hemmungsmechanismus; er führt konstruktive Details an den Beobachtungsinstrumenten des Landgrafen aus, die eine Voraussetzung für die überaus genauen Sternbeobachtungen Rothmanns waren. Er assistiert Rothmann bei seinen Beobachtungen und führt diese nach dessen Ausscheiden aus dem landgräflichen Dienst an den Planeten weiter. Er konstruiert uhrwerksgetriebene Globen, die Meisterwerke der Kunst- und Technikgeschichte sind. Er entwirft weitere Instrumente und geht in die Geschichte der Mathematik neben John Neper als einer der Erfinder der Logarithmen ein. Mehrere Jahre verbrachte Bürgi am Prager Kaiserhof, arbeitete für Rudolf II. und stand in enger Verbindung zu Johannes Kepler.

Wilhelm IV. selbst, seit 1567 Landgraf von Hessen-Kassel, mit dem ehrenvollen Beinamen „der Weise", war in der Tat ein sehr gebildeter Herrscher, auch in seinem staatspolitischen Denken weit fortgeschritten. Zwar war er aus theologischen Gründen einer der führenden Kritiker der gregorianischen, päpstlichen Kalenderreform, aber ein Verfechter religiöser Toleranz, wie gegenüber dem Calvinismus, ein Kritiker von Hexenverbrennungen, ein Fürst „auch unter den Astronomen", wie später Friedrich Wilhelm Bessel urteilte. Wilhelm hatte ein wissenschaftstheoretisches Programm entwickelt. Es bestand in der Erkenntnis, dass, will man den Himmel kennen lernen, man eben auch den Himmel beobachten müsse und nicht *nur* in die Schriften der Alten schauen dürfe, mithin überhaupt, dass die Natur durch wissenschaftliche Beobachtungen und mathematische Berechnungen erforschbar ist. Insofern war es schon seit Beginn der wissenschaftlichen Arbeiten ab etwa 1560 Wilhelms Bestreben, der Astronomie durch systematische Himmelsbeobachtungen eine sichere empirische Grundlage zu geben. In dieser Zeit hatte Prinz Wilhelm auf dem väterlichen Schloss in Kassel die erste fest eingerichtete Sternwarte der europäischen Neuzeit begründet. Denn anders als seine Astronomenkollegen vor ihm und zum größten Teil noch lange danach, hatte sich Wilhelm Instrumente anfertigen lassen, mit denen man nicht abendlich ans Fenster oder auf eine Freifläche heraustreten konnte, um Messungen auszuführen. Seine Instrumente waren stabile Metallinstrumente mittlerer Größe, die eine genaueste Justierung und damit einen festen, dauerhaften Stand erforderten. Und der war eben nur durch eine permanente Beobachtungsstation zu gewährleisten.

Worum ging an der Kasseler Sternwarte nun? Wir müssen uns zunächst eines vergegenwärtigen: Sicher hatte man auch zuvor den Himmel beobachtet, den Lauf der Sonne und des Mondes, die Stellungen der Planeten, auch zur Zeitbestimmung bei Nacht. Doch dies resultierend aus einem tiefen Gefühl der Verbundenheit zwischen Mensch und Umwelt, aus einem religiösen, poetischen Weltverständnis. Lange Beobachtungsreihen und ihre dauerhafte Aufzeichnung schienen keinen rechten Sinn zu haben, weil ja niemand in der Lage war, mit diesen Reihen etwas anzufangen, sie durch mathematische Berechnung in ein System zu bringen und daraus Nutzen zu ziehen.

Und die „Alten“, die Autoren der Griechen und Römer, erwiesen sich in ihren Schriften als von einem völlig erdrückenden Wissen – was konnte Plinius nicht alles erzählen, von den Gestirnen, von Menschen ferner Länder, von wundersamen Tieren. Welche beeindruckenden Bilder der Geometrie, der Arithmetik, der Musik und der Astronomie hatte Martianus Capella entworfen. Musste nicht der Eindruck entstehen, dass alles, was ein Mensch zu wissen imstande ist, längst von den „auctores“ erforscht sei? Dieser Glauben, das Vertrauen auf die alten Autoritäten, verbunden mit der Gewöhnung an die geistige Übermacht der Väter der christlichen Kirche, kann eigentlich gar nicht verwundern, wenn wir uns den eingeschränkten Erfahrungsbereich der geistigen Elite jener Zeiten vor Augen führen.

Wissenszuwachs bedeutete damals nicht empirische Forschung, sondern das Nachlesen in Büchern, die äußerlich durch ihr Alter, vor allem aber inhaltlich durch die Fülle an Wissen beeindruckten – und wenigstens teilweise noch nach heutigen Maßstäben beeindruckend sind. Was sollte demgegenüber die eigene Naturbetrachtung Neues erbringen können? Beobachtungen blieben sporadisch. Soweit wir wissen, gab es für die Kasseler Astronomen und Tycho Brahe eigentlich als Vorläufer nur Johannes Regiomontan und Bernhard Walther in Nürnberg. Die Bedeutung eines modernen Datenmassivs für die Reform der Sternkunde hatte Kopernikus nicht erkannt, weil sein Denken nicht auf die praktische Astronomie gerichtet war. Differenzen zwischen Tafelwerten und wirklichen Gestirnspositionen konnten einem sorgfältigen Beobachter nicht verborgen bleiben, und die auf mangelnden Kenntnissen beruhenden Probleme der Kalenderrechnung waren spätestens seit dem 12. Jahrhundert offenbar.

In diesem Zusammenhang ist es eine kühne Neuerung, zu sagen, wie es Wilhelm IV. tat: Wenn wir den Himmel erforschen wollen, müssen wir den Himmel betrachten. Es ist dies in der Tat eine Wende in der Wissenschaftsgeschichte. Aus diesem Programm hervorgehend stellte Wilhelm die Aufgabe der Bearbeitung eines auf eigenen Beobachtungen beruhenden Sternkatalogs. Die Beobachtungen für den Kasseler Katalog, fast ausschließlich von Rothmann ausgeführt und berechnet, stammen aus den Jahren 1585 bis 1587. Der Katalog war nach dem 1500 Jahre alten von Ptolemäus und dem damals etwa 150 Jahre alten von Ulugh Bek in Samarkand der erste, wieder auf eigenen Beobachtungen beruhende. Natürlich hatte es eine Reihe weiterer Kataloge gegeben. Fast jedes fundamentale Buch zur Astronomie enthielt einen solchen, natürlich auch das von Kopernikus. Aber: Alle diese Kataloge beruhten nicht auf eigenen Beobachtungen, sondern auf dem von Ptolemäus und wurden für das jeweilige Jahr einfach umgerechnet. Und im Laufe der Jahrhunderte hatte man sich verlesen, verschrieben und verrechnet. Die Folge der vielfachen Abschriften und Umrechnungen war, dass die Positionen der Sterne vielfach nicht nur um ein oder zwei, sondern um fünf und in Ausnahmen bis zu zehn Grad abwichen.

Damit man sich genauer vorstellen kann, wovon hier die Rede ist: Sonne und Mond erscheinen uns unter einem Winkel von etwa einem halben Grad. Mit Recht stellt sich die Frage, hat denn niemand einen Fehler in den Positionen von Sternen vom Mehrfachen des scheinbaren Sonnen- und Monddurchmessers bemerkt? Viele in der Tat nicht, weil man gar nicht an den Himmel schaute – die Gründe wurden genannt. Andere bemerkten dies zwar, aber niemand entwickelte daraus ein systematisches Beobachtungsprogramm, wenigstens nicht bis zu Wilhelm IV.

Noch etwas zum Verständnis: Wofür ist die Aufstellung eines Sternkataloges überhaupt so wichtig, dass ich dieses Ergebnis hier hervorhebe? Erscheint am Himmel ein Komet oder ist ein Planet zu sehen, wird deren Position auf die Weise bestimmt, dass der Abstand zu mehreren Sternen gemessen wird. Mittels Dreiecksfunktionen wird daraus die Position des Planeten oder Kometen berechnet. Also: Solange die Positionen der Sterne nicht exakt bekannt sind, können auch die Positionen der Planeten und Kometen nicht exakt ermittelt werden, denn die Sterne bilden das den ganzen Himmel überziehende Bezugssystem. Sind aber die Örter der Planeten nicht genügend genau bestimmt, lässt sich auch deren Bahnbewegung nicht mit der gewünschten Genauigkeit ableiten. Ich möchte insofern sagen, dass mit der Arbeit am Sternkatalog in Kassel eigentlich der erste Schritt zur Erneuerung der Astronomie getan wurde, wohingegen das Werk des Kopernikus logisch erst der zweite Schritt gewesen wäre.

Mit den neuen Sternkatalogen wurde im Gefolge von Kopernikus die Erneuerung der Astronomie vorangebracht. Denn erst auf der Grundlage genauer Positionen des Planeten Mars, die Tycho Brahe im Anschluss an seinen fast gleichzeitig mit dem von Rothmann entstandenen Sternkatalog messen konnte, war Johannes Kepler imstande, die Gesetze der Planetenbewegung aufzufinden. Brahe bestimmte die Örter des Mars durch Anschluss an benachbarte Sterne. Hätte er einen alten Sternkatalog mit seinen Fehlern verwendet, hätte Kepler den Ort des Planeten vermutlich nicht so genau berechnen können, dass er der elliptischen Gestalt seiner Bahn auf die Spur gekommen wäre.

Zurück zum Kasseler Sternkatalog. Rothmann ging bei der Arbeit so vor, dass er zunächst den ganzen Himmel durch Beobachtungen mit einem Quadranten von einem System sehr genau vermessener Sterne überzog. Es waren 68 Sterne, die vom Himmelsnordpol bis zu den südlichsten, in Kassel beobachtbaren Sternen ein Fundamentalsternsystem bildeten.

Nachdem dieses den Himmel überspannende Bezugssystem mit absolut gemessenen Sternpositionen fertig war, erfolgte in einem zweiten Schritt der Anschluss der weiteren Sterne an diese Fundamentalsterne mit einem Sextanten. In der Praxis erfolgten diese Arbeitsschritte zeitlich parallel. Ein Sextant kann keine absoluten Sternörter ergeben, sondern nur Abstände zwischen zwei Sternen, also relative Positionen. Seine Arbeit schildert Rothmann in seinem Brief vom 5. Dezember 1585 an Wilhelm: „Derwegen ich die observation per Quadrantem [...] dieselbige nacht instituiren wollen. Unter dass, ehe die nachfolgenden auch auff den meridianum rücken, kan ich diese per Sextantem anknüpfen." Dies bedeutet, dass Rothmann, nachdem er die Position eines Sterns des Fundamentalsystems mit dem Quadranten bestimmt hatte, die Zeit bis zum Meridiandurchgang des nächsten Fundamentalsterns zur Messung des Abstands anderer Sterne zu Fundamentalsternen mittels des Sextanten nutzte, um sie an die Fundamentalsterne „anzuknüpfen". Hatte er dann die Position eines Sterns relativ zu zwei oder drei Sternen des Fundamentalsystems gemessen, konnte er mittels Winkelfunktionen aus den genau gemessen Positionen der Fundamentalsterne die Position des gesuchten Sterns finden.

Diese Arbeitsweise, die sich vielleicht etwas kompliziert anhört, aber doch leicht verstanden werden kann, war ein gängiges Verfahren. Denn für alle Sterne mittels des Quadranten mit größter Genauigkeit die Position zu bestimmen, wäre viel zu aufwändig gewesen. Recht langwierig waren die der Beobachtung folgenden Rechnungen, natürlich ohne Logarithmen oder andere Hilfsmittel.

Astronomische Beobachtungen erfordern zu ihrer genauen Auswertung eine sehr genaue Zeitmessung. Für diese fanden sich in Kassel eine Reihe von Uhren, die von Jost Bürgi entworfen und selbst gebaut wurden. Sie weisen eine Reihe konstruktiver Neuheiten auf, die sie zu den genauesten Uhren des 16. und noch des 17. Jahrhunderts machten. Doch so wie ein guter Beobachter an mittelmäßigen Geräten seine Qualitäten nicht unter Beweis stellen kann, so sind auch hervorragende Instrumente ohne geeignete Beobachter nicht viel wert. Erst im Zusammenspiel der Präzisionsinstrumente mit Rothmann, der sich in dieser Beziehung als überaus fleißiger und genialer Beobachter, mit einem offenbar sehr scharfen Sehvermögen ausgestattet, erweist, waren die Resultate an der Kasseler Sternwarte möglich. Von seiner Beobachtungsgabe wird gleich noch die Rede sein, von seinem Fleiß spricht ein Auszug aus einem Brief an Wilhelm IV. vom 8. Januar 1586:

„Durchlauchtiger hochgeborner fürst, gnediger herr, wie ich euer fürstliche gnaden am nehern den 4. Januarij fruhe geschrieben, so habe ich denselbigen tag zu Abendt in linea meridiana per Quadrantem wiederumb fleissig obseruiret, undt damitt mir nicht das Instrument, wie den vorigen tag, wiederumb befröre und glipferig wurde, habe ich das Eyß herab gemacht und es mitt dem Klawen fett gar fett beschmieret, undt ob es gleich grimmig kaltth, also das ich am gesichte des Instruments baldt die stirn erfröret, so hatt mir doch die kehltte an dem Instrumentt vorm klawen fett nichts schaden konnen, do ich den auch wiederumb eine ziemliche arbeitt verbracht undt mich des wetters tapfer gebraucht."

Es war also des Nachts eine solche Kälte, dass Rothmann, um nicht mit den Händen am Metall des Quadranten festzufrieren, dieses mit Fett einrieb und trotz dieser Maßnahme Erfrierungen bekam. Astronomische Beobachtungen waren Schwerstarbeit. Die praktische Arbeit auf der Sternwarte müssen wir uns so vorstellen, dass Rothmann die Nächte an den Instrumenten auf der Schlossaltane zubrachte, zeitweise unterstützt von Jost Bürgi oder anderen Hilfskräften, die beispielsweise die Uhren ablasen, vielleicht eine Kerze zur Skalenablesung hielten oder auch Beobachtungsdaten notierten. Am Tage musste er dann regelmäßig bei Wilhelm Bericht von seinen nächtlichen Aktivitäten erstatten, er schreibt selbst, er musste „seiner Hoheit solche täglich zeigen und erläutern". Weilte Wilhelm einmal nicht in Kassel, so musste Rothmann kleine Arbeitsberichte per Boten übersenden.

Der von Rothmann für die Epoche 1586 bearbeitete Katalog weist in den Fixsternpositionen eine außerordentlich hohe Genauigkeit auf, die besonders im Vergleich mit den Werten des fast zeitgleich bearbeiteten Sternkataloges von Brahe auffällig den herausragenden Fortschritt demonstriert, der in der praktischen Himmelsbeobachtung Rothmanns in Kassel erreicht wurde. Dieser Katalog stellt nichts weniger als den entscheidenden Durchbruch zur neueren astronomischen Beobachtungskunst dar.

Die systematischen mittleren Fehler und Standardabweichung der Positionen des Kasseler und des Tychonischen Sternkatalogs sind nach Berechnungen von Eckehard Rothenberg folgende (in Bogensekunden):

	Kasseler Katalog	Brahescher Katalog
mittl. systemat. Fehler in Rektaszension	+0,22′	+0,33′
mittl. systemat. Fehler in Deklination	+0,82′	+0,82′
Standardabweichung in Rektaszension	±1,2′	±2,3′
Standardabweichung in Deklination	±1,5′	±2,4′

Um sich einen Winkel von einer Bogenminute besser vorstellen zu können: Unter diesem Winkel erscheint eine 1 Euro-Münze in einer Entfernung von etwa 750 Metern!

Soweit Christoph Rothmann als Beobachter. Doch ebenso wichtig sind seine Leistungen auf dem Gebiet der theoretischen Astronomie und der Kosmologie, ganz abgesehen davon, dass er, wie Brahe und andere Gelehrte, die kosmische Natur der Kometen erkannte und in den Kometenschweifen reale Gebilde sah, nicht, wie auch Brahe, nur den Schein des durch den Kometenkopf gehenden Sonnenlichtes. Von großer Bedeutung ist auch, dass er den Äther als himmlische Substanz ablehnte und aus eigenen Beobachtungen folgerte, dass bis an den Sternhimmel die Welt aus nichts anderem, als aus Luft bestehe. Das ist zwar falsch und dennoch ein überaus wichtiger Gedanke von der stofflichen Einheit der Welt.

Rothmann erweist sich als freier Denker, der sich bemüht, Schlüsse aus eigenen Beobachtungen und Überlegungen zu ziehen, auch wenn sie überkommenen Lehrmeinungen widersprechen. Stets wird deutlich, dass für Rothmann Himmelsbeobachtungen den Ausgangspunkt und die Grundlage darstellen, er keinesfalls bedenkenlos Spekulationen anhäuft. Da Rothmann schon bis hierhin wesentliche Elemente der aristotelischen Physik aufgegeben hatte, vermochte er schließlich den letzten Schritt zu gehen und sich zum heliozentrischen Weltsystem des Kopernikus zu bekennen. Schon in Wittenberg wird er es kennen gelernt haben. Doch in Kassel entwickelte er sich zu dessen überzeugtem Anhänger, wie zahlreiche Stellen aus seinen Briefen an Brahe sowie seine Schrift zum Kometen von 1585 belegen.

Damit steht Rothmann als herausragende Persönlichkeit da, denn zu seiner Zeit gab es kaum Gelehrte, die sich offen zu Kopernikus bekannten.

5. Instrumente für „spitzfündige köpffe“ und Gelehrte

Astronomische Messwerkzeuge

Über längere Zeiträume gesehen vollzieht sich der Fortschritt der wissenschaftlichen Welterkenntnis im Wechselspiel von Ideen und Instrumenten. Im Einzelnen ist jedoch der Normalfall, dass zeitweise entweder eine große Idee entstand, ohne dass sofort ihre empirische Fundierung gelang, oder umgekehrt, irgendwelche Phänomene entdeckt wurden, für deren Erklärung eine neue Theorie erst noch gefunden werden musste. Dieses Wechselverhältnis schließt Fälle ein, dass sogar eine Idee wegen ihrer Plausibilität, ihrer inneren Geschlossenheit, ihrer mathematischen Eleganz oder aus anderen Gründen allgemeine Anerkennung genoss, obwohl sich ihre empirische Absicherung, letztlich ihr Beweis, noch lange hinzog. Für diesen Fall habe ich bereits das kopernikanische Weltsystem angeführt, für das es bis um 1650 zwar eine Reihe von Argumenten gab, die aber alle mehr das alte System des Ptolemäus und die Grundlagen der aristotelischen Physik ausgehöhlt hatten, als dass sie positive Beweise für Kopernikus waren.

Doch am Ende bedarf es praktischer Erfahrungen, die für eine neue Lehre sprechen, mögen sie auch einige Zeit auf sich warten lassen. Aus diesem Grunde sollen in diesem Kapitel wissenschaftliche Instrumente vorgestellt werden, ihr Bau, ihre Funktion, ihre Hersteller und Nutzer. Der Begriff der wissenschaftlichen Instrumente wird von mir möglichst weit gefasst, er schließt beispielsweise auch Instrumente für die Landvermessung und Sonnenuhren ein. Trotzdem wird an dieser Stelle natürlich keine Geschichte der astronomischen Messwerkzeuge beabsichtigt, sondern Streiflichter, die Entwicklungslinien verdeutlichen.

Die seit der Antike bis ins 18. Jahrhundert hinein regelmäßig verwendeten Instrumente waren Quadrant, Dreistab (Triquetrum) und Armillarsphäre, hinzu kamen Himmelsgloben. Von allen drei Instrumententypen, ihrer Herstellung und Anwendung, gibt Ptolemäus im „Almagest“ eine Beschreibung. Die weiteste und längste Verwendung fand der Quadrant, was daran liegt, dass er besonders einfach herzustellen und zu handhaben war und entsprechend des gewünschten Zieles sehr unterschiedlich gestaltet werden konnte. Es gab den Qua-

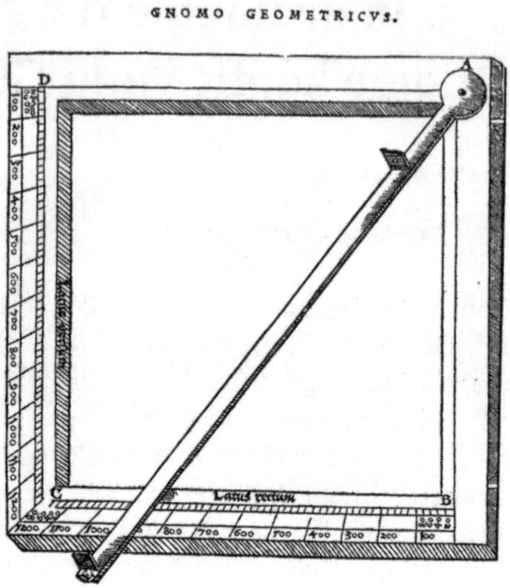

Hölzerner Handquadrant nach Johann Schöner.

dranten als astronomisches Großgerät, wie als kleines Handinstrument. Kopernikus schildert die Herstellung dieses Instruments so: „Man richte ein Quadrat aus Holz zu oder, damit nicht das durch die Veränderung der Luft unbeständige Holz den Beobachter zufällig täuschen kann, besser aus einem festeren Stoff, wie Stein oder Metall. Dessen eine Oberfläche soll aufs genaueste geglättet werden und eine Breite haben, welche für die anzubringende Einteilung ausreicht, sodass sie also drei oder vier Ellen beträgt. Dann zeichnet man um eine der Ecken, die zum Mittelpunkt gemacht wird, einen Viertelkreis, so groß wie es die Fläche des Quadrates zulässt und teilt ihn in 90 gleiche Teile, welche wieder in 60 kleine Teile, oder wie viele eben Platz haben, unterteilt werden. Dann wird im Mittelpunkt ein zylinderförmiger, sehr gut gedrechselter Gnomon befestigt, der senkrecht auf der Oberfläche steht und ein wenig, vielleicht eine Fingerbreite oder weniger hervorragt." Den Quadranten verwendete Kopernikus vor allem zur Messung von täglichen Sonnenhöhen zur Mittagszeit.

Den Dreistab verwendete Kopernikus zur Messung von Höhen der Planeten und Sterne sowie ebenfalls der Sonne. Das von Kopernikus verwendete Instrument war in Frauenburg noch längere Zeit erhalten, später bekam es Tycho Brahe als Devotionalie für den berühmten Astronomen. Es fand an Brahes Sternwarte einen ehrenvollen Platz, kam mit nach Prag, nach Brahes Tod in den Besitz von Kaiser Rudolf II., ging dann aber leider 1620 während der Schlacht am Weißen Berg verloren. Mit welchen Hilfsmitteln Kopernikus seine Zeitmessung vornahm, ist nicht bekannt.

Kopernikus arbeitete mit sehr einfachen, man muss fast sagen primitiven Instrumenten, die nicht mehr den technischen Möglichkeiten seiner Zeit entsprachen. Er legte keinen Wert darauf, die zu seiner Zeit im süddeutschen Raum von professionellen Instrumentenbauern aus Messing oder ausgesuchten Hölzern gefertigten Instrumente zu beschaffen. Aus seinen kirchlichen Pfründen hätte er sich diese problemlos leisten können. Er war ein theoretischer Astronom und beobachtete nur gelegentlich, um bestimmte Angaben der Umlaufzeiten der Planeten zu prüfen. Seine Beobachtungen erwiesen sich dann auch von nicht sehr großer Genauigkeit. Er schrieb: „All dies ist auf den Meridian von Krakau bezogen, weil Frauenburg an der Mündung der Weichsel, wo wir meistens unsere Beobachtungen gemacht haben, unter diesem Meridian liegt, wie uns die beiderorts beobachteten Sonnen- und Mondfinsternisse zeigen." Hier irrte Kopernikus erheblich, weil zwischen beiden Orten eine Längendifferenz von etwa 17′30″ besteht.

Nun ist es einfach, all diese Mängel aufzuführen, doch zugunsten von Kopernikus muss eingeräumt werden, dass all dies vollkommen den Gewohnheiten dieser Zeit entsprach und Kopernikus speziell nicht anzulasten ist. Wirklich brauchbare Instrumente gab es damals nur wenige und wenn, dann waren es nur kleine Handinstrumente, wie sie beispielsweise bei Johannes Regiomontan in Nürnberg im Gebrauch waren (s. auch Abb. S. 121).

Nur gelegentlich wurde der Mangel an guten Instrumenten beklagt – gelegentlich, weil Himmelsbeobachtungen in größerem Stil nicht im Arbeitsprogramm der meisten Astronomen und schon gar nicht der nur manchmal auf dem Gebiet der Himmelskunde tätigen sonstigen Gelehrten lagen. Somit kam der Mangel an guten Gerätschaften gar nicht ins Bewusstsein. Damit ist nicht gemeint, dass besonders Kometen sowie Finsternisse der Sonne und des Mondes und manch andere Himmelserscheinung nicht aufmerksam registriert wurden. Doch dabei handelte es sich nicht um Präzisionsbeobachtungen, sondern bei einem Kometen um die bloße Registrierung seiner Stellung relativ zu Umgebungssternen und die Richtung seines Schweifes, während bei Finsternissen die Beobachtungsdaten aus einem Kalender oder einer astrologischen Praktik entnommen werden konnten und eine genaue Beobachtung damit überflüssig erschien.

Doch wie schon berichtet wurde, war man in dieser Beziehung in Kassel weit voraus. Und so konnte Wilhelm IV. am 21. Dezember 1572

Peter Apian, Porträt

mit Recht feststellen, dass Differenzen zwischen den Beobachtungen der Supernova von 1572 in Kassel und von Caspar Peucer in Wittenberg eine ganz bestimmte Ursache hatten, nämlich: „So viell denn ungewonlichen grossen Stern und des Peuceri schreiben betrifft, befinden wir so viell, das er unnd die andernn Mathematici zue Wittenbergk mitt den obseruation zimblich vleissig umbgehen, Wir laßenn uns aber bedungkenn es mangle jhnenn an vleissigenn Jnstrumenten." In der Tat waren die in Kassel verfügbaren Instrumente viel „fleißiger", also viel genauer, schließlich lag die praktische Astronomie in Wilhelms Forschungsprogramm, während in Wittenberg theoretische Astronomie betrieben und gelehrt wurde. Und noch ein Beispiel, mehr als 50 Jahre später: Als Wilhelm Schickard, Professor für Astronomie und hebräische Sprache in Tübingen, besonders bekannt geworden durch die Erfindung seiner Rechenmaschine, einen befreundeten Kollegen in Straßburg um die Angabe der geografischen Breite der Stadt bat, musste dieser antworten, dass er die erforderlichen Beobachtungen nicht ausführen könne, weil seine Instrumente verrostet seien!

Der astronomische Instrumentenbau lag bis zum Ende des 17. Jahrhunderts ziemlich darnieder. Nur punktuell erreichte man ein höheres Niveau. Dabei waren die handwerklichen Möglichkeiten zur Herstellung guter Holz- oder, noch besser, Metallinstrumente durchaus gegeben. Was fehlte, war die Nachfrage. Erfreuliche Ausnahmen kann man für Kassel und die Sternwarten Brahes konstatieren und bald nach etwa 1650 für einige Hersteller von Fernrohren. Andererseits bestand eine größere Nachfrage nach kleineren Handinstrumenten für die Seefahrt, die Landvermessung sowie andere Bereiche des zivilen und militärischen Ingenieurwesens. Für deren Herstellung und Gebrauch, vor allem für die Feldvermessung, gibt es schon im Mittelalter handschriftliche Anleitungen, basierend auf Werken der römischen „Agrimensoren". Seit dem frühen 16. Jahrhundert wurden solcherart Instrumentenbücher in deutscher Sprache auch für die nichtakademisch gebildete Leserschaft veröffentlicht. Eine besondere Stellung nimmt in dieser Hinsicht Peter Apian ein, dessen Rolle als Autor und Herausgeber populärer astronomischer und geografischer Werke sowie der Didaktik der Wissenschaften bislang nur unzureichend gewürdigt wurde.

Das „Instrument Buch“

Apian wurde 1495 als Peter Bienewitz oder Bennewitz in Leisnig, unweit von Leipzig geboren und starb 1552 in Ingolstadt. Über seine Jugendzeit ist genauso wenig bekannt wie über seine familiäre Herkunft. Im Jahre 1516 begann er seine Studien an der Leipziger Universität, wo er jedoch auf naturwissenschaftlichem Gebiet keine bedeutenden Lehrer fand, weshalb er sich bald nach Wien wandte, wo er an der noch von Johannes von Gmunden, Georg Peuerbach und Johannes Regiomontan beeinflussten Schule der humanistisch orientierten Naturwissenschaft eine gute Ausbildung erhielt. Hier blieb er bis zu seiner 1523 erfolgten Übersiedlung ins bayerische Landshut. Vier Jahre später folgte er einer Berufung als Professor für Mathematik an die Landesuniversität Ingolstadt.

Seiner Heimatstadt Leisnig blieb Apian in Treue verbunden. In einem Büchlein zur Weltbeschreibung, „Cosmographicus liber“ von 1524, wählte er den Meridian von Leisnig für die Berechnung von Finsternissen, „Figura ecliptice ad meridianum Leyszningen“, und gab in der Ortstafel geschichtliche Notizen seiner Heimatstadt. Das war sehr ungewöhnlich. Die damaligen Tafelwerke waren auf den Meridian von Toledo oder Nürnberg gerichtet, der wissenschaftlichen Welt nun das kleine Städtchen Leisnig zu präsentieren, kann nur aus einer besonderen Bindung Apians an seine Heimat verstanden werden. Noch 1544 bezeichnet er sich in seinem Rechenmeisterbuch „Kauffmanns Rechnung“ als „Petrus Apianus von Leysnick“ und schreibt in der Ortstafel seines „Instrument Buch“ 1534 „Leyßnigk das vaterland“.

Die Liste der Werke Apians umfasst mehr als 40 Titel – eine für seine Zeit bemerkenswerte Produktivität, die zudem die vielen Auflagen, die einige seiner Werke erlebten, noch gar nicht berücksichtigt. Seine erwähnte „Cosmographie“ erschien in 30 Auflagen, mit 14 Übersetzungen ins Französische, Flämische, Spanische und Italienische. Sie wird zu *dem* Lehrbuch der Geografie in Deutschland überhaupt. In 13 Auflagen erschien ein umfangreicheres Einführungsbuch in die Kosmografie und in sieben Auflagen die deutschsprachige „Kauffmanns Rechnung“, im Gefolge von Adam Ries(e) eines der bedeutendsten Rechenmeisterbücher seiner Zeit.

An astronomischen Entdeckungen verzeichnet die Geschichtsschreibung vor allem Apians Beobachtung der stets sonnenabgewandten Richtung der Kometenschweife. Diese von ihm erstmals beim Kometen Halley 1531 wahrgenommene Erscheinung erlangte später für eine physikalische Kometentheorie große Bedeutung. Denn deren Ursache liegt darin, was natürlich Apian keinesfalls ahnte, sondern erst im 19. Jahrhundert erkannt wurde, dass das aus dem Kometenkern austretende Material – Gase und kleine Partikel – durch den Druck und die elektrische Ladung der von der Sonne ausgehenden Strahlung in den Raum hinausgetrieben wird.

Über die Erscheinung des Halleyschen sowie anderer Kometen verfasst Apian im Stil der Zeit zunächst kleine, astrologisch gehaltene Schriftchen und kommt 1540 in seinem prächtigen „Astronomicum Caesareum" noch einmal auf diesen Gegenstand zurück, allen Veröffentlichungen auch instruktive Bildchen beigebend. Zu seinen wissenschaftlichen Verdiensten kommt der Vorschlag hinzu, die geografische Länge eines Ortes aus den an verschiedenen Punkten der Erde unterschiedlichen Zeiten der Begegnung des Mondes mit Fixsternen zu bestimmen, woraus der Abstand der geografischen Länge zweier Orte berechenbar ist. Diese Methode hatte im 18. Jahrhundert, nach der Konstruktion genau gehender Uhren, in der nautischen Astronomie eine fundamentale Bedeutung.

Die gedruckten Werke Peter Apians zielen in erster Linie darauf hin, astronomische Grundkenntnisse mit Rücksicht auf gesellschaftliche Bedürfnisse seiner Zeit einem weiten Interessentenkreis zu vermitteln. Demzufolge dominieren bei ihm in unterschiedlicher Weise praktische Gesichtspunkte. Ein Schwerpunkt liegt auf der Kosmografie, der Weltbeschreibung. Seine hierher gehörenden, erfolgreichen Schriften stellen eine elementare Einführung in dieses Gebiet dar, einschließlich ihrer astronomischen Grundlagen und der Erdkunde.

Einige Werke Apians können als Kompendien für seine Universitätsvorlesungen in Ingolstadt gelten. Dies trifft vermutlich sowohl für die kosmografischen Schriften, als auch für die von ihm herausgegebenen Werke anderer Autoren zu: die „Sphaera" von Johannes de Sacrobosco, die „Novae theoricae planetarum" Georg Peuerbachs, ein Werk, das über den Rahmen elementarer Studien hinausführt und vielleicht für spezielle Vorlesungen gedacht war. Außerdem die von Apian bearbeitete Mechanik des Jordanus Nemorarius aus dem 13. Jahrhundert, zu der Apian Vorlesungen hielt, mit denen er der erste Professor einer deutschen Universität wurde, der die wissenschaftliche Mechanik zum Lehrgegenstand erhob, sowie die „Optik" des Witelo aus dem 12. Jahrhundert, damals ein Standardwerk, an das noch später Johannes Kepler seine optischen Studien anschloss.

Das bekannteste Werk, mit dem der Name Apian heute untrennbar verbunden ist, ist das „Astronomicum Caesareum", ein wahrhaft „Kaiserliches Werk", gewidmet Kaiser Karl V. und seinem Bruder Ferdinand I., ein Prachtband, der in der Liste der schönsten Bücher aller Zeiten einen der ersten Plätze beanspruchen darf, erschienen in des Autors eigener Druckerei (s. auch Abb. S. 122 und 123). Das Buch zu beschreiben ist schwer. Es besteht aus 60 Blatt im Großfolio-Format und ist neben vielen Textabbildungen mit mehr als 40 mehrfarbigen, sorgfältig handkolorierten, ganzseitigen Abbildungen versehen. Apian zeigt darin Verfahren zur Bestimmung der Tageslängen, des Laufes der Planeten, der Sonne und des Mondes im Tierkreis, der Planetenaspekte, der Mondphasen und Finsternisse, die Berechnung kalendarischer Grunddaten und vieles mehr. Weiter werden astronomische und astrologische Instrumente vorgestellt und teilweise sehr ausführlich geht er schließlich auf Beobachtungen der Kometen von 1531 bis 1539 ein.

Das Besondere an diesem Werk besteht darin, dass er für alle Problemlösungen einfachste Geräte entwirft, die aus übereinander liegenden, konzentrischen Papierscheiben bestehen, auf denen die verschiedensten Einstellungen so gewählt werden können, dass die Resultate, „on alle rechnung und kopf brechen“, wie es später bei ihm heißt, erhalten werden können. Zur genauen Ablesung auf den Kreisteilungen hatte Apian im Mittelpunkt der Scheibensysteme einen dünnen Faden befestigt. „Rechenscheiben“, so genannte „Äquatorien“, zur Bestimmung astronomischer Daten finden sich schon vor Apian, doch er brachte dieses Verfahren zu größter Vollkommenheit.

Apian bemüht sich um eine Darstellung der Probleme in der Weise, dass er seine Leser jeder Notwendigkeit enthebt, irgendwelche größeren Umrechnungen vornehmen zu müssen, alles ergibt sich aus den Einstellungen der drehbaren Scheiben. Es kann kein Zweifel darüber bestehen, dass Apian in dieser Hinsicht überaus passend und geschickt vorging, da er sich mit seinem Werk nicht an Mathematiker und Astronomen, sondern an den Kaiser und andere wohlhabende Gönner wandte, die möglicherweise Freude daran hatten, den Stand der Gestirne zu ihrer Geburtszeit durch spielerisches Drehen von Scheiben zu ermitteln, aber niemals zu langwierigen Rechnungen bereit und nicht in der Lage gewesen wären. Insofern ist der Spott des Georg Joachim Rheticus über diese „Fadenkunst“ fehl am Platz und auch Kepler tat dem Werk unrecht, als er 1609 ironisch bemerkte: „Wer gibt mir nun eine Tränenquelle, dass ich den kläglichen Fleiß des Apianus beweine, der in seinem Opus Caesareum im Vertrauen auf Ptolemäus so viele gute Stunden aufwandte und so viele höchst geistreiche Überlegungen damit verschwendete, durch Spiralen, Schleifen, Schneckenlinien, Wirbel und ein ganzes Labyrinth von höchst verwickelten Windungen darzustellen, was doch nur Menschen geschaffen haben und was die Natur in keiner Weise als ihr eigenes Bild gelten lässt."

Mit einigen seiner Schriften wandte sich Apian an einen größeren Leserkreis. Ja, man möchte fast sagen, Apian ist der erste bedeutende Popularisator der Wissenschaften. Hier ist zunächst sein Büchlein „Ein kunstlich Instrument, oder Sonnen ur" von 1524 zu nennen, das mehr als nur eine Sonnenuhrenbeschreibung umfasst. In den ersten Kapiteln gibt er kurze, prägnante Anleitungen zum Beobachten des Laufs der Sonne durch den Tierkreis, deren Auf- und Untergang, der Länge des Tages und der Nacht, der Höhe des Himmelspols, der ungleich langen Planetenstunden, worauf Darstellungen der astrologischen Planetenherrscher und der unter ihnen geborenen Menschen folgen, ferner der Tierkreiszeichen, der astrologischen Aderlassregeln und schließlich die Auffindung der Nachtstunden durch Anvisieren des „Großen Wagen" („Heerwagen" genannt); all dies teilweise durch einfache Instrumente unterstützt.

Als Bestandteil der „populären" Bildungsbestrebungen ist die in deutscher Sprache verfasste „Kauffmanns Rechnung" zu sehen, erstmals 1527 erschienen, im selben Jahr wie die berühmte „Rechnung auff der Linien und Federn" des Adam Ries, mit der er sich einen bedeutenden Platz als „Rechenmeister" erwarb. Die „Kauffmanns Rechnung" weist einen ausgesprochen elementaren Charakter auf, eine Notwendigkeit angesichts der geringen mathematischen Kenntnisse der angesprochenen Leser, wie dies schon im Titel angedeutet ist: Kaufleute, Verwaltungsbeamte in städtischen und fürstlichen Diensten – die Grundkenntnisse der Mathematik für ihre täglichen Obliegenheiten nicht entbehren konnten, ohne in der Lage zu sein, eine Universität zu besuchen und sich tieferen Studien hinzugeben. Auf ebenso ausgesprochen „populärem" Gebiet bewegte sich Apian mit seinen astrologischen Kalendern und Vorhersagen, von denen zwischen 1522 und 1544 zwölf Jahrgänge nachweisbar sind.

Bereits im 3. Kapitel wurde auf die 1526 von Apian herausgegebene Ausgabe der „Sphaera" des Johannes de Sacrobosco hingewiesen. Darin hatte Apian, gründend auf den Illustrationen in älteren Ausgaben, einen neuen Typ von Bildern entwickelt, der von nun an normsetzend wurde. Seine Illustrationen zeichnen sich durch eine große Klarheit aus, reduziert auf das astronomisch wichtige, ohne Schmuck das Wesentliche des Problems darstellend. Dieser Bildtyp wurde zunächst von Melanchthon für die zahlreichen Wittenberger „Sphaera"-Drucke verwendet und fand von dort nicht nur in andere Wittenberger Drucke Eingang, sondern wurde teilweise bis in die letzte Feinheit in einer Vielzahl von Drucken in Paris, Venedig, Lissabon und anderswo nachgebildet.

Eine ganz besondere Stellung in der Geschichte der astronomischen Literatur nimmt Apians „Instrument Buch“ ein, dem Gedanken der Vermittlung ausgewählter astronomischer Kenntnisse für die Praxis des Handwerks sowie des zivilen und militärischen Ingenieurwesens verpflichtet. Man wird kaum mit der Wertung übertreiben, dass dieses Werk neben der „Kauffmanns Rechnung“ dem Anliegen Apians am besten entspricht, obwohl es etwa im Vergleich mit seinem „Astronomicum Caesareum“, hinsichtlich des Druckes, der Illustrierung und der sorgfältigen Kolorierung des Letzteren schlecht abschneidet. Doch es war kein für Repräsentationszwecke gestaltetes Prachtwerk, sondern ein praktische Bedürfnisse befriedigendes Buch.

Apian hatte zuvor schon mehrfach lateinische Bücher zur Instrumentenkunde verfasst sowie Modifikationen bekannter Beobachtungsgeräte entworfen. Zudem widmete er der Handhabung von solchen Geräten in seinen lateinischen kosmografischen Schriften viel Aufmerksamkeit. Im „Instrument Buch“ demonstriert er eine Reihe von Instrumenten, die er schon in seinen lateinischen Büchern beschrieben hatte, die wenigstens vom Prinzip her schon lange bekannt waren – aber dies alles nun in deutscher Sprache. Im Vorwort zum „Instrument Buch“ nimmt er darauf Bezug, er habe „ettliche newe Astronomische Instrument im Latein außgehen lassen“, doch nun folgt der bemerkenswerte, geradezu „bildungspolitische“ Satz, in dem ein Stück der uns verborgenen Lebensgeschichte des Autors anklingt: „Dann als ich gespört habe, so sindt mer subtiller und spitzfündiger köpffe in diser kunst bey den Layen, dann bey den schrifftgelerten, wann sie allein der anfäng, darauff dise kunst gegründt wirt, nicht beraubt wären.“ Das heißt, Apian verfasste seine deutschen Instrumentenbeschreibungen für den „Layen“ nicht nur, um eines erhofften kommerziellen Erfolges wegen, sondern weil er sah, dass es unter den nicht akademisch gebildeten Bevölkerungsschichten an Intelligenz nicht mangele, aber diese „subtille und spitzfündige köpffe“ ihre intellektuellen Potenzen nicht entfalten konnten, da sie durch das Lateinische als Gelehrtensprache von jeder höheren Bildung ausgeschlossen waren. Die sich hier auftuende Bildungslücke ein wenig zu verringern, hatte sich Apian zur Aufgabe gemacht.

Bei welcher Gelegenheit er zu diesen sozialen Erfahrungen gelangte, wissen wir nicht, doch für einen in fürstlichen Kreisen verkehrenden Hochschullehrer waren seine Kenntnisse durchaus nicht gewöhnlich. Dass er Kontakte zu Handwerkern, Verwaltungsbeamten,

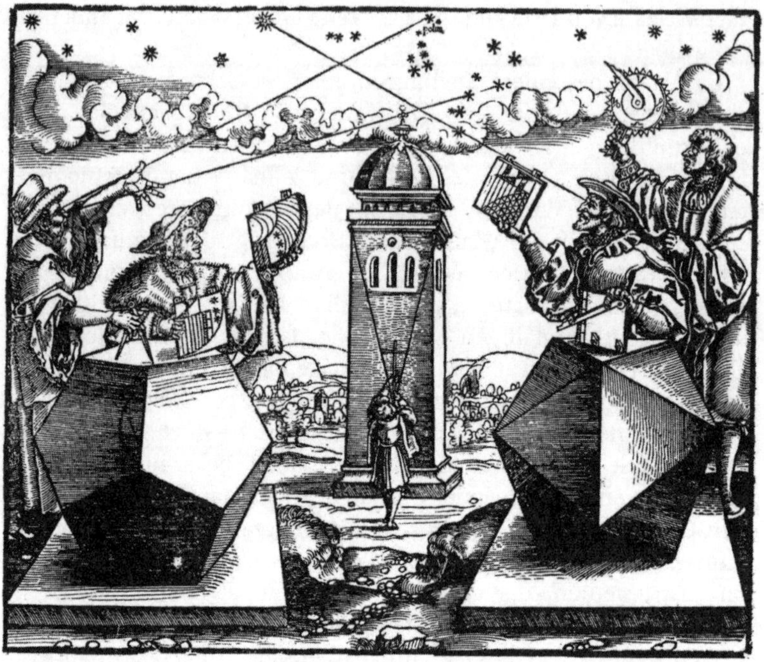

Titelholzschnitt zu Peter Apians „Instrument Buch“ (1540) mit Beispielen für astronomische und irdische Anwendungen von Instrumenten.

Bauleuten, Landvermessern und so weiter gehabt haben muss, dürfte außer Zweifel stehen, wenn man das „Instrument Buch“ oder die „Kauffmanns Rechnung“ aufmerksam betrachtet. Nicht nur der ausgewählte Stoff zeugt davon, sondern ebenso die elementare, mit Blick auf den angesprochenen Leserkreis zweckmäßige Darstellungsweise. Bücher zur Beschreibung von Instrumenten für Landvermesser und andere Ingenieurberufe gab es schon lange vor Apian. In geometrischen Traktaten des Mittelalters und der Renaissance finden sich teils identische Aufgaben, die auf ähnliche oder gar gleiche Weise zu lösen waren.

Überragt Apians „Instrument Buch“ die wenigen Vorläufer, so nimmt er auch unter den nachfolgenden, thematisch vergleichbaren Werken, darunter von Albrecht Dürer, eine einzigartige Stellung ein, was die methodische Durcharbeitung, die Auswahl der Beispiele, die einfache Art der mathematischen Darstellung sowie den konkreten praktischen Bezug betrifft.

Unter diesem Gesichtspunkt gewinnt das „Instrument Buch“ einen historischen Stellenwert, der in der bisherigen Literatur weitgehend übersehen wurde. Ist von Apian die Rede, steht es im Schatten der alles überstrahlenden „Kaiserlichen Astronomie“ – ganz zu unrecht. Denn es geht nicht immer nur um Pracht des Druckes, um sorgfältige Kolorierung der Abbildungen, wie ich schon im Zusammenhang mit der kleinen „Sphaera“ des Johannes de Sacrobosco betont habe. Die Wissenschaftsgeschichtsschreibung hat die Verpflichtung, die Einbindung der Wissenschaften in ihren sozialen Kontext nicht zu vernachlässigen und dann treten auch Werke ins Zentrum der Betrachtung, die keine großen Entdeckungen beinhalten und eher von bescheidenem Äußeren sind.

Die Vermittlung astronomischer Kenntnisse durch das „Instrument Buch“ ist in einem weiten Rahmen zu sehen. Am stärksten tritt die Astronomie in den ersten beiden Teilen hervor: der Bau des Quadranten, eines der wichtigsten astronomischen Beobachtungsgeräte seit alter Zeit bis ins 18. Jahrhundert hinein, das Auffinden der so genannten Planetenstunden, des Ortes der Sonne, des Mondes und der Planeten im Tierkreis, die Kenntnisse wichtiger Sternbilder, aber auch die Ableitung kalendarischer Daten. Es verdient angemerkt zu werden, dass Apian die Kenntnis der verschiedenen Stundenzählungen, das heißt, der gleich langen Äquinoktialstunden und der ungleich langen Temporalstunden sowie des Zählungsbeginns um Mitternacht oder vom Sonnenaufgang an behandelt. Letzteres hält er für das Verständnis biblischer Zeitangaben für erforderlich, da sich bei einer falschen Ansetzung mancherlei Ungereimtheiten im Leben Jesu ergeben würden. Solche Gedanken finden sich in der damaligen Sonnenuhrenliteratur häufig und bildeten ein Motiv für die Beschäftigung mit derartigen Problemen.

Diese Teile des „Instrument Buch“ sind insgesamt stark astrologisch orientiert, was, das sei ausdrücklich vermerkt, für Apian in keiner Weise eine negative Bewertung einschließt. Die Astrologie war zu seiner Zeit eine anerkannte Lehre und viele ihrer Aussagen sind auf dem damals niederen Stand der Naturerkenntnis verständlich, wurden von fast ausnahmslos allen Gelehrten akzeptiert und sind, wenigstens teilweise, noch heute nachvollziehbar. Astrologische Inhalte beziehen sich auf die Kenntnis vom Lauf der Sonne, des Mondes und der Planeten, die nur unter astrologischen Gesichtspunkten von praktischer Bedeutung waren. Denn nach der Stellung der Sonne zur Geburtszeit sollte sich die grundlegende Prägung eines Menschen vollziehen und aus der Stellung des Mondes im Tierkreis glaubte man, günstige und ungünstige Zeiten für fast alle Tätigkeiten in Haus und Hof, im beruflichen und familiären Leben finden zu können. Nach den Planetenstunden dagegen, also danach, „welher Planet die Element und Elementischen cörper regiert", entschied sich, was in einer bestimmten Stunde zu tun oder zu lassen sei und dies steht mit dem astrologischen Herrscher eines jeden Wochentages im Zusammenhang.

Doch es mag angemerkt werden, dass Apian bei den astrologischen Deutungen seine Fantasie mehr als mancher seiner Kollegen zügelt. So schließt er beispielsweise in der Practica für 1541 Standardthemen wie Krieg und Frieden oder Glück und Unglück der geistlichen und weltlichen Stände gänzlich aus, da hier Eingriffe durch göttliche Gnade, aber auch durch menschliche Willkür die Vorbestimmung aus himmlischen Konstellationen zu stark beeinflussen. „Darumb wil ich auff diß mal von solchen einflüssen stille schweigen, und allein anzeygen, was sich am meysten, und in der gemain in deutscher nation, durch gewitter und ungewitter jnn disem Jar zutragen wirt, dann den selbigen einfluß mag die menschliche vernunfft, wie jn kriegßlauffen, keinen widerstandt thun." Ansonsten entsprechen Apians Kalender und Prognostiken dem allgemeinen Bild dieser Literatur: die Erscheinungen der Planeten, was sie für den Charakter des Jahres bedeuten, und die Monate nach der Stellung des Mondes und den daraus folgenden Witterungsprognosen.

Doch zurück zum „Instrument Buch". Bieten die beiden ersten Teile instrumentelle und astronomische Grundlagen, führen die folgenden zu den unterschiedlichsten praktischen Anwendungen des Quadranten und des Jakobstabes: Es geht um die Beobachtung der Gestirne, die Zeitbestimmung, den Sonnen-, Mond- und Planetenlauf, den Sonnenauf- und -untergang, die Ermittlung der Planetenstunden sowie mit dem „Horometer" und der „Nachtuhr" die Zeitmessung bei Nacht. Weiterhin entwickelt Apian Anwendungen astronomischer Instrumente zur Vermessung von Gebäuden in den verschiedensten Varianten, deren Abstand, Höhe, Breite, die Vermessung der Tiefe eines Brunnens und die Anlage von Wasserversorgungsanlagen durch Nivellierung und der Anwendung kommunizierender Röhren. Diese Anwendungen sind sowohl unter zivilem, der Anlage von Gebäuden und Städten, sowie unter militärischen Aspekten des Festungsbaus, der Belagerungs- und Verteidigungstechnik zu sehen.

Immer wieder wird Apians Bestreben deutlich, mit möglichst einfachen Instrumenten zu arbeiten. Das kommt prägnant durch den aller Zusätze entkleideten Quadranten zum Ausdruck, durch die Methode der Zeitbestimmung lediglich mit den Fingern als Sonnenuhr sowie die verblüffende, aber wirklich funktionierende Gebäudevermessung lediglich mit einem Spiegel, auch wenn man von ihr keine allzu hohe Genauigkeit erwarten kann. Regeln zur Prüfung der Qualität von Brunnenwasser und zur Auffindung einer Quelle unterstreichen die praktischen Bestrebungen des Autors.

Mathematische Methoden werden von Apian nur sparsam eingeführt, die Operationen laufen nach Art der „regel Detri" auf einfache Proportionsbildung hinaus, mit sehr einfacher Algorithmisierung, die bei jeder einzelnen Anwendungsart als Beispiel vorgeführt wird und Winkelfunktionen überflüssig macht. Die exemplarisch vorgeführte Algorithmisierung formuliert Apian in typischer Weise so: „Setz in die Regel", „sprich nach art der weysen regl", „Den rechten proceß diser messung nym auß disem Exempel", oder „Nach der regel findest du". Jeder Leser, der den Stoff eines elementaren Rechenbuches, wie Apians „Kauffmanns Rechnung" oder „Den Adam Riese" kannte, war in der Lage, dies zu beherrschen.

Nach der ganzen Anlage des „Instrument Buch" könnte man es sich als Regelbuch bei der Feldarbeit eines Praktikers vorstellen. Dieser Aspekt kommt in besonders anschaulicher Weise in dem beigegebenen Anhang zum Ausdruck: „Dise beygelegten Fünff bogen, die allein auff ainer seytten gedruckt sindt, sollen nit in oder zu dem Buch gebunden werden, sonder es seind die Instrument, davon ich im Buch offt meldung gethan habe, welhe auf die bretlein sollen geleymet werden." Damit seine ganzen Darstellungen des Gebrauchs des Quadranten und anderer Instrumente nicht an der Unmöglichkeit des Kaufs geeigneter, teurer Geräte scheitern möge, werden noch einmal die bereits abgebildeten und beschriebenen Instrumente dargestellt, auf einseitig bedrucktem Papier, damit man sie ausschneiden und entsprechend der von ihm gegebenen Anleitung zum Verleimen von Papier auf Holz zu einem gebrauchsfähigen Instrument verarbeiten kann – ein einzigartiges Beispiel eines „Ausschneidebogens" für wissenschaftliche Instrumente in dieser Zeit.

Um noch einmal das Stichwort der methodischen Durcharbeitung des „Instrument Buch" aufzugreifen, muss die Funktion der 95 Illustrationen erwähnt werden. Diese sind kein lediglich schmückendes Beiwerk, sondern Text und Bild fungieren als untrennbare Einheit. Zwar gibt der Text eine klare, einfache Beschreibung der betreffenden Sachverhalte, aber die Abbildungen, auf die Apian verweist, enthalten weitere Informationen, verdeutlichen ergänzend das Prinzip und dürfen auch als Hilfe für Benutzer gedacht werden, die den Umgang mit umfangreicheren schriftlichen Darstellungen nicht gewöhnt waren. Hier heißt es dann: „Dise zwen artickel werden durch dise ainige figur

Beispiel für Apians Vermessungen einer Turmhöhe mit einem einfachen Quadranten und einem Spiegel.

erclärt", „Nym einen bessern verstandt auß diser figur", „Dise figur entdeckt den verstandt genügsamlich", oder „Das ist die gestalt der scheyben davon ich so vil wort gemacht hab".

Zweifellos genügen Apians Lösungen von Aufgaben nicht den Ansprüchen an mathematische Eleganz, doch sie waren dem Landvermesser bei seiner Feldarbeit handhabbar und verständlich – und nur darauf kam es an. Apian wusste, wovon er schrieb, er kannte die Bedürfnisse, Fähigkeiten und Grenzen der Menschen, die er mit seinen Werken erreichen wollte.

Eine gesonderte Erwähnung verdient Apians Sternkarte, die auf eine heute verschollene Vorlage des Werkes des islamischen Gelehrten as-Sufi zurückgeht und auf der sich neben bekannten Bildern einige Konstellationen finden, die als altarabische Sternbilder vorwissenschaftlicher Zeit identifiziert werden konnten: drei Mädchen vor einer sitzenden Frau (Großer Bär), ein Schäfer mit Schafen und einem Hund (Kepheus), ein Gruppe von Kamelen (Drachen) sowie ein Strahlen- oder Federkranz (Kepheus?). Diese Sternkarte ist in der neueren Astronomie das einzige Beispiel für die Aufnahme altarabischer

Der Faldouet-Dolmen auf Jersey mit Zugangsausrichtung nach Osten.

Teilansicht von Stonehenge.

Der bronzezeitliche Kultwagen von Trundholm (um 1400 v. Chr.), Rekonstruktionszeichnung.

Rekonstruktionszeichnung der Ringwallanlage von Goseck.

Die Himmelsscheibe von Nebra.

Eingangskonstruktion (oben) und Gesamtansicht des Ganggrabes von Newgrange, Irland.

Die Elemente Erde (terra) und Wasser (aqua) am bronzenen Taufbecken der Marienkirche Rostock aus dem Jahr 1290.

Eine mittelalterliche Sonnenuhr, wie sie in dieser Art noch heute an vielen Kirchen, besonders in Norddeutschland zu finden ist. Angezeigt werden nicht die Tagesstunden, sondern Zeiten für Gebete und Glockenläuten (Kasnevitz, Landkreis Rügen).

Mes pour la chose mieulz entendre & pl[us] clerement pouez vous prendre .i. autre essample. Se la terre estoit partiee parmi le milieu droit. Si que len veist parmi le ciel desouz nous & len getoit une pierre dedes. ou une plommee bien pesant. quant ele venroit droit ou milieu de la terre. ele se tendroit illuec droit que plus ne porroit avaler. neant pl[us] que ele porroit monter en haut. Fors tant que par ce que ele cherroit de si haut. li donroit son pois aucun pooir. Si q[ue] le cherroit plus en p[ar]fot. Mais tantost revenroit amont. tant que le seroit arrieres el milieu de la terre. Ne iames ne se mouvroit diluec.

Zwei Wanderer auf der Erdkugel (Gossouin von Metz).

ratione salua manente; nemo enim convenientiore allegabit quam ut magnitudine orbium multitudo temporis metiatur, ordo sphaerarum sequitur in hunc modum: a summo capientes initium. Prima et suprema omnium est stellarum fixarum sphaera seipsam et omnia continens ideoque immobilis Nempe universi locus ad quem motus et positio ceterorum omnium syderum conferatur. Nam quod aliquo modo illam etiam mutari existimant aliqui: nos aliam, cur ita appareat in deductione motus terrestris assignabimus causam. Sequitur errantium primus Saturnus: qui xxx anno suum complet circuitum. post hunc Jupiter duodecennali revolutione mobilis. Deinde Mars volvitur qui biennio circuit. Quartum in ordine annua revolutio locum optinet: in quo terra cum orbe Lunari tamquam epicyclo contineri diximus. Quinto loco Venus nono mense reducitur

Das heliozentrische Weltsystem in der Handschrift des Kopernikus.

Tycho Brahes Mauerquadrant, mit einem Porträt des Astronomen sowie Szenen aus der Arbeit an der Sternwarte (1598).

Die „Fenstersternwarte" von Bernhard Walther in Nürnberg mit verbreitertem Sims zur Auflage kleiner Instrumente, Anfang 16. Jahrhundert.

Johannes Kepler, Porträt (1620).

Titelseite aus Peter Apians „Astronomicum Caesarum“ (1540) mit prachtvoll gestalteter Titelschrift und dem Finsternisdrachen.

Karte des nördlichen Sternhimmels aus Peter Apians „Astronomicum Caesareum“ (1540).

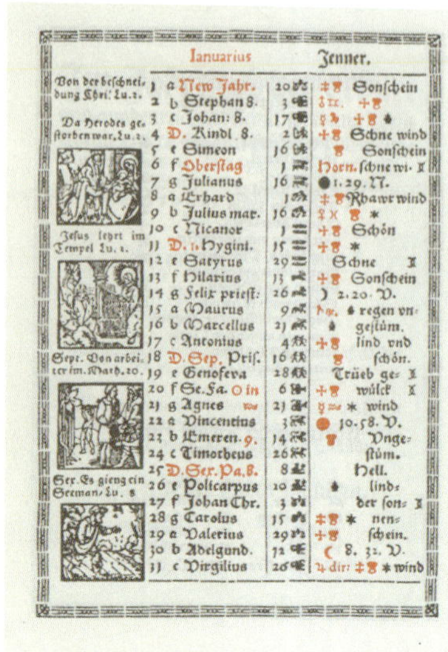

Kalendarium für Januar aus dem Kalender für 1598 von Johannes Kepler.

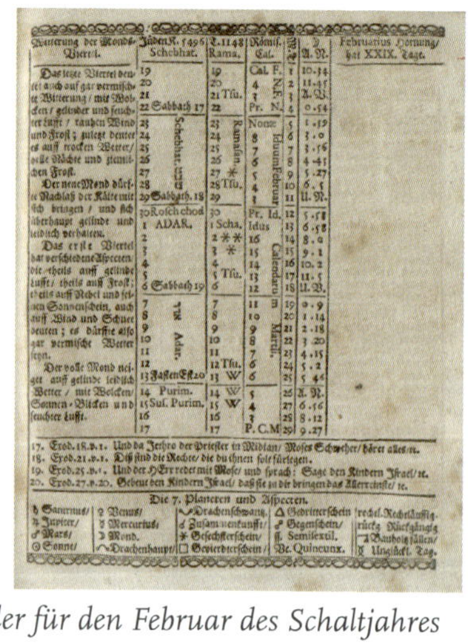

Kalendarium in einem Schreibkalender für den Februar des Schaltjahres 1736.

Die Ostersäule von Lauterbach (Sachsen) zur Erinnerung an die Wirren nach der Einführung des Gregorianischen Kalenders. (Foto: Jürgen Helfricht)

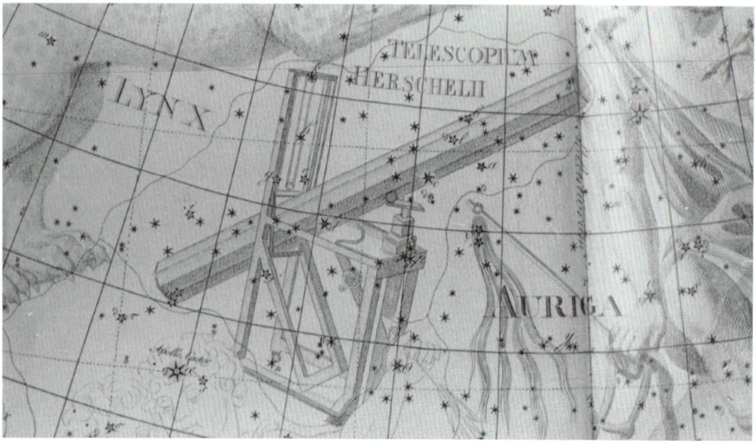

Das Sternbild „Herschel-Teleskop“ nach Johann Elert Bode.

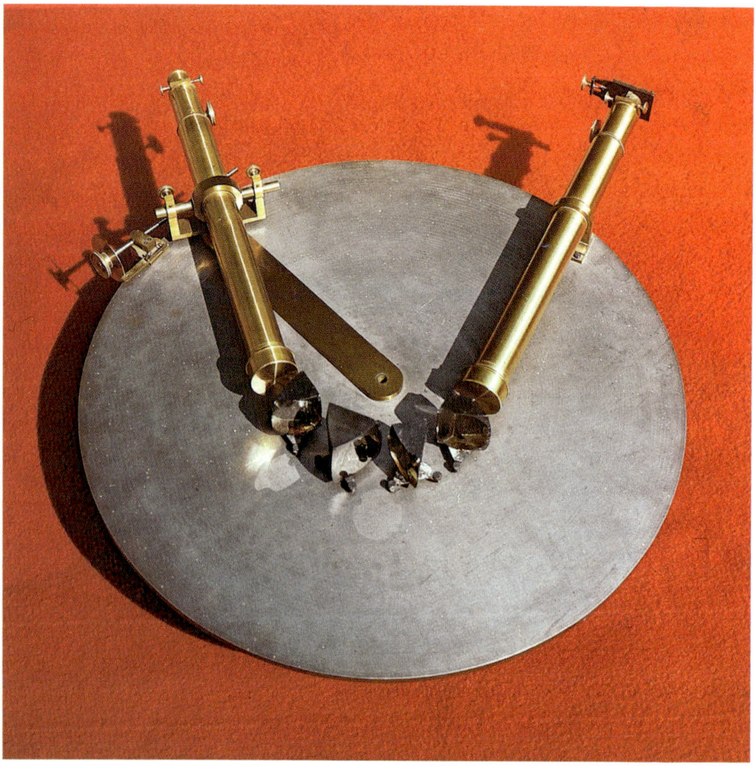

Der Spektralapparat von Bunsen und Kirchhoff.

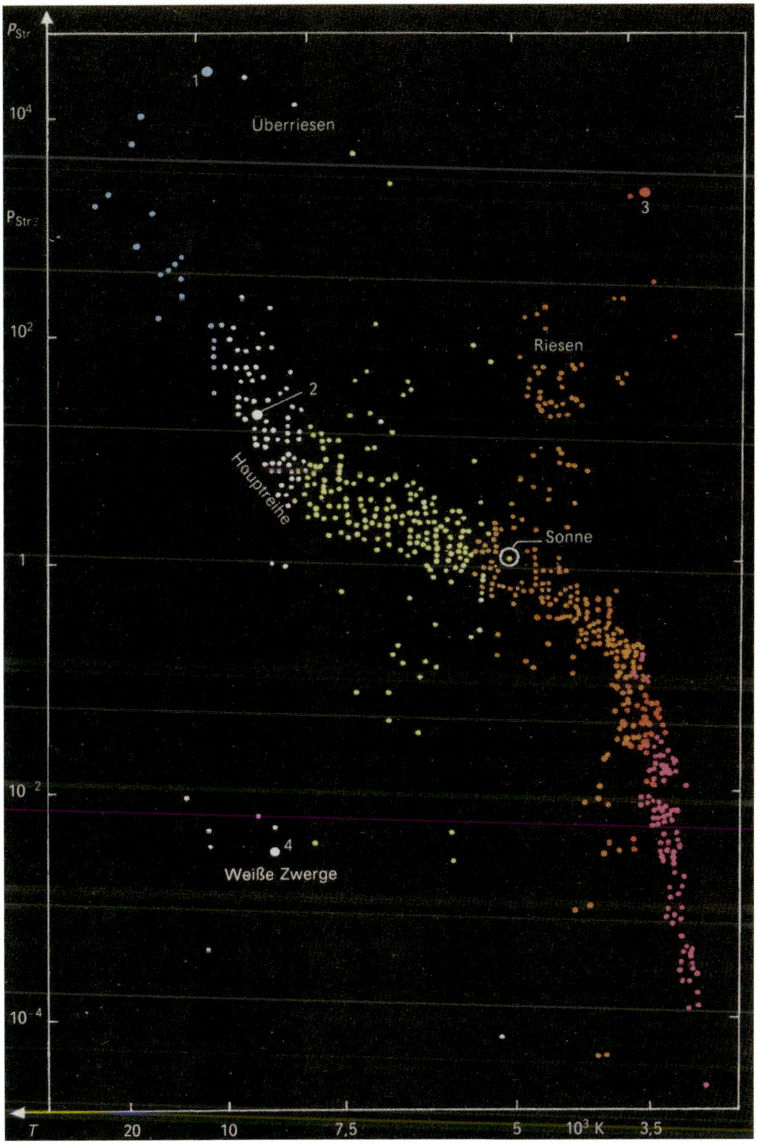

Eine moderne Darstellung des Hertzsprung-Russell-Diagramms zeigt verschiedene Sternäste (Überriesen, Riesen, Hauptreihe, Weiße Zwerge) sowie die Farben der Sterne. Aufgetragen sind Temperatur gegen Strahlungsleistung (J.B. Kaler, Sterne. Heidelberg 1993).

Sternentstehungsregionen im Adlernebel M 16 (Sternbild Schlange, Aufnahme: Hubble-Weltraum-Teleskop).

Sternbilder in eine regelrechte Himmelskarte, die eine größere Himmelsfläche mit vielen Sternbildern in exakter astronomischer Anordnung zeigt – ein wichtiges Denkmal altarabischer Kulturtradition in Mitteleuropa. Erwähnenswert ist ferner, dass Apian der erste europäische Autor zu sein scheint, der für das kleine Sternchen über dem mittleren Deichselstern des Großen Wagens den Namen „Alkor“ verwendet.

Auf den ersten Blick mag es merkwürdig erscheinen, nun noch einmal auf das lateinische „Astronomicum Caesareum“ zurückzukommen. Aber es verdient Beachtung, dass Apian zugleich mit dem Druck des großen, kostbaren Prachtbandes eine kleine deutschsprachige „Gebrauchsanweisung“ des ersten Teils erscheinen ließ: „Astronomicum Caesareum. Eine Grüntliche außlegung des Buchs Astronomici Caesarei, Und seiner instrument, darinne deß gantzen Hymmels lauff on alle rechnung, und kopf brechen, zu ewigen zeytten, mit sampt den finsternussen gefunden wirdt, in Deutscher sprach auffs kürtzest begriffen“. Darin verweist er auf die jeweiligen Tafeln und Papierinstrumente des Prachtbandes und schildert in deutscher Sprache ein Anwendungsbeispiel, um dem des Lateinischen nicht mächtigen Benutzer deren Handhabung zu verdeutlichen. Erwähnenswert ist, dass er in der Widmungsschrift seiner „Grüntlichen außlegung“ den schon im Vorwort zum „Instrument Buch“ geäußerten,

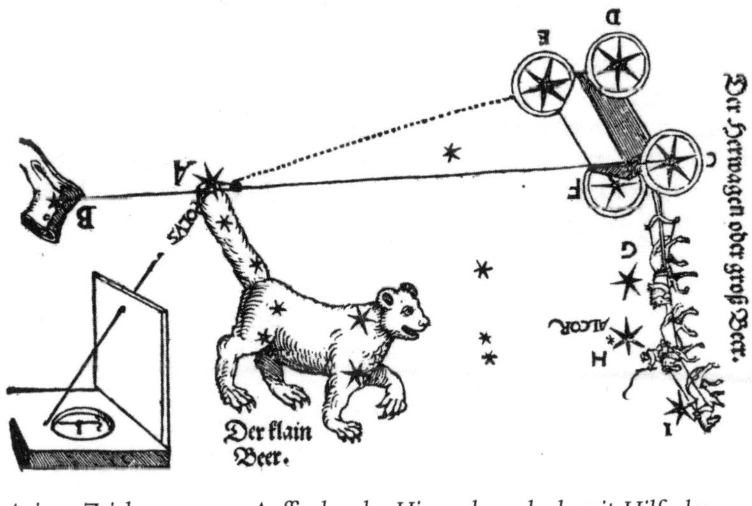

Apians Zeichnung zum Auffinden des Himmelsnordpols mit Hilfe des Großen Wagens.

eine herbe Kritik am Gelehrtenstand und den fest verankerten Bildungsprivilegien seiner Gesellschaft darstellenden Gedankengang wiederholt: „Nach dem ich, gütiger Leser, so offt in erfarnus khommen bin, das bey den Layen vil mehr, dann bey den schrifft gelerten zu unserer zeit künstlicher und subtiler köpff, sunderlich zu der Astronomischen kunst und Geometrei gefunden werden, bin ich geursacht, den selben zu gut, domit si solcher edler kunst nit beraubt werden, dise instrument auch in Deutscher sprach außzulegen."

Elementare und praktisch orientierte Instrumentenbücher erschienen besonders in den 20er bis 40er Jahren des 16. Jahrhunderts und gingen später in die sich verselbstständigende Literatur zur Bergbautechnik und den Kameralwissenschaften ein. Sie entsprangen den ökonomischen Bedürfnissen jener Zeit in den Städten und an den Fürstenhöfen, verstärkt wissenschaftliche Erkenntnisse und Erfahrungen für Fortschritte in den Produktionsverfahren, in der Verwaltung und der Militärtechnik zu nutzen. Um diese Möglichkeiten praktisch umzusetzen, bedurfte es einer Schicht gebildeter Handwerker, Ingenieure und Verwaltungsbeamter, die bereit und fähig zur innovativen Aufnahme von Wissen waren, das ihre eigenen Berufserfahrungen überstieg. Die Träger dieser praktischen und wissenschaftlichen Prozesse waren nicht in erster Linie an den Universitäten zu finden, sondern diese waren Rechenmeister, Büchsenmacher, Zeugmeister, Handwerker insgesamt, Architekten, Kaufleute, bildende Künstler und mit ihnen verbundene Gelehrte. In diesen Kreisen der gebildeten Mittelschichten waren volkssprachliche Schriften notwendig und weit verbreitet. Unterstützt wurden diese Bildungsbestrebungen durch die vor allem im 15. und 16. Jahrhundert zahlreich gegründeten Stadtschulen, die zwar nur einen bescheidenen Wissensumfang vermitteln konnten, aber doch eine Grundlage für weitere Wissensaneignung lieferten und eine nicht unerhebliche Breitenwirkung besaßen.

Apian nun orientierte sich besonders auf den Quadranten, der zu seiner Zeit und bald danach immer mehr zum Standardinstrument wurde. Der Quadrant hatte die größten Potenzen der Variierung für die verschiedensten Aufgabenstellungen. Und im Grunde ist der Sextant, der Ende des 16. Jahrhunderts zunehmend verbreitet war, nichts anderes als ein verkürzter und damit vereinfachter Quadrant.

Den Quadranten gab es also in der sehr einfachen Ausfertigung nach Apian, zum Selbstbau für das zivile und militärische Vermessungswesen. Es gab ihn in nicht viel besserer Ausführung für astronomische Beobachtungen, für die auch die Apianschen Instrumente verwendbar waren. In größeren Dimensionen verwendete ihn Kopernikus, der jedoch wegen dieser Größe so einige Probleme mit der Stabilität gehabt haben muss. Deshalb wurden solch große Quadranten bald nur noch als Mauerquadranten gebaut. Die feste Montierung eines solchen an einer in der Nord-Süd-Richtung genau orientierten Mauer ermöglichte eine stabile Aufstellung, bei der Durchbiegungen und andere Instabilitäten keine Rolle spielten, die an einem frei aufgestellten Quadranten unvermeidlich waren.

Da Mauerquadranten nicht wie die Handquadranten auf das gesuchte Objekt eingerichtet werden konnten, musste mit ihnen ganz anders gearbeitet werden. Ließ sich das Instrument nicht auf das Objekt einrichten, musste das Objekt zum Instrument kommen. Das heißt, die Beobachtung der Himmelskörper wurde genau dann vorgenommen, wenn sie in südlicher Richtung standen. Mittels eines in der Höhe beweglichen Lineals konnte nämlich dann die Höhe des Objektes gemessen werden. Wurde dann auch die genaue Zeit des Durchgangs des Himmelskörpers gemessen, konnte daraus seine Position berechnet werden. Auch nach der Erfindung des Fernrohrs büßte der Mauerquadrant seine Bedeutung nicht ein. Indem die Visiereinrichtung mit Loch-, Korn- oder Schlitzmarken durch ein Fernrohr ersetzt wurde, war dieser Instrumententyp wieder auf der Höhe der technischen Entwicklung. War dann zwar seine Glanzzeit um 1700 langsam vorüber, wurde er doch noch bis 1750 regelmäßig eingesetzt und fand sich noch bis um 1800 auf vielen Sternwarten.

6. Von Aderlässen, Schwangerschaftsverhütung und Wettervorhersagen

In jeder Darstellung der Geschichte der Astronomie erfährt man von den großen Werken, die Geschichte machten, und den großen Autoren, von Bedeutung über die Jahrhunderte hinweg. Doch wer las den „Almagest" des Claudius Ptolemäus, wer das Werk „De revolutionibus orbium coelestium" von Nikolaus Kopernikus, das prächtig kolorierte „Astronomicum Caesareum" von Peter Apian, wer die „Tabulae Rudolphinae" Johannes Keplers, oder die dicken Folianten von Giovanni Riccioli, Johannes Hevelius und die vielen anderen Bücher? Wer las sie, wer konnte sie verstehen und, noch einfacher, wer konnte sie bezahlen? In vielen Darstellungen erschöpft sich die historische Nachzeichnung in den großen Erfolgen einer Wissenschaft, in einer Geschichte der Entdeckungen, wobei so vieles aus der Wissenschaftsgeschichte ausgeklammert wird. Welche Bedürfnisse befriedigten eigentlich die großen Werke und schwebten deren Autoren weit über allen gesellschaftlichen Realitäten, einfach nur einer Liebhaberei nachgehend? Oder wer finanzierte die Forschungsarbeiten, einmal abgesehen von reichen Privatleuten, wie dem Bierbrauer und Ratsherrn Hevelius in Danzig. Was war der Grund dafür, dass drei Kaiser erst Tycho Brahe und dann Johannes Kepler dafür bezahlten, dass sie neue Tafeln der Planetenbewegung schufen, was Letzterem nach 25-jährigen Forschungen gelang, als deren Nebenprodukt die Gesetze der Planetenbewegung entdeckt und wichtige Argumente zugunsten des kopernikanischen Systems gefunden wurden?

Diesen Fragen kommt man nur nahe, wenn die Sozialgeschichte der Astronomie nicht außer Acht gelassen wird und Wissenschaftsgeschichte nicht als Elitengeschichte geschrieben wird. Mag ein einzelner Gelehrter seine Studien aus reiner Freude am Gegenstand betreiben, benötigt am Ende doch jede Wissenschaft für ihr Funktionieren gesellschaftliche Bedürfnisse, die tief begründet sind und in ganz bestimmter Form gesellschaftliche Kreise erreichen, die außerhalb des engen Zirkels der wissenschaftlich Tätigen liegen. Für die Astronomie ist dieses gesellschaftliche Bedürfnis nicht schwer auszumachen – es ist die Astrologie. Auf die Erstellung von Horoskopen zielte für Jahrhunderte am Ende das gesellschaftliche Interesse an der Himmelskunde, und auch die in der Astronomie tätigen Gelehrten folgten dem mit wenigen Ausnahmen. Während des Mittelalters blieb dies auf eine mehr qualitative Betrachtung beschränkt. Die Menschen erlebten Sonnen- und Mondfinsternisse sowie Kometen als Unglücksboten, betrachteten aufmerksam jede besondere Erscheinung am Himmel, vom Morgen- und Abendrot über farbige Ringe um die Sonne, Regenbögen, Nordlichter, Sternschnuppenfälle und vieles mehr.

Kalender für alle Gelegenheiten

Wegen des begrenzten Standes der mathematischen Astronomie waren Horoskope und sonstige Berechnungen von Gestirnskonstellationen lange Zeit nicht möglich. All dies rückte erst wieder etwa seit dem 14. Jahrhundert in den Bereich des Möglichen und erlebte im Humanismus und der bedingungslosen Rezeption alles griechischen Wissens eine enorme Renaissance. Nun gelang es, Finsternisse und Begegnungen zwischen Planeten, die Planetenkonjunktionen, auf Jahre voraus zu berechnen, oder den Stand der Gestirne zu einem fast beliebigen Zeitpunkt der Geburt zu bestimmen und damit das Leben eines Menschen zu deuten. Und vorbereitet durch die lange Geschichte des astrologischen Gedankens wurde diese Möglichkeit zum alles erfassenden Bedürfnis. Dieses Bedürfnis verband sich rasch mit der Erfindung des Druckes mit beweglichen Buchstaben durch Johannes Gutenberg, die für ein breites Interesse am Himmel infrage kommenden Drucke waren vor allem Kalender und Vorhersagen.

Kalender gehörten zu den ersten Erzeugnissen des neu erfundenen Buchdruckes. Schon Ende 1455 oder Anfang des Folgejahres verließ ein Kalender die Gutenbergsche Presse in Mainz, der als „Türckenkalender“ in die Geschichte eingegangen ist.

Die typischen Kalender des 15. Jahrhunderts waren großformatige Einblattdrucke, etwa 40 x 30 Zentimeter groß, die man heute als „Kalenderposter“ bezeichnen würde. Sie besaßen eine recht einheitliche Gliederung. Im Kopfteil finden sich stets die kalendarischen Grunddaten des Jahres, wie Goldene Zahl und Sonntagsbuchstabe, die Daten für Ostern, die Fastenzeiten und andere. Sie waren beispielsweise für die Ermittlung der Mondphasen, die Bestimmung der Wochentage und der wichtigsten Festtage des Kirchenkalenders erforderlich. Bezeichnet man nämlich jeden Tag des Jahres vom 1. Januar an fortlaufend und periodisch mit den Buchstaben A bis G für die sieben

Wochentage, dann reicht die Angabe des Buchstabens aus, den der erste Sonntag des Jahres trägt, um alle weiteren Sonntage und überhaupt alle Wochentage festzulegen. Beispielsweise ist der Sonntagsbuchstabe für 2006 A (1. Januar), für 2007 G (7. Januar). Für heutige Kalender ist dieses Verfahren überflüssig, weil darin alle Tage verzeichnet sind. Nicht so im typischen Einblattkalender, in dem sich fast ausnahmslos kein vollständiges Kalendarium findet. Diese Kalender waren nicht dafür gedacht, Termine für Wochentage als Gedächtnisstütze zu verzeichnen oder Geburtstage vor dem Vergessen zu bewahren. Eine vielfach verwendete Bezeichnung dieser Kalender gibt Aufschluss: Aderlasskalender, Lasstafel, Tafel der Neu- und Vollmonde. Die Kalender gaben ausgewählte Tage für den Aderlass und andere, nach dem Lauf der Gestirne zu richtende volksmedizinische Verrichtungen an.

Einer der frühesten Kalender macht den typischen Aufbau und den Inhalt deutlich (s. Abb. rechts): Er wurde für das Jahr 1462 und für Wien, „auff wienn", berechnet. Auf den von zwei Mondbildchen flankierten Kopfteil mit dem Sonntagsbuchstaben C für 1462 (erster Sonntag der 3. Januar) folgen zunächst die Daten für Neu- und Vollmond. Die Rubriküberschriften, Monatsnamen und Monddaten mit Stunde und Minute wurden nach dem Druck von einem Rubrikator mit roter Tinte eingesetzt. Der Rotdruck wurde technisch noch nicht beherrscht. Die Tage der Mondphasen weisen eine Besonderheit auf. Sie stehen nicht mit durchgezählten Monatstagen, sondern bezogen auf Heilige des Kirchenkalenders, zum Beispiel der Neumond „Montag nach mathie". Das bedeutet: Der Tag des heiligen Matthias ist der 24. Februar. Mit dem oben genannten Sonntagsbuchstaben C findet man, dass 1462 der Sonntag vor Matthias auf den 21. Februar, der 24. auf einen Mittwoch und der Montag nach Matthias der 1. März war. Diese und ähnliche Rechnungen lassen sich leicht mit Hilfe eines heutigen Kalenders nachvollziehen.

So weit der astronomische Teil. Nun steht die Frage nach der Bezeichnung „Aderlasskalender". Schon der Nachsatz zur Mondphasentafel belehrt uns darüber, dass die Monddaten einem astrologischen Zweck dienen: „Item iungen leuten ist güet czu lassen in auff nemenden man und alten in ab nemenden man", man solle also junge Menschen bei zu-, alte bei abnehmendem Mond zur Ader lassen. Der Aderlass war eine der beliebtesten Verrichtungen der Volksmedizin im Mittelalter, regelmäßig präventiv wenigstens im Frühjahr zur Reinigung des Körpers und zur Erneuerung der Kräfte, aber auch bei fast allen Krankheiten als erste therapeutische Maßnahme praktiziert. Die

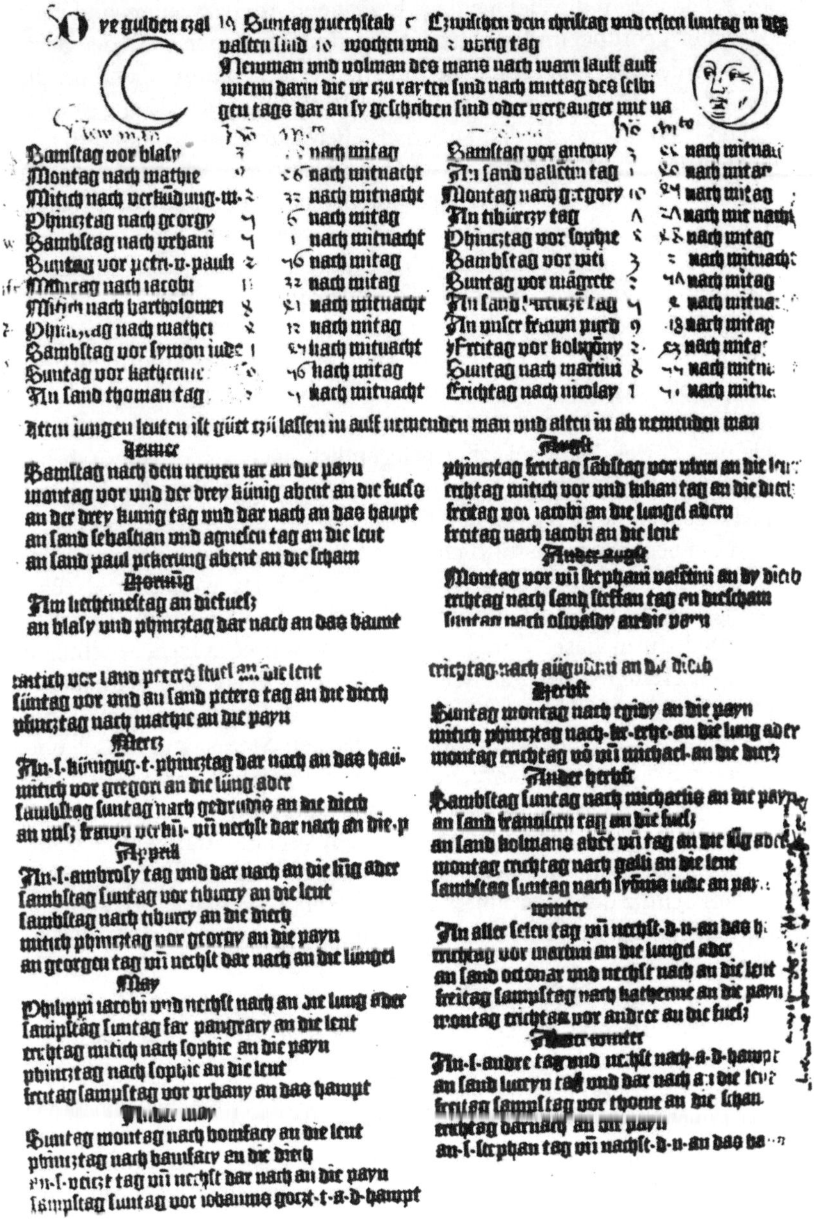
Die gulden tzal 19 Suntag puechstab c Czwischen dem christag und ersten suntag in der vasten sind 10 wochen und 2 ubrig tag
Newman und volman des mans nach warn lauff auff weisen darin die ur tzu raytten sind nach mittag des selbigen tags dar an sy geschriben sind oder vergangen mit ...

Samstag vor blasy	3	nach mittag	Samstag vor antony	3	nach mittag
Montag nach mathie		nach mitnacht	An sand vallentin tag	1	nach mittag
Mitich nach verkundung		nach mitnacht	Montag nach gregory	10	nach mittag
Phincztag nach georgy		nach mittag	An tiburczy tag		nach mitnacht
Sambstag nach urbani		nach mitnacht	Phincztag vor sophie		nach mittag
Suntag vor petri und pauli	2	nach mittag	Sambstag vor viti	3	nach mitnacht
Montag nach iacobi		nach mittag	Suntag vor margrete		nach mittag
Mitich nach bartholomei	8	nach mitnacht	An sand ... tag		nach mitnacht
Phincztag nach mathei		nach mittag	An unser frawn purd	9	nach mittag
Sambstag vor symonis iude	1	nach mitnacht	Freitag vor wolfgang		nach mittag
Suntag vor katherine		nach mittag	Suntag nach martini	8	nach mitnacht
An sand thoman tag		nach mitnacht	Erichtag nach nicolay	1	nach mitnacht

Item iungen leuten ist guet tzu lassen in auff nemenden man und alten in ab nemenden man

Jenner
Samstag nach dem newen iar an die payn
montag vor und der drey kunig abent an die fuess
an der drey kunig tag und dar nach an das haupt
an sand sebastian und agnesen tag an die leut
an sand paul pekerung abent an die scham

Hornug
An liechtmesstag an die fuess
an blasy und phincztag dar nach an das haupt
erichtag vor sand peters stuel an die leut
suntag vor und an sand peters tag an die diech
phincztag nach mathie an die payn

Mertz
An s. kunigund tag phincztag dar nach an das haupt
mitich vor gregory an die lung ader
sambstag suntag nach gedrudis an die diech
an unser frawn verkund und nechst dar nach an die payn

Appril
An s. ambrosy tag und dar nach an die lung ader
sambstag suntag vor tiburcy an die leut
sambstag nach tiburcy an die diech
mitich phincztag vor georgy an die payn
an georgen tag und nechst dar nach an die lungel

May
Philippi iacobi und nechst nach an die lung ader
sampstag suntag vor pangracy an die leut
erchtag mitich nach sophie an die payn
phincztag nach sophie an die leut
freitag sampstag vor urbany an das haupt

Ander may
Suntag montag nach bonifacy an die leut
phincztag nach bonifacy an die diech
an s. veits tag und nechst dar nach an die payn
sampstag suntag vor iohannis gotz t. a. d. haupt

Augst
phincztag freitag sabstag vor ulrici an die leut
erchtag mitich vor und kilian tag an die diech
freitag vor iacobi an die lungel adern
freitag nach iacobi an die leut

Ander augst
Montag vor und stephani vallentini an dy diech
erchtag nach sand steffan tag an die scham
suntag nach oswaldy an die payn
erichtag nach augustini an die diech

Herbst
Suntag montag nach egidy an die payn
mitich phincztag nach des h. crutz an die lung ader
montag erichtag vor und michael an die diech

Ander herbst
Sambstag suntag nach michahelis an die payn
an sand francisken tag an die fuess
an sand colmans abent und tag an die lung ader
montag erchtag nach galli an die leut
sambstag suntag nach symonis iude an payn

Winter
An aller heiligen tag und nechst d. n. an das haupt
erchtag vor martini an die lungel ader
an sand ottomar und nechst nach an die leut
freitag sampstag nach katherine an die payn
montag erchtag vor andree an die fuess

Ander winter
An s. andre tag und nechst nach a. d. haupt
an sand lucyn tag und dar nach an die leut
freitag sampstag vor thome an die scham
erchtag darnach an die payn
an s. stephan tag und nachst d. n. an das haupt

Kalender auf das Jahr 1462 für Wien.

im Kalender auf die Heiligentage bezogenen Aderlasszeiten sind nach Monaten geordnet und geben die Körperteile, an denen zur Ader gelassen werden soll, wie „montag vor und der drey künig abend an die fuess" (am Montag vor und am Tag vor den Heiligen drei Königen, dem „abend", Vorabend, an den Füßen; das heißt am 4. und 5. Januar).

Der Ursprung der astrologischen Aderlassregeln ist ebenso wie der für die Anwendung von Schröpfköpfen, das Einnehmen von Medikamenten, das Ziehen von Zähnen und anderes für uns unbekannt und kaum nachzuempfinden. Bildlich wird dieses Regelsystem in Kalendern immer wieder durch den „Aderlassmann" oder „Tierkreismann" dargestellt. Jedem Körperteil ist demnach ein Tierkreiszeichen zugeordnet, und eine Regel besagt, dass kein medizinischer Eingriff an dem Körperteil vorgenommen werden darf, in dessen zugehörigem Tierkreiszeichen der Mond steht. Den Aderlassmann finden wir sowohl als kleines, naives Bildchen, aber gelegentlich auch als künstlerisch bedeutsame Ausführung – Letzteres beispielsweise im Stundenbuch des Herzogs Jean de Berry von den Gebrüdern von Limburg um 1413.

Eine besonders ausführliche Darstellung finden wir in einem Kalender für 1499 von Hans Roman Wonecker. Da Wonecker als Barbiergeselle begonnen hatte und schließlich Stadtarzt und Professor für Medizin in Basel wurde, wusste er, wovon er sprach. In einigen Städten erlangten die Kalender für Bader, Barbiere und Wundärzte, die mit dem Aderlass und anderen „niederen" medizinischen Tätigkeiten beschäftigt waren, einen juristischen Status. Aus Basel und anderen Städten ist bekannt, dass die Barbiere verpflichtet waren, die Aderlasszeiten nach dem vom Stadtarzt approbierten Lasskalender zu richten. Für Zuwiderhandlungen wurden strenge Strafen angedroht. Nach astrologischer Lehre war dieses Vorgehen verständlich und diente dem Schutz der Gesundheit der Patienten. Gleichfalls verboten war es, Kalender zu drucken oder zu vertreiben, die keine amtliche Bestätigung besaßen.

Dem Mond wurde auch über die Lichtphasen hinaus in den Kalendern viel Aufmerksamkeit geschenkt, da sein Lauf weitere astrologische Vorschriften bestimmte. Schließlich galt er als kosmisches Symbol der Veränderlichkeit, des Entstehens und Vergehens sowie der Fruchtbarkeit bei Mensch und Tier. Dieser Gedanke weist zurück bis in urgeschichtliche Zeiten, als der Phasenwechsel des Mondes als stets wiederkehrender Wechsel von Geburt, Wachsen und Niedergang angesehen wurde. Obwohl im Spätmittelalter die wahren Ursachen der Lichtgestalten des Nachtgestirns bekannt waren, blieb die symbolische Mondinterpretation erhalten.

Viele Kalender des 15. und 16. Jahrhunderts führen die Tierkreiszeichen an, die der Mond im Laufe der Monate durchwandert. Denn nicht nur für den Aderlass, sondern für viele weitere alltägliche Dinge war der Stand des Mondes in einem bestimmten Zeichen von grundsätzlicher Bedeutung. Dazu gehörten beispielsweise die Zeiten für die Aussaat des Getreides, das Pflanzen, Bäume fällen und alle sonstigen Arbeiten in Haus und Hof. Ein Leipziger Druck für 1485 führt „die erwelte tag zcu baden zu sehen unnd zu pflanczen nach des mondes lauff unn seiner guttigen schickung zcu den planeten" auf. Noch recht selten waren im 15. Jahrhundert Wetterprognosen und Vorhersagen für bestimmte Berufsstände („Vom stand der menschen"), was einige Jahrzehnte später zum Grundbestand der Kalender und Prognostiken gehörte – alles aus dem Mondlauf „gepracticirt". Lediglich in einem Augsburger Kalender für 1486 wird für Krieger und Ärzte geschrieben: „Den krigern und artzt und was sich mit eisen behilfft werden ditz iar gluckhafft. Aber der Mars gegen Venus bringt sy in ungluck durch hochczeiten und von freiden mit weibern." In anderer Hinsicht bildet das Thema, dem sich Eberhard Schleusinger aus Zürich 1482 zuwandte, eine Ausnahme. Er behandelt in einem Kalender ausschließlich die günstigen und ungünstigen Tage, um Freundschaften zu schließen: „Hie nach sind bezeichnet gut stunden rechte früntschaft zu machen", beispielsweise am Ostermontag vormittags.

Außer den Mondphasen werden Finsternisse der Sonne und des Mondes in Einblattkalendern behandelt, oft mit bildlichen Darstellungen versehen. Die Palette der Abbildungen reicht von einer einfachen Sonnen- und Mondscheibe über grausame Schreckensbilder bis hin zu fast wissenschaftlich-nüchternen Schemata, die astronomisches Wissen von den Ursachen der Finsternisse lehren. Verbale Erklärungen über das Zustandekommen oder ihre astrologische Deutung finden sich jedoch, wegen des beschränkten Platzes, auf den Einblattdrucken nicht.

Manche Kalendermacher und Drucker versuchten, ihren Blättern ein gefälliges Aussehen zu geben. Abgesehen von den schon erwähnten Aderlassfiguren und den Finsternisbildern finden gelegentlich Kopf-, Rand- oder Fußleisten Verwendung, auch Monatsbildchen oder ausgeschmückte Neujahrsgrüße, wie zum Beispiel „Ein gut sälig iar, amen". Vereinzelt entstanden ästhetisch ansprechende Drucke, die zum Schmuck eines Kontors oder der Stube eines Kaufmanns, Patriziers, Geistlichen oder eines feudalen Herrn gedient haben mögen – abgesehen davon, dass man die Kalender stets bei der Hand haben musste, um nach astrologischem Regelwerk handeln zu können.

Ein Liebespaar am Brunnen, ein Neujahrsgruß in einem Kalender aus Speyer für 1483.

Einblattdrucke hatten oft ein merkwürdiges Schicksal. Als nur für einen begrenzten Zeitraum gültiges Erzeugnis sowie durch das große Format und die ständige Benutzung waren sie rasch der Vernichtung preisgegeben und wurden am Jahresende weggeworfen. Nur ganz selten wurden sie des Bewahrens für würdig angesehen und kamen in eine Büchersammlung. Viele blieben daher nur durch Zufall erhalten. Manchmal verwendeten Buchbinder nicht abgesetzte Kalender als Füllmaterial für Einbände. Buchforscher späterer Zeiten stießen beim Ablösen dieser Makulatur auf Drucke des 15. Jahrhunderts, die bis dahin nicht bekannt waren und nun oft weltweit in nur einem Exemplar erhalten sind.

Der Umfang der Kalenderproduktion des 15. Jahrhunderts lässt sich heute nur noch erahnen. Allzu fragmentarisch sind die Drucke erhalten, von manchen blieb nur ein Streifen mit wenigen Zeilen, eingeklebt in einen Bucheinband. Der größte Teil wird völlig verloren gegangen sein. Als Zentren ihres Druckes sind Augsburg, Straßburg, Nürnberg, Bamberg, Leipzig, Reutlingen und Basel zu nennen. Besonders schöne Exemplare stammen aus Basel, Leipzig, Ulm, Straßburg, Augsburg, Köln, Nürnberg und Erfurt.

Die Autoren der Kalender sind im 15. Jahrhundert zum größten Teil unbekannt, die meisten Drucke – etwa 80 Prozent – erschienen anonym. Soweit wir die Verfasser kennen, gehören sie vorwiegend zum Kreis der Mediziner, was angesichts der inhaltlichen Ausrichtung verständlich ist. Nur wenige Verfasser sind über ihre Kalender hinaus bekannt geworden. Zu ihnen gehören beispielsweise Johannes Virdung in Heidelberg oder Wenzel Faber von Budweis, Professor und Rektor der Leipziger Universität und ein wichtiger Herausgeber der „Sphaera" von Johannes de Sacrobosco.

Was den Nutzerkreis dieser Kalender betrifft, ist man neben einigen wenigen Hinweisen auf Mutmaßungen angewiesen, vor allem angesichts des großen Anteils von Analphabeten in der Bevölkerung. Als erstes benötigten natürlich alle Berufsstände einen solchen Kalender, die mit den Tätigkeiten befasst waren, für die im Kalender wichtige Informationen gegeben wurden. Im Jahre 1516 erschien in Oppenheim ein Kalender von 48 Blättern Umfang mit dem Titel „Kalender der Barbirer, und Gemeinen volck zu teglichem geprauch dynlich". Über die Auflagenhöhe wissen wir nichts, ebenso wenig über die territoriale Verbreitung dieses Kalenders. Neben den Barbieren werden hier Bader und Mediziner jeder Art angesprochen sowie interessierte Laien, das „gemeine volck", die sich Termine für solcherart Verrichtungen selbst bestimmen wollten. Dennoch darf hier zunächst nicht an eine wirkliche Massenproduktion gedacht werden, die Auflagenhöhe wird wenige hundert Exemplare nicht überstiegen haben. Aus dem Jahre 1485 haben wir eine Notiz, der zufolge ein Drucker aus Speyer nach Trier, einer Stadt mit damals etwa 6000 Einwohnern, 30 Einblattkalender und zwölf Prognostikendrucke lieferte. Zahlen in einem solchen Bereich darf man durchaus als typisch annehmen. 70 Jahre später sah die Sache, wenigstens in Einzelfällen, anders aus. Für das Jahr 1557 bestellt ein Großhändler aus Augsburg beim Nürnberger Drucker und Verleger Valentin Geißler eine große Zahl von „Gemain laßtafeln", also Aderlasskalender als Einblattdrucke. Es waren insgesamt 22 000 Exemplare! Allerdings waren es verschiedene Kalender, für mehrere Bistümer geltend, für Brixen, Regensburg, Freising, Salzburg, Passau, Eichstädt und Augsburg, also für verschiedene Polhöhen und geografische Längen. Bemerkenswert ist das große Territorium, das vor allem seit der zweiten Hälfte des 17. Jahrhunderts von Nürnberg aus, damals ohne Zweifel für viele Jahrzehnte ein Zentrum der Kalenderherstellung, beliefert wurde.

Angesichts der geringen Zahl der Menschen, die im 16. und noch im 17. Jahrhundert lesen und schreiben konnten, ist die Auflagenhöhe der Aderlasskalender, vor allem als Einblattdrucke, und der Kalender doch erstaunlich hoch. Man muss jedoch bedenken, dass die Informationen der Einblattdrucke keine entwickelten Lesefähigkeiten erforderten – und einfache Lesefähigkeiten waren doch weiter verbreitet, als wir gemeinhin glauben. Viele Informationen wurden zudem mit Symbolen verbunden und später wurden auch die Illustrationen zu detaillierten Informationsträgern, fast vergleichbar der „Biblia pauperum", den in der Kirche zu findenden Bilderzyklen zur Leidensgeschichte Jesu, die mit ausdrucksstarken Bildern ohne Wort auskam.

Im 16. Jahrhundert wurden die Kalender vielgestaltiger, sowohl inhaltlich als auch in ihrem Äußeren. Die Einblattkalender, die „Kalenderposter“, nehmen an Bedeutung ab, an ihre Stelle treten mehr und mehr Kalender in Buchform, vor allem im handlichen Quartformat von etwa 12 x 15 Zentimetern. Der Umfang war gering, typisch waren 16 Blatt, mit angefügter astrologischer Vorhersage für das Jahr kam man auf 24 oder 32 Blatt. Diese Kalender boten mehr Platz und konnten vor allem eine vollständige Übersicht aller Tage des Jahres anführen. Und für alle Tage konnten astrologische Charakteristiken gegeben werden, die immer vielfältiger wurden, mit bestimmten, verbindlich definierten Symbolen.

Eine nochmalige Ausweitung der Benutzung von Kalendern ermöglichten die so genannten „Schreibkalender“. Sie boten viel Platz für Eintragungen aller Art durch den Benutzer und konnten als privates Tagebuch oder Kontorbuch eines Geschäftsmannes oder gar als Kirchenbuch benutzt werden. Auf dem Titelblatt eines solchen Kalenders von Rudolph Buchbach mit dem Titel „Alter und Newer Schreib Calender, Sampt beygefügter grosser Practica Astrologica, Auffs Jahr MDCXXXIII“, also für 1633, gedruckt in Dresden, heißt es: „Ich bin viel und offt angelangt worden, einen Calender uff diese Manier wegen dessen viel fältiger Nutzbarkeit zuverfertigen. Denn nicht allein darinn auff jeden Tag eine denckwürdige und zu vertreibung der zeit nützliche Historie zufinden: Sondern auch darbey, eben so viel Platz zuschreiben, wie in Octav oder Cantzley Calendern: Darneben gezogene Linien mit drüber gesetzten fl. gr. pf. (Floren-Gulden, Groschen, Pfennige) […] zur Einnahme und Außgabe an stat eines Registers zugebrauchen: Ingleichen vorn an der seite herunter der Neue Gregorianische Calender: Und die wochen desto füglicher zustellen, jede auff ein Blat alleine gesetzt: Andere Bequemlichkeiten desselben zugeschweigen: Werde ich spüren, dass mit solchem den gönstigen Leser gedient, soll damit alle Jahr, so lang Gott Leben verleyhet, continuirt werden, unter dessen wolle diesen der Neubegierige Leser mit guter Gesundheit gebrauchen.“

Vor allem seit dem Ende des 16. Jahrhunderts weitete sich die jährliche Kalenderproduktion immer mehr aus (s. auch Abb. S. 124). Regelmäßig zum Jahresende ergoss sich geradezu eine Flut von Kalendern und Vorhersagen. Nach einer unvollständigen Erfassung waren unter 160 Kalenderautoren des 16. und 17. Jahrhunderts etwa die Hälfte Mediziner, ein Viertel Pfarrer und Theologen, während sich andere als Astronomen, Mathematiker oder als Liebhaber der Astronomie, Philosophen und Historiker bezeichneten. Wie schon im Zusammenhang mit den Einblattkalendern des 15. Jahrhunderts gesagt, hängt dies vor allem mit der starken Ausrichtung der Kalender auf die astrologische Medizin, die „Iatromathematik“, zusammen, zudem auch damit, dass die Mediziner und Pfarrer einen sehr großen Teil der akademisch gebildeten Bevölkerung ausmachten.

Die astronomischen Kenntnisse erlangten die Kalenderautoren auch weiterhin während ihrer Studien an der Artistenfakultät. Doch mehr als ein allgemeines Verständnis der Dinge war daraus nicht zu bekommen, von einem tieferen Beherrschen der Astronomie, vor allem ihrer mathematischen Teile, konnte keine Rede sein. Die Folge war offensichtlich eine vielfach mangelnde Qualität der Kalender, die oftmals sehr beklagt wurde. Verstärkt wurde dies dadurch, dass die Kalendermacherei für Mediziner und Pfarrer eine im Einzelnen zwar nicht große, aber doch regelmäßig fließende Geldquelle wurde, zumal sich die investierte Arbeit für die Menge der Kalendermacher in engen Grenzen hielt. Doch die Nachfrage war so groß, dass auch minderwertige Produkte guten Absatz fanden, wie Johannes Kepler 1610 vermerkte. Er sprach von dem „schädlichen Fürwitz welcher so starck und groß bey dem gemeinen Mann, mit zusammenkauffung fünff sechs und mehr *Authorum*, dass es gleichsam ein jährliche Schatzung verursacht, und nicht allein Calenderschreiber in grosser Anzahl sich darbey wol befinden, und drüber ander nützlichere Arbeyt oder *Studia* fahren lassen: sondern auch (welches mir im weltlichen Regiment mehr nachdenckens macht) viel gantze Truckereyen dadurch erhalten, unnd von newen auffgebracht werden: weil kein Buch unter der Sonnen ist, dessen so viel *Exemplaria* verkaufft, unnd alle Jahr wider erneuwert werden, als eben die *Calendaria* und *Prognostica* eines beschreyeten *Astrologi*.“

Nur wenige professionelle Astronomen waren im Kalendergeschäft involviert, unter ihnen Simon Marius oder Johannes Kepler, von dem bis heute Kalender und astrologische Prognostiken für 1597 bis 1600, 1603 bis 1606, 1618 bis 1620, 1623 und 1624 erhalten blieben (s. auch Abb. S. 124) und angenommen werden darf, dass weitere ganz verloren gingen, zumal von einigen Drucken weltweit nur noch ein Exemplar erhalten blieb. Kepler war in Graz in seiner Stellung als Mathematiker und Professor der Landstände zur jährlichen Herausgabe von Kalendern verpflichtet und führte dies später aus finanziellen Gründen fort, weil der Kaiser als sein Dienstherr das vertraglich vereinbarte Gehalt nur sehr zögerlich auszahlte.

Die oben getroffene Aussage, das Kalendermachen sei eine nicht sehr aufwändige Sache gewesen, wenigstens nicht in der Art, wie sie von der Mehrzahl der Autoren betrieben wurde, bedarf einer Erläuterung. Wie entsteht ein Kalender? In der Tat wären die erforderlichen

Kenntnisse bei der Mehrzahl der Kalenderautoren für dieses Geschäft nicht ausreichend gewesen und die notwendigen Rechnungen nicht ausführbar. Aber es gab Hilfsmittel, die die Sache erheblich vereinfachten, was sich von einem astronomischen Grundlagenwerk bis zum Jahreskalender auf einer vierstufigen Leiter verfolgen lässt:

An der Spitze der Astronomie steht ein grundlegendes astronomisches Werk von der Art des „Almagest“ von Ptolemäus oder „De revolutionibus orbium coelestium“ von Nikolaus Kopernikus. Diese Werke stellen das Gebäude der Astronomie nach ganz bestimmten fundamentalen Grundsätzen dar, Ersteres geozentrisch, Letzteres heliozentrisch. Es enthält Darstellungen der Planetenbewegung, einschließlich der Grundsätze ihrer Berechnung. Das schließt die Ableitung numerischer Werte der Bewegung eines Planeten für bestimmte Zeiträume ein, für ein Jahr, einen Tag und so weiter.

Für die praktische Anwendung der Astronomie sind diese Grundlagenwerke nicht geeignet. Nur ein tiefes Studium der Astronomie macht diese Dinge verständlich. Für den Kalenderautor war die zweite Stufe wichtig: Astronomische Tafelwerke, beispielsweise die „Tabulae Alphonsinae“, berechnet auf geozentrischer und die „Prutenicae Tabulae“ anhand von Planetendaten des Kopernikus. Neben vielen Hilfstafeln werden in diesen Tafelwerken Rechenvorschriften abgeleitet, wie nun ganz konkret die Stellung eines Planeten zu einer bestimmten Zeit berechnet werden kann. Auch dies ist wiederum ein sehr aufwändiges Unterfangen und der Autor der „Prutenischen Tafeln“, Erasmus Reinhold, der aus dem thüringischen Saalfeld stammende Professor in Wittenberg und Vertrauter Philipp Melanchthons, hat Jahre intensivster Arbeit damit verbracht.

Der Kalendermacher mit seinen eingeschränkten astronomischen Kenntnissen benötigte eine weitere Stufe, weil die Ausführung der Rechnungen nach den genannten Tafelwerken noch immer sehr aufwändig war und vor allem Rechnungen erfordert, die sich die meisten Menschen im Computerzeitalter kaum mehr vorstellen können. Angesichts dieser Rechnungen klagte Tobias Moller 1582: „Copernicus und [Erasmus] Reinholdus haben so viel und schwere praecepta ausgehen lassen, das einer der Astronomiae bald müde, und uberdrüssig thut werden.“ Die nun entstehenden „Ephemeriden“ werden aber doch schon recht anschaulich. Sie enthalten für eine Reihe von Jahren – manche nur für ein Jahr – die Positionen der Planeten am Himmel, die Stellung der Planeten zueinander, den Ort der Sonne und des Mondes im Tierkreis für jeden Tag des Jahres, dazu Finsternisse. Alles wird bezogen auf einen bestimmten Ort, den Bezugsmeridian, der

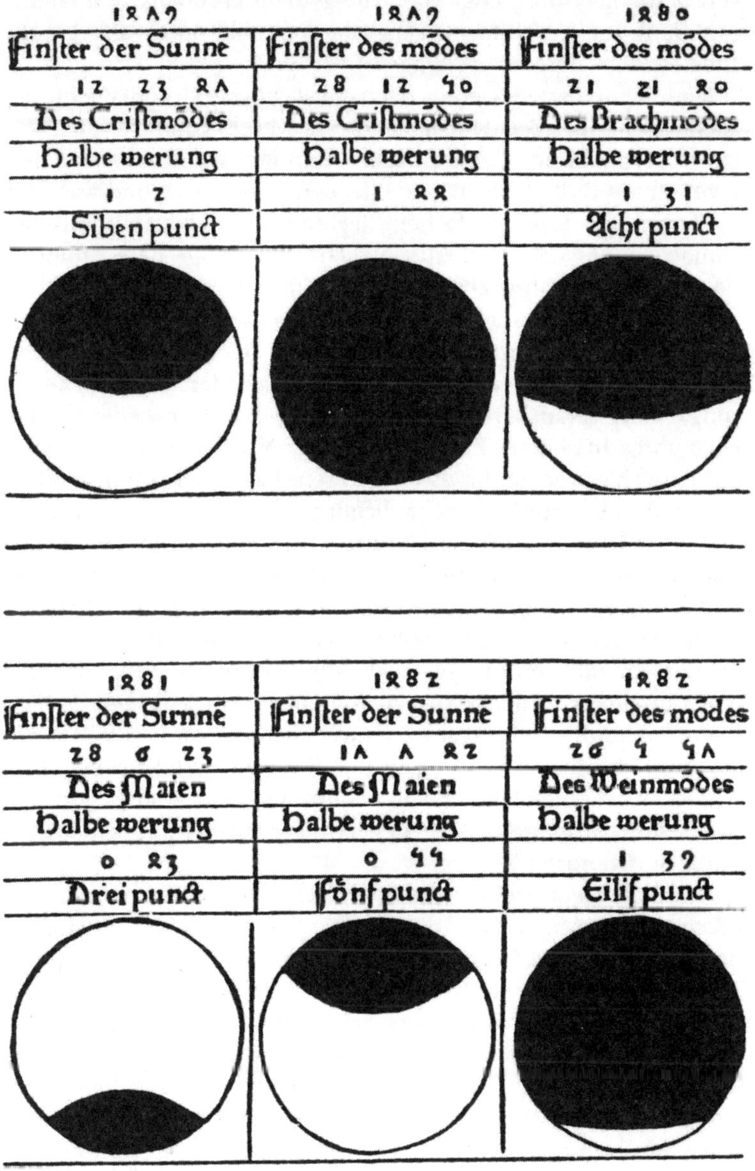

1479	1479	1480
Finster der Sunnē	Finster des mōdes	Finster des mōdes
12 23 47	28 12 50	21 21 40
Des Cristmōdes	Des Cristmōdes	Des Brachmōdes
Halbe werung	Halbe werung	Halbe werung
1 2	1 44	1 31
Siben punct		Acht punct

1481	1482	1482
Finster der Sunnē	Finster der Sunnē	Finster des mōdes
28 6 23	17 7 42	26 5 57
Des Maien	Des Maien	Des Weinmōdes
Halbe werung	Halbe werung	Halbe werung
0 23	0 55	1 39
Drei punct	Fōnf punct	Eilif punct

Seite aus den Ephemeriden für die Jahre 1472 bis 1479 von Johannes Regiomontan für Nürnberg.

beispielsweise für die „Alphonsinischen Tafeln" Toledo war, wo dieses Werk erarbeitet wurde, oder Königsberg für die „Prutenischen Tafeln", zum Dank für die Unterstützung, die Reinhold durch den Preußischen Herzog Albrecht in Königsberg erfuhr.

Diese Ephemeridenwerke waren die wichtigste Grundlage für den Kalenderschreiber. Aus Hilfstafeln dieses Werkes konnte er die Differenz in geografischer Länge zwischen dem Bezugsmeridian und dem gewünschten Gültigkeitsort des Kalenders entnehmen und war so in der Lage, mit recht einfachen Rechnungen die astronomischen Grundlagen des Kalenders zu erstellen. Nur wenige Berechnungen, wie die von Sonnenfinsternissen, gestalteten sich schwieriger.

Die Genauigkeit dieser astronomischen Kalenderangaben hing also im Wesentlichen von der Genauigkeit der Ephemeridenwerke und der exakten Umrechnung durch den Kalenderautor ab. Die Genauigkeit der Vorausberechnungen ließ jedoch immer wieder zu wünschen übrig. In neuerer Zeit durchgeführte Nachrechnungen zeigten, dass ein Fehler von ein bis zwei Grad sehr häufig war, oft bis zu fünf Grad und mehr. Zur Veranschaulichung sei daran erinnert, dass der scheinbare Durchmesser der Sonne und des Mondes etwa ein halbes Grad beträgt. Dies betrifft nicht nur die alten, geozentrisch gerechneten Ephemeriden, sondern auch die „Preußischen Tafeln" Erasmus Reinholds, die nur anfangs eine bessere Übereinstimmung der Berechnungen mit den wirklichen Gestirnsörtern ergaben. Johannes Kepler urteilte 1610 über einen Astronomen: „Ein schlechter *observator siderum* muß er gewest seyn, wann er den *Prutenicis tabulis* so viel getrauwet, die doch auff 1. 2. 3. 4. und fast 5. Gradt bißweilen fehlen können." Und schon lange zuvor, im Juni 1539, hatte Martin Luther in einer seiner berühmten Tischreden davon gesprochen, dass die Astronomie in „Unordnung" wäre.

Die Kalenderschreiber machten sich diese Tatsache zunutze, indem sie darin eine Begründung für die mangelnde Genauigkeit ihrer astrologischen Vorhersagen zu finden glaubten. 1587 schrieb Tobias Moller, Bürger in Zwickau: „Alleine das iudicium aff solch jre Wirckung, so viel die witterung belanget, zu sprechen, ist schwer, darumb das Astronomia so trefflich zerrüttet, und kan wol sein, wie mirs denn etliche Jahr her auch offt begegnet, das sich das contrarium zutreget, als da ich eine dürre prognosticir, sich dagegen eine solche Nässe thut begeben [...] Dieses aber geschicht darumb, auff das mit den Astronomis, und andern Gelerten ich alhie reden möge, das Astronomia dermassen abgangen, das wir davon nichts mehr, denn nur allein einen geringen Schatten noch haben, und also darinnen fledern, das wir nicht wissen wo wir daheime. Und wenn wir sagen, das solch Finsternis des Monden sich jtzt in drey und zwantzigsten Grad der Fische begeben werde, Ist die Frage ob deme auch also, Ja ob der Mond damals im Fischen oder wol einem andern Zeichen stehe."

Mit anderen Worten: Die Ungenauigkeit astronomischer Berechnungen, ja der Astronomie überhaupt ist so groß, dass man von astrologischen Deutungen, die ja darauf fußen, keine bessere Qualität erwarten darf. War das zwar nur eine Ausrede, so muss man doch ihre faktische Berechtigung zugeben. Viel einfacher machte sich Peter Apian die Sache, als er seine Vorhersage für 1541 mit den Worten schloss, er habe sich redlich um Genauigkeit bemüht, „Ob aber sach were, das es nicht allenthalben zutreff, bitt ich, du wöllest das nit dem unverstandt, auch nicht dem gebrechen der kunst, sunder der grossen arbeyt und unmüglichkeyt, in der gemain also kurtz zubegreyffen, zumessen. Bedenck auch darneben, das du nicht vil gelts darumb geben hast, dann es ist ein gemain Sprichwort, Kupfferin gelt, küpfferin meß." – „Günstiger Leser", erwarte bitteschön von einem Discount-Kalender keine Spitzenqualität, kein golden „meß", sondern nur kupfernes Maß.

Nach diesen Vorbemerkungen möchte ich ein Beispiel vorstellen, das Kalendarium für Januar 1598 von Johannes Kepler (s. auch Abb. S. 124): Im Kopf findet sich der lateinische und deutsche Monatsname. Die linke Textspalte weist das Kalendarium auf, die Monatstage nach dem alten Julianischen Kalender, daneben die Wochentagsbuchstaben mit dem hervorgehobenen D für 1598 sowie die Heiligentage. Die nächste Spalte enthält den Ort des Mondes in den Tierkreiszeichen mit der jeweiligen Gradangabe für den Tagesanfang. Die rechte Spalte ist den astrologischen Anzeigungen und der Angabe der Mondphasen gewidmet. Im Rotdruck stehen die für den Tag angezeigten Verrichtungen für die Gesundheitsvorsorge in allgemein verbindlichen Symbolen sowie in Schwarz die Wettervorhersage. Dies ist Standardbestandteil eines Kalenders. Hinzu kommen im Keplerschen Kalender links kleine Bildchen zu den Sonntagsevangelien.

In den Kalendern mischten sich also Astronomie und Astrologie, klarer gesagt, hier wird deutlich, dass nicht die Astronomie das eigentlich Gewünschte war, sondern die Astrologie, für deren Ausübung man der Astronomie als Grundlage bedurfte. Genau auf diese Umstände zielte Kepler, als er 1610 die Worte schrieb: „So sihet man augenscheinlich, daß diese Curiositet zu erlernung der *Astronomia* gedeye, welche von niemandt verworffen, sondern billich hoch gerühmt wird. Es ist wol diese *Astrologia* ein närrisches Töchterlin aber lieber

Gott, wo wolt ihr Mutter die hochvernünfftige *Astronomia* bleiben, wann sie diese ihre närrische Tochter nit hette, ist doch die Welt noch viel närrischer und so närrisch, daß deroselben zu ihren selbst frommen diese alte verständige Mutter die *Astronomia* durch der Tochter Narrentaydung, weil sie zumal auch einen Spiegel hat, nur eyngeschwatzt und eyngelogen werden muß. Und seynd sonsten der *Mathematicorum salaria* so seltzam und so gering, daß die Mutter gewißlich Hunger leyden müste, wann die Tochter nichts erwürbe. Wann zuvor nie niemandt so thöricht gewest were, daß er auß dem Himmel künfftige Dinge zu erlernen Hoffnung geschöpfft hette, so werest auch du *Astronome so* witzig nie worden, daß du deß Himmels Lauff von Gottes Ehr wegen, zu erkündigen seyn, gedacht hettest: Ja du hettest von deß Himmels Lauff gar nichts gewust."

Die schon erwähnten Klagen über die mangelnde Qualität von Kalendern und den in ihnen enthaltenen astrologischen Vorhersagen waren sehr groß. Die Kalender wurden ja wirklich benutzt, man suchte in ihnen Anleitungen zum Handeln und wurde doch oft tief enttäuscht. Davon sehen wir ein Beispiel, das David Herlitzius erwähnte. Herlitzius stammte aus Zeitz, studierte Medizin, war Doktor der Philosophie und Medizin, Medizinprofessor in Greifswald, 1607 „der löblichen Stadt Stargardt in Pommern bestalter Physicus", also Stadtarzt, dann dasselbe in Lübeck und zudem gekrönter Poet. Herlitzius war einer der fleißigsten Kalenderschreiber. Zwischen 1590 und 1647 verging kein Jahr, in dem er nicht einen, in manchen bis zu vier Kalender veröffentlichte, die sich teilweise nur im Format voneinander unterscheiden. Eine besonders reichhaltige Sammlung dieser, in der Mehrzahl in nur noch einem Exemplar vorhandenen Kalender besitzt die Marienbibliothek in Halle an der Saale.

In seiner Practica für das Jahr 1616 berichtet der gelehrte Herlitzius von einem Wortgefecht mit einem Seemann. Dieser habe ihm im schönsten Niederdeutsch den Rat gegeben, die Wettervorhersagen zu unterlassen, da man ohnehin wisse, dass es im Herbst windiger ist als im Sommer: „Man weet doch süß wol ahne juw, dat Bläsing im Herveste mit groten Stormwinden mehr alse im Samer regheret". Herlitzius, studiert, promoviert, Professor und Poeta laureatus schien von diesem, so ganz aus dem Leben gegriffenen Ratschlag tief getroffen zu sein. „Du Unflat (so du noch am Leben bist) Ich werffe meine Perlen vor die Schweine", entgegnete der Doktor unfein und erklärte die Abweichungen der Realität von seinen Prognosen damit, dass die Sterne für die Seeleute nichts Sicheres auszusagen vermögen – wegen des sündhaften Lebenswandels der „Seehähne", wegen ihres „Fressens" und „Saufens", gegen das selbst die Macht der Sterne versage (nach Matthäus 1969).

Ich sagte, dass für astrologische Prognosen und Vorhersagen die Mondphasen eine besonders wichtige Rolle spielten. Die Ursache dafür, daran sei erinnert, liegt darin, dass der Mond zwar in seiner regelmäßigen Bewegung noch am kosmischen Geschehen Anteil hat sowie seiner Unveränderlichkeit und Harmonie – aber doch als einziger Himmelskörper mit bloßem Auge erkennbare Gestaltveränderungen aufweist, seine Lichtphasen. Natürlich war es bekannt, dass diese lediglich aus der gegenseitigen Stellung von Sonne, Mond und Erde resultieren, doch brachte dies den Mond in die symbolische Nähe von Veränderung, Entwicklung, Fruchtbarkeit, Feuchtigkeit, Weiblichkeit. Und auch seine rasche Bewegung vor dem Sternenhintergrund schien stets etwas zu bedeuten. In seinen 1866 geschriebenen, noch heute interessanten „Bildern aus der deutschen Vergangenheit" schrieb Gustav Freytag: „Jede Sorge um den Körper, Kürzung des Haares, Baden, freiwilliges Blutlassen hatte bestimmte Zeit und schickliche Ordnung." Tatsächlich setzten die Gestirne im ansonsten gleichbleibenden Lauf eines jeden Jahres die Akzente, den Unterschied eines Jahres von jedem anderen, einer Jahreszeit von der eines anderen Jahres, eines jeden Monats und Tages. Und so gab es für den Hausgebrauch ganz einfache Verzeichnisse für die „schickliche" Ordnung der Tätigkeiten in Haus und Hof, im Garten und auf dem Feld, der Kindererziehung und aller Verrichtungen der Gesundheitsvorsorge.

Ein Büchlein, „Complexionen Der vier zeiten des Jars und der Zwelff Himlischen Zeichen" aus dem Jahre 1571, gedruckt in Dresden, führt 118 Tätigkeiten auf, die nach dem Mondlauf zu richten waren. So heißt es dort: „Artzney einnehmen Sol gescheen, wenn der Mond ist im Krebs, Wage, Schütz, Fisch, Scorpion, Wasserman." Die Augen mit Arznei behandeln soll man, wenn der Mond in den Zeichen Zwillinge, Jungfrau, Krebs, Waage, Wassermann, Widder oder Fische steht. Kinder von der Muttermilch entwöhnen bei der Mondstellung im Stier, in der Jungfrau, im Steinbock oder im Widder. Weitere Regeln betreffen: „Haar abschneiden, das balde wechst", „Haar abschneiden, das langsam wechst", „Ertzney Salben soll man machen", „Alte schäden anfangen zuheilen", „Gut wunden anfangen zuheilen" und so weiter. Wenn man bedenkt, dass nach den „Complexionen" das Baden nur erlaubt ist, wenn der Mond im Widder, Krebs, Waage, Skorpion oder den Fischen steht, oder Kopfwaschen nur bei Zwillings- und Jungfraustellung, kann man froh sein, dass der Mond in nur 27,5 Tagen einmal durch den Tierkreis wandert. Jedoch, anders als heute, wo

Baden und Kopfwaschen vor allem der Hygiene und Kosmetik dienen, hatte beides im Mittelalter und der frühen Neuzeit vor allem eine Funktion in der Gesundheitsvorsorge und unterlag damit ihren astrologischen, „iatromathematischen“ Regeln.

Das Einnehmen von Brechmitteln führt nach den Regeln der „Iatromathematik“, der astrologischen Medizin, zum Erfolg, wenn sich der Mond in günstiger Konstellation mit einem gerade rückläufigen Planeten befindet oder im Zeichen des „rückläufigen“ Krebs oder eines wiederkäuenden Tieres steht, wie Widder, Stier oder Steinbock. Zu diesen Zeiten darf aber kein Abführmittel gegeben werden. Dieserart Vorschriften gehen dann hin bis zu astrologischen Regeln zur Schwangerschaftsverhütung: „Wann man keine kinder zeugen will, Sol gescheen das Beyschlaffen, wann der Mond ist im Zwilling, Lewen, Jungfraw, Fisch.“ Dagegen: „Wann man wil durch Beyschlaffen kinder zeugen, Sol gescheen wann der Mond ist im Wieder, Stier, Krebs, Wage, Steinbock, Wassermann“.

Dies führt dann schon in die weit verzweigte astrologische Literatur, die allgemein für den Alltag Anleitungen gibt, welche zwar in einem astrologischen Gewand erscheinen, in denen aber dennoch eher die jahrhundertelange Erfahrung des Landmannes und Handwerkers zu finden sind. So wenn es um die Zeiten für das Schlagen von Bauholz geht, um die Aussaat von Getreide oder die Ernte von Früchten im Garten und im Feld und natürlich um das Wetter. Der Besitz solcher Kalender war für ein „Familienoberhaupt“, einen Hausvater, von grundsätzlicher Wichtigkeit, weshalb solcherart Bücher zum Hauptbestandteil der so genannten „Hausvaterliteratur“ wurden. Ein sehr schönes Beispiel gibt Johannes Colerus mit einem 1591 in

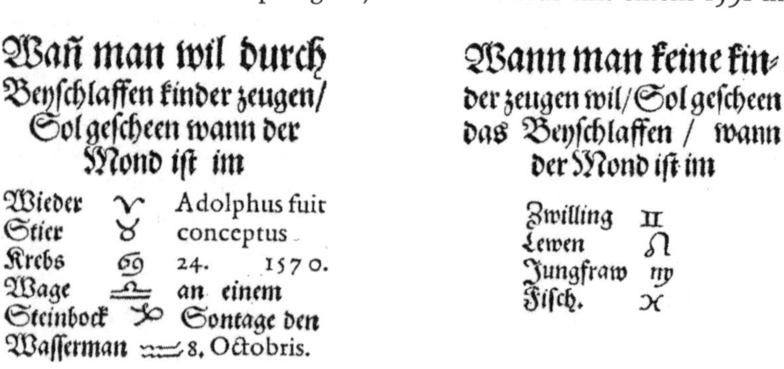

Wañ man wil durch Beyschlaffen kinder zeugen/ Sol gescheen wann der Mond ist im

Wieder ♈ Adolphus fuit
Stier ♉ conceptus
Krebs ♋ 24. 1570.
Wage ♎ an einem
Steinbock ♑ Sontage den
Wasserman ♒ 8. Octobris.

Wann man keine kinder zeugen wil/Sol gescheen das Beyschlaffen / wann der Mond ist im

Zwilling ♊
Lewen ♌
Jungfraw ♍
Fisch. ♓

Eine astrologische Schwangerschaftsverhütungsregel nach dem Stand des Mondes in den Tierkreiszeichen (Dresden 1571).

Wittenberg gedruckten Buch, dessen genauer Titel lautet: „Calendarium oeconomicum & perpetuum. Vor die Haußwirt, Ackerleut, Apotecker und andere gemeine Handwerksleut, Kauffleut, Wanderßleut, Weinherrn, Gertner und alle diejenige so mit Wirtschafft umbgehen. Darinnen begriffen ist: Eine gemeine Prognostication, auff eine jedere zeit des Jahrs, alle Kreuter, Wurtzeln, Blumen und Samen, die man in einem jeden Monat zur Artzney nützlich samlen sol, Auch wie sich ein Mensch im essen und trincken, und andern sachen der Gesundheit dienlich halten sol. Auch alle Jarmerckt, sampt vielen andern nützlichen auffmerckungen, einem jedern in seinem Stande sehr nützlich und dienstlich.“ Bei einem solchen Titel wusste der potenzielle Käufer, was ihn mit dem Buch erwartete. Erschien die erste Ausgabe noch im Umfang von 176 Seiten, so wuchs das in mindestens acht Auflagen erschienene Buch bis 1632 auf über 1000 Seiten im großen Folioformat an. Für derlei Bücher können wir uns, im Unterschied zu den ersten Ausgaben im handlichen Quartformat nur noch schwer eine größere Verbreitung vorstellen.

Zur Gesundheitsvorsorge gehörten in diesen Büchern auch Regeln zur gesunden Ernährung und darin wiederum eingeschlossen die Warnung vor übermäßigem Alkoholkonsum. In seinem „Calendarium oeconomicum“ von 1600 schildert Colerus sehr anschaulich die Folgen: „Der Wein nimmet der Menschen sitten an sich, und offenbaret sich andern Leuten. Drumb sihet man ein seltzames Fastnachtsspiel unter trunckenen Leuten. Quot capita tot sensus, Soviel Köpffe, so viel sinnen. Einer singet, der ander weinet, der dritte lacht, der vierde fluchet, der fünffte betet, der sechste ist friedlich, der siebende keiffet und hadert, der acht sitzt still und ist trawrig, der neunde tantzet und ist fröhlich, der zehnde bulet, der eilffte scherzet mit worten, der zwelffte kan nichts reden, der dreyzehende schreiet, plaudert und welschst, das vor seinem Geschrey niemand kan auffkommen, der vierzehende schlefft, der funfzehende disputirt, der sechszehende spöttert, der siebenzehende speiet, der neunzehende frist, der zwantzigste ist gar ein Narr, und also fortan.“

Die Kalenderreform – Wissenschaft im Streit der Konfessionen

Es hätte ein gutes Werk sein können, unter das Papst Gregor XIII. am 24. Februar 1582 im römischen Lateranpalast seine Unterschrift setzte: „Inter gravissimas curas...“. Welche schwere Sorge leitete das Oberhaupt der katholische Kirche, diese Bulle in die Welt zu senden? Den Anlass wird man möglicherweise an ganz anderer Stelle vermuten – vielleicht im erneuten Zusammenhang mit der durch Luthers Thesen ausgelösten Reformation? Nein, das war es nicht, jedoch – wir werden sehen – die Reformation, die Entstehung einer von Rom unabhängigen Kirchenorganisation, verbunden mit mächtigen weltlichen Herrschaftsstrukturen, spielte eine große Rolle. Der Kalender war zu Recht in den Blickpunkt des Papstes geraten, denn hier lag seit Jahrhunderten einiges im Argen. Die Grundlagen der Kalenderrechnung wurden 46 v. Chr. von Julius Cäsar gelegt: Das Gemeinjahr umfasst demnach 365 Tage, alle vier Jahre folgt ein Schaltjahr mit 366 Tagen. Die Ordnung der Kirchenfeste, besonders des Osterfestes, geschah auf der von Kaiser Konstantin im Jahre 325 nach Nicäa (dem heutigen türkischen Iznik) einberufenen 1. ökumenischen Konzil der jungen christlichen Kirche. Demnach sollte Ostern am ersten Sonntag nach dem ersten Vollmond nach Frühlingsanfang gefeiert werden, was wir bis heute tun.

Soweit war alles in Ordnung. Nur gab es einen Schönheitsfehler, der sich im Laufe der Zeit als grundsätzlicher Makel entpuppte. Mit der durchschnittlichen Jahreslänge von 365,25 Tagen war das Kalenderjahr um elf Minuten zu lang, das heißt die Sonne hatte bereits einen (scheinbaren) Jahreskreis vollführt, wenn der Kalender noch elf Minuten benötigte. Ein unbedeutender Fehler? Für ein Jahr schon, doch jede noch so kleine systematische Abweichung wird merklich, wenn man eine genügend lange Zeit voraussetzt. Für unseren Fall: Im 16. Jahrhundert hatte sich ein Fehler des Kalenders von zehn Tagen eingestellt. Die Sonne stand schon am 10. März im Punkt der Frühlings-Tagundnachtgleiche.

Die Folge für das Osterfest wuchs sich zum Skandal aus; das Gedenken an den Opfertod des Gottessohnes, seine Auferstehung und Himmelfahrt – wann sollte man dieser Ereignisse gedenken? Verschiebt sich der astronomische Frühlingsanfang, kann nach dem Kalender ein anderer Vollmond der erste nach Frühlingsanfang sein als nach astronomischer Rechnung. Roger Bacon verdeutlichte die Situation anhand des Osterfestes 1267. Der astronomische Frühlingsvollmond fiel auf den 9. April und Ostern demzufolge auf den 10. April. Der Kalender wies jedoch den 17. April als Ostersonntag aus. Die Folge: Während der Karwoche, in der ein jeder Christ zum Fasten verpflichtet war, wurde Fleisch gegessen, während man in der dem Jubel geweihten Osterwoche fastete.

Praktisch geschah lange nichts, der Fehler des Frühlingsanfangs ging auf zehn Tage. Schließlich wurde von einer päpstlichen Kommission unter Vorsitz von Christoph Clavius ein Reformvorschlag erarbeitet, der die Zustimmung Gregors XIII. fand. Da hierin außer kalendarischen auch tiefe Glaubensfragen berührt wurden, darf es nicht verwundern, dass Gregor die Reform des Kalenders als päpstlichen Erlass in die Welt schickte. Der neue Kalender stellte eine optimale Verbindung zwischen erforderlicher Genauigkeit und einfacher Handhabung dar und war durch die beteiligten Gelehrten wissenschaftlich gesichert:

Die durchschnittliche Länge des Jahres wird durch eine Schaltkorrektur verkürzt. Jedes vierte Jahr ist mit 366 Tagen ein Schaltjahr, doch alle vollen Jahrhunderte, deren Zahl nicht ohne Rest durch 400 teilbar ist (1700, 1800, 1900), fallen als Schaltjahre aus. Daraus resultiert für das Gregorianische Jahr eine durchschnittliche Länge von 365 Tagen, fünf Stunden, 49 Minuten und zwölf Sekunden. Gegenüber der tatsächlichen Jahreslänge entsteht erst in etwa 3000 Jahren ein Fehler von einem Tag.

Um die Frühlings-Tagundnachtgleiche mit dem astronomischen Frühlingsbeginn in Übereinstimmung zu bringen, wurden zehn Tage ausgelassen; auf den 4. Oktober 1582 folgte unmittelbar der 15. Oktober.

Die Reform war ein gutes Werk, lang erwartet, oft gefordert, viel diskutiert, zuvor nicht gelöst. Es war das System geschaffen worden, das sich als zuverlässig erwies und noch heute die Grundlage unseres Kalenders darstellt, der Gregorianische Kalender – doch bis dahin war es ein weiter Weg. So trefflich die Reform war, der neue Kalender ging mit dem Makel konfessionellen Herrschaftsanspruchs in die Welt und schon begann die Misere. Bald nach Erscheinen der Kalenderverordnung begann eine literarische Fehde größten Ausmaßes mit Streitschriften, die die Reform mit harter und unsachlicher Polemik ablehnten. Bezeichnend ist, dass die meisten dieser Drucke in deutscher Sprache verfasst wurden – die Kalenderfrage hatte den Rahmen gelehrter Disputation gesprengt. Offenbar hatten die kirchlichen Instanzen Roms der Macht ihres Wortes vertraut, doch die Zeiten hatten sich geändert. Die Autorität des Papstes war mit dem lutherischen Thesenanschlag in weiten Teilen der deutschen Lande geschwunden. Lediglich in den erzkatholischen Ländern erfolgte der Übergang zum neuen Kalender.

War also wissenschaftlich am Reformprojekt nichts auszusetzen, richtete sich die Polemik um so intensiver auf die Theologie. Neben den gedruckten Streitschriften erfolgte „hinter den Kulissen“ ein eifriger Meinungsaustausch, bildete sich unter den protestantischen Landesfürsten ein fleißig tätiger Korrespondenzzirkel heraus, an dem

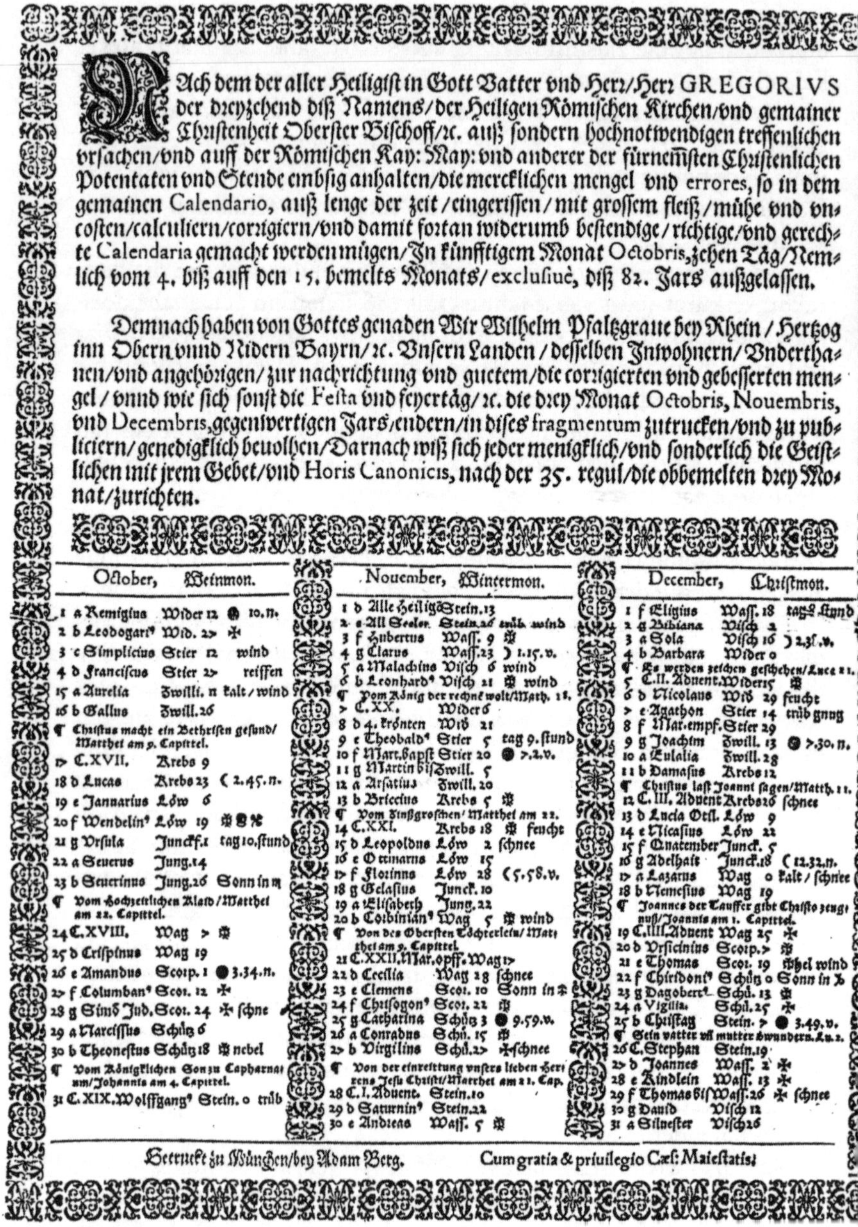

Nach dem der aller Heiligist in Gott Vatter vnd Herr/Herr GREGORIVS der dreyzehend diß Namens/der Heiligen Römischen Kirchen/vnd gemainer Christenheit Oberster Bischoff/ꝛc. auß sondern hochnotwendigen treffenlichen vrsachen/vnd auff der Römischen Kay: May: vnd anderer der fürnemisten Christenlichen Potentaten vnd Stende embsig anhalten/die mercklichen mengel vnd errores, so in dem gemainen Calendario, auß lenge der zeit/eingerissen/mit grossem fleiß/mühe vnd vncosten/calculiern/corrigiern/vnd damit fortan widerumb bestendige/richtige/vnd gerechte Calendaria gemacht werden mügen/In künfftigem Monat Octobris, zehen Täg/Nemlich vom 4. biß auff den 15. bemelts Monats/exclusiuè, diß 82. Jars außgelassen.

Demnach haben von Gottes genaden Wir Wilhelm Pfaltzgraue bey Rhein/Hertzog inn Obern vnnd Nidern Bayrn/ꝛc. Vnsern Landen/desselben Inwohnern/Vnderthanen/vnd angehörigen/zur nachrichtung vnd guetem/die corrigierten vnd gebesserten mengel/vnnd wie sich sonst die Festa vnd feyertäg/ꝛc. die drey Monat Octobris, Nouembris, vnd Decembris, gegenwertigen Jars/endern/in dises fragmentum zutrucken/vnd zu publiciern/genedigklich beuolhen/Darnach wiß sich jeder menigklich/vnd sonderlich die Geistlichen mit jrem Gebet/vnd Horis Canonicis, nach der 35. regul/die obbemelten drey Monat/zurichten.

Octòber, Weinmon.

1 a Remigius Wider 12 10. n.
2 b Leodogari⁹ Wid. 27
3 c Simplicius Stier 12 wind
4 d Franciscus Stier 27 reiffen
15 a Aurelia Zwilli. 11 kalt/wind
16 b Gallus Zwill. 26
¶ Christus macht ein Bethrisen gesund/ Matthei am 9. Capittel.
17 C. XVII. Krebs 9
18 d Lucas Krebs 23 ☾ 2.45. n.
19 e Jannarius Löw 6
20 f Wendelin⁹ Löw 19
21 g Vrsula Junckf. 1 tag 10. stund
22 a Seuerus Jung. 14
23 b Seuerinus Jung. 26 Sonn in ♏
¶ Vom Hochzeitlichen Klaid/Matthei am 22. Capittel.
24 C. XVIII. Wag 7
25 d Crispinus Wag 19
26 e Amandus Scorp. 1 ● 3.34. n.
27 f Columban⁹ Scor. 12
28 g Simõ Jud. Scor. 24 schne
29 a Narcissus Schütz 6
30 b Theonestus Schütz 18 nebel
¶ Vom Königklichen Son zu Capharnaum/Johannis am 4. Capittel.
31 C. XIX. Wolffgang⁹ Stein. 0 trüb

Nouember, Wintermon.

1 d Alle Heilig Stein. 13
2 e All Seelen Stein. 26 trüb wind
3 f Hubertus Wass. 9
4 g Clarus Wass. 23 ☽ 1.15. v.
5 a Malachius Visch 6 wind
6 b Leonhard⁹ Visch 21 wind
¶ Vom König der rechnẽ wolt/Math. 18.
7 C. XX. Wider 6
8 d 4. krönten Wid 21
9 e Theobald⁹ Stier 5 tag 9. stund
10 f Mart. bapst Stier 20 ● 7.2. v.
11 g Martin bis Zwill. 5
12 a Arsatius Zwill. 20
13 b Briccius Krebs 5
¶ Vom Zinßgroschen/Matthei am 22.
14 C. XXI. Krebs 18 feucht
15 d Leopoldus Löw 2 schnee
16 e Otmarus Löw 15
17 f Florinus Löw 28 ☾ 5.58. v.
18 g Gelasius Junck. 10
19 a Elisabeth Jung. 22
20 b Corbinian⁹ Wag 5 wind
¶ Von des Obersten Töchterlein/ Matthei am 9. Capittel.
21 C. XXII. Mar. opff. Wag 17
22 d Cecilia Wag 28 schnee
23 e Clemens Scor. 10 Sonn in ♐
24 f Chrisogon⁹ Scor. 22
25 g Catharina Schütz 3 ● 9.59. v.
26 a Conradus Schü. 15
27 b Virgilius Schü. 27 schnee
¶ Von der einreittung vnsers lieben Herrens Jesu Christi/Matthei am 21. Cap.
28 C. I. Aduent. Stein. 10
29 d Saturnin⁹ Stein. 22
30 e Andreas Wass. 5

December, Christmon.

1 f Eligius Wass. 18 tag 8. stund
2 g Bibiana Visch 2
3 a Sola Visch 16 ☽ 2.35. v.
4 b Barbara Wider 0
¶ Es werden zeichen geschehen/Luce 21.
5 C. II. Aduent. Wider 15
6 d Nicolaus Wid 29 feucht
7 e Agathon Stier 14 trüb gnug
8 f Mar. empf. Stier 29
9 g Joachim Zwill. 13 ● 7.30. n.
10 a Eulalia Zwill. 28
11 b Damasus Krebs 12
¶ Christus last Joanni sagen/Matth. 11.
12 C. III. Aduent Krebs 26 schnee
13 d Lucia Otil. Löw 9
14 e Nicasius Löw 22
15 f Quatember Junck. 5
16 g Adelhait Junck. 18 ☾ 12.32. n.
17 a Lazarus Wag 0 kalt/schnee
18 b Nemesius Wag 19
¶ Joannes der Tauffer gibt Christo zeugnuß/Joannis am 1. Capittel.
19 C. IIII. Aduent Wag 25
20 d Vrsicinius Scorp. 7
21 e Thomas Scor. 19 [illegible] wind
22 f Chiridoni⁹ Schütz 0 Sonn in ♑
23 g Dagobert⁹ Schü. 13
24 a Vigilia. Schü. 25
25 b Christag Stein. 7 ● 3.49. v.
¶ Sein vatter vñ mutter swunderen. Lu. 2.
26 C. Stephan Stein. 19
27 d Joannes Wass. 2
28 e Kindlein Wass. 13
29 f Thomas bis Wass. 26 schnee
30 g Dauid Visch 12
31 a Silnester Visch 26

Getruckt zu München/bey Adam Berg. Cum gratia & priuilegio Cæs: Maiestatis.

Gregorianisches Kalendarium für Oktober bis Dezember 1582 (München 1582).

unter anderen der sächsische Kurfürst, der Pfalzgraf bei Rhein, der anhaltische Fürst und der Herzog von Württemberg teilhatten. Wilhelm IV. von Hessen stellte dank seiner bekannten und geschätzten astronomischen Kenntnisse sowie seiner Bildung das anerkannte Zentrum dar. Die protestantischen Herrscher schickten die Gutachten ihrer Astronomen nach Kassel mit der Bitte um Stellungnahme, teilten ihre Bedenken mit und baten Wilhelm um seine Meinung.

Von vornherein war die Ablehnung vollkommen klar, es ging nur um die Frage, wie sie zu begründen sei, welche Folgen die einseitige Reform haben könnte, und darum, dass es keine abtrünnigen Protestanten gibt, das heißt, wie der „Anschlag“ des Papstes auf die protestantische Freiheit abgewehrt werden könne. Der Kalender sei eine vom Papst, dem „Antichrist“ zu Rom, initiierte und verordnete Angelegenheit, wogegen es gilt, die Hoheit der Augsburgischen Stände zu verteidigen. Die Befürchtung: Würde man es dem Papst gestatten, mit der Kalenderreform einen Fuß in die protestantischen Kirchen zu bekommen, müsste man ihm auch bald in anderen Dingen nachgeben. Die Einwendungen waren theologischer Natur, wissenschaftlich war wenig auszusetzen. Bei allen konkreten Umständen, welche die Reform von Beginn an begleiteten, blieb den protestantischen Ständen überhaupt keine Wahl, als so zu handeln, wie sie es dann unter maßgeblicher Meinungsbildung durch Wilhelm von Hessen und August von Sachsen taten. Von einer jenseits der Religionshändel liegenden Denkart war man allgemein weit entfernt.

Da für die Annahme des neuen Kalenders keine Einigkeit erzielt werden konnte, ergab sich im Alltagsleben manche Hürde. Fortan unterschieden sich die Heiligentage, die persönlichen Namenstage, die kirchlichen Feiertage, die Tage von Märkten und Messen sowie das Oster- und Weihnachtsfest. Bei der Festlegung von Zahlungsterminen und Gerichtstagen war immer an den jeweils gültigen Kalender zu denken; zugesetzt wurde „stylo vero“ oder „stylo novo“. In Gegenden mit gemischter konfessioneller Zugehörigkeit konnte es gar passieren, dass je nach Religion verschiedene Feiertage in einem Gebiet befolgt wurden. Zur Erinnerung an einen solchen Fall wurde in Lauterbach (Sachsen) die so genannte Ostersäule errichtet mit der Inschrift: „1584 iar, das ist war, zvene Ostern in einen iar“ (s. auch Abb. S. 125).

Es ergab sich fortan die Notwendigkeit, zwei Kalendersysteme parallel abzudrucken. Und im Titel hieß es beispielsweise: „Alt unnd New Schreibkalender, sampt Verenderung des Gewitters, und andern Zufellen, Aus wahrem Astronomischen grunde genommen“, hier in einem

Kalender von David Herlitzius für das Jahr 1602. Dabei bezieht sich der „alt"-Kalender natürlich auf den Julianischen, nun den protestantischen, der „neu"- Kalender auf den Gregorianischen des Papstes. Ein solch zweifaches Verzeichnis war notwendig, um zu ersehen, welche Feiertage jeweils herrschten sowie um den Absatz der Kalender nicht einzuschränken. Ein „Alt unnd New Schreibkalender" war sowohl in einem katholischen, wie einem evangelischen Gebiet verwendbar.

Da die Kalenderdebatte in spätreformatorische Auseinandersetzungen hineingeriet, wird es nicht verwundern, dass die Reform gelegentlich in schwere Handgreiflichkeiten ausartete, wie 1584 in Augsburg. Als der Rat der Stadt den Gregorianischen Kalender für alle Bürger, auch die Protestanten, verbindlich erklärte, begannen Ausschreitungen, die vor dem Kaiserlichen Kammergericht in Speyer zur Verhandlung kamen. Diese Kalenderunruhen erregten viel Aufmerksamkeit, wie einige in diesem Zusammenhang erschienenen Drucke bezeugen. Und ähnlich, wenn auch nicht so ausgeweitet wie in Augsburg, war es andernorts. Der Erfurter Rat ließ 1583 eine Verordnung drucken, an den bevorstehenden Weihnachtstagen die Ruhe der Hohen Festtage einzuhalten. Hintergrund war offenbar, dass die katholischen Bevölkerungsteile das Weihnachtsfest bereits zehn Tage zuvor begangen hatten und die Tage des protestantischen Weihnachtsfestes für sie normale Werktage waren. Der Rat verordnete: „Demnach sich doher allerley Unheil und besorgliche gefehrligkeiten, wegen des von dem Bapst unlangst in unser geliebtes Vaterland Deutscher Nation, hin und wider eingeschobenen newen Calenders, ansehen, ereugen und vermerken lassen. [...] Derwegen so gebieten wir hiermit ernstlich, und wollen, das ein jeder Bürger, Einwohner, Unterthaner und Schutzverwandter, in jtzo bevorstehenden Weihnachts Feiertagen sich still, friedlich und eingezogen, und nach gehaltener und gehörter Predigt des heiligen und allein seligmachenden Worts, und verrichung seiner notwendigen Sachen enthalte. Auch aller bürgerliche Narung, zeit werdender Ferien, mit zusperrunge der Laden einstelle".

Die Forderung nach einer Kalenderreform verstummte dennoch im protestantischen Lager nie gänzlich; ihre Verwirklichung verzögerte sich bis 1700. Seit den 60er Jahren des 17. Jahrhunderts gewann die Hoffnung auf eine Reform des fehlerhaften Kalenders in den protestantischen Herrschaften einigen Auftrieb. Man stellte voller Bitterkeit über sich selbst fest: Die „Gregorianischen" machen die Protestanten mit ihrem alten Kalender „gleichsam schamrot [...], wenn sie im ersten Monden rechte, wir aber unrechte Ostern begehen [...] worüber nicht allein die Gregorianischen unsern alten Calender verdammen, sondern auch Jüden, Türcken und Heyden unser Christenthum lästern, daß wir nemlich allerseits gute Christen seyn wollen, und doch in unserm Gottes= und Christen=Dienst so widerwärtig uns erweisen". Im Jahre 1699 hatten mehrere Gelehrte, unter ihnen Erhard Weigel aus Jena, nach kluger Vorbereitung auf dem Reichstag in Augsburg konsequente Schritte für eine Kalenderreform unternommen. Die protestantischen Herrscher waren gewonnen, der Kaiser hatte der Reform seine Unterstützung zugesichert.

Der Kalender wurde am 23. September 1699 mit einem Beschluss der evangelischen Stände verwirklicht. Der Kern der Reform liegt darin, zunächst die elf Tage auszuschalten, um die der Kalender gegenüber dem scheinbaren Sonnenlauf abwich, auf den 18. Februar folgte der 1. März 1700. Weiterhin sollten gemäß dem Gregorianischen Kalender alle Schaltjahre zu Gemeinjahren werden, die nicht ohne Rest durch 400 dividiert werden können. Nur eine kleine Besonderheit blieb: Während im Gregorianischen Kalender die Mondphasen zur Bestimmung des Ostersonntags nach einer zyklischen Rechnung des Mondphasenablaufs erfolgte, sollte dies im protestantischen Kalender durch laufende astronomische Beobachtungen und Rechnungen erfolgen. Damit wurde der Astronomie eine große Verantwortung übertragen. Einer der Hintergründe dafür lag aber darin, dass es auch im Jahre 1700 nicht möglich war, im protestantischen Lager den päpstlichen Kalender zu verkünden. Man nannte den nun beschlossenen Kalender den „Reichskalender", was sachlich überflüssig und politisch falsch war, denn es war de facto der Papstkalender und für das „Reich" gab es schließlich noch den Gregorianischen. Verbale und politische Alleinvertretungsansprüche waren früher oder später wohl immer zum Scheitern verurteilt.

7. Das neue Weltsystem und der Konflikt mit den Theologen

Die Entdeckung des Weltgeheimnisses

Nach Georg Joachim Rheticus, Thomas Digges in London, Michael Mästlin in Tübingen sowie Wilhelm IV. und Christoph Rothmann in Kassel war Johannes Kepler der erste Astronom von Rang, der sich Kopernikus vorbehaltlos anschloss (Porträt s. auch Abb. S. 121). Dieses Weltsystem hatte er bereits während seines Studiums in Tübingen bei seinem Lehrer Mästlin kennen gelernt. Sein nach einigen kleineren Schriften erstes größeres Werk „Mysterium cosmographicum", das „Weltgeheimnis", aus dem Jahre 1596 stellt ein unmissverständliches Bekenntnis zu Kopernikus dar. Er versucht darin, die Wahrheit der neuen Astronomie auf originelle Weise zu begründen. Den Planetenbahnen werden dabei nach heliozentrischer Anordnung die fünf regelmäßigen Polyeder umschrieben beziehungsweise einbeschrieben.

In ihnen, beziehungsweise um sie herum, legt Kepler die Bahnen der Planeten in der Weise, dass die innerhalb des Körpers liegenden Bahnen innen die Seitenflächen berühren und die Äußeren dessen äußere Spitzen. Die Körper sind: Tetraeder (Vierflächner), Würfel (Sechsflächner), Oktaeder (Achtflächner), Dodekaeder (Zwölfflächner) und Ikosaeder (Zwanzigflächner). Im Detail sieht das so aus: Die Erdbahn ist das Maß für alle anderen Bahnen. Ihr umschreibe man ein Dodekaeder, es wird umspannt von der Sphäre des Mars. Der Marsbahn umschreibe man ein Tetraeder, dieses wird umspannt von der Jupitersphäre. Ihr umschreibe einen Würfel, ihn umspannt die Sphäre des Saturn. In die Erdbahn lege man ein Ikosaeder, die in dieser einbeschriebenen Sphäre gelegene Bahn ist die Venusbahn. In diese lege man ein Oktaeder, die ihm einbeschriebene Sphäre ist die des Merkur. Ihre Mitte ist der Ort der Sonne.

Diese geistreiche Spekulation, auf alten Vorstellungen von Symmetrie und Harmonie beruhend, brachten Kepler sowohl Anerkennung als auch Skepsis ein – und machte ihn unter anderem mit Tycho Brahe bekannt. Wenn der dänische Edelmann zwar nicht das diesem Buch zugrunde liegende System des Kopernikus akzeptierte, erkannte er doch das mathematische und philosophische Talent des jungen Verfassers und mahnte ihn, es nicht bei der Astronomie „a priori", aus

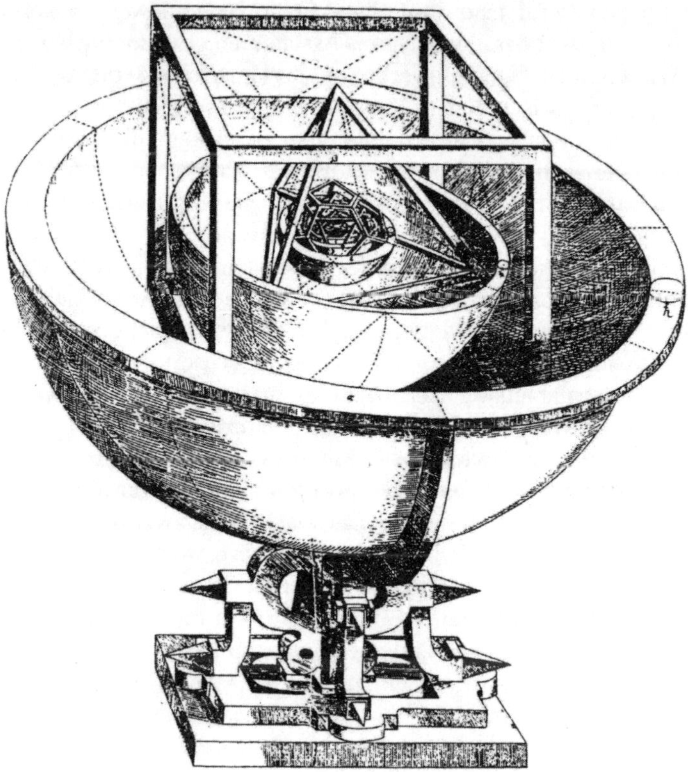

Schema des Planetensystems aus Keplers „Mysterium cosmographicum".

Prinzipien abgeleitet, zu belassen, sondern sich auf strenge Beobachtungen zu gründen. Kepler wurde ein gelehriger Schüler.

Nach dem überraschenden Tod Brahes im Oktober 1601 sah sich Kepler in einer sehr unsicheren Lage. Das Verhältnis zwischen beiden war zwar schwierig gewesen, Brahe konnte nie sein feudales Gebaren ablegen und Kepler hatte seine Empfindlichkeiten, doch Kepler hatte vom Kaiserlichen Mathematiker genau die Beobachtungen bekommen, die er benötigte, die des Mars. Und überhaupt war Keplers Stellung in Prag nun schwierig. Bis zur Zeit von Brahes Tod war er noch immer ein wenig bekannter Astronom, der nach außen hin nicht viel geleistet hatte. Außer seinem „Weltgeheimnis" von 1596 waren nur eine Reihe von Kalendern und Prognostiken erschienen. So hätten auch andere, viel bekanntere Astronomen mit bedeutenden wissenschaftlichen Verdiensten auf diese Stelle berufen werden können. Brahe hatte zwar das Talent seines Assistenten erkannt, doch war dieses Wissen nicht allgemein verbreitet. Zudem drohte Kepler in Rechtsstreitigkeiten zwischen dem Kaiser und Brahes Erben hineingezogen zu werden, die in der Tat um die Frage ausbrachen, ob das Beobachtungsmaterial dienstliches Eigentum des Kaisers oder privates der Erben war. Diese Streitigkeiten lösten sich jedoch in einem für Kepler günstigen Sinn, obwohl er bis ans Lebensende Rücksichten auf die eifersüchtig bewachten Rechte der Erben zu nehmen hatte. Um die Rechtmäßigkeit seiner Bearbeitung des Beobachtungsmaterials gab es langen Streit. Auf ihren Einspruch hin musste Kepler beispielsweise das Titelblatt und den ersten Druckbogen seiner „Rudolphinischen Tafeln" zweimal auswechseln, bis die „Braheaner" mit der Wahl der Worte in der Würdigung ihres Vorfahren zufrieden waren.

Ich habe diese Fakten deswegen etwas ausführlicher dargestellt, weil in neuerer Zeit die Behauptung von der Ermordung Brahes durch Kepler aufgestellt wurde. Lässt sich heute zwar nicht mehr bis zum Letzten klären, was in den letzten Lebenswochen und -tagen in Brahes Leben passierte, scheitert die ganze Sache jedoch einfach daran, dass Kepler auf keinen Fall ein Motiv für diese Tat hatte. Denn, wie gesagt, dass sich am Ende doch alles zu Keplers Gunsten fügte, war alles andere als voraussehbar oder gar folgerichtig. Damit hatte Kepler keinesfalls rechnen können. Wenigstens gleich wahrscheinlich war es, dass sich Kepler, kaum in Prag eingelebt, schon wieder nach einem neuen Aufenthaltsort mit seiner Familie hätte umsehen müssen. Und wie es heißt, „in dubia pro res", hätte Kepler gegen die Äußerung, er sei ein Mörder gewesen, wenigstens mit einer einstweiligen Verfügung und schließlich mit einer Verleumdungsklage vorgehen können.

Nach dem Tod Brahes wurde Kepler zwar dessen Nachfolger im Amt des „Kaiserlichen Mathematikers" am Prager Hof Rudolfs II., doch musste er nun in zähen Verhandlungen mit Brahes Erben um die Benutzung von dessen unschätzbarem Beobachtungsmaterial kämpfen. Gleichzeitig übernahm er den an Brahe ergangenen kaiserlichen Auftrag zur Bearbeitung neuer, zuverlässiger Planetentafeln, die einer verbesserten Ephemeridenrechnung dienen sollten. Durch die Astrologiegläubigkeit Rudolfs waren der Astronomie Geldquellen erschlossen, wie es ohne diesen Hintergrund undenkbar gewesen wäre.

Nun aber zurück zur Abfolge des Geschehens. Kepler wurde am 27. Dezember 1571 im kleinen reichsfreien Weil der Stadt, unweit von

Stuttgart, geboren. Seine Vorfahren kamen aus Nürnberg und erlangten in der neuen Heimat rasch großes Ansehen. Der Urgroßvater, Sebald Kepler, wurde Stadtrechner in Weil, der Großvater langjähriger Bürgermeister der nur etwa 200 eingetragene Bürger beherbergenden Stadt. Sein Haus lag direkt am Markplatz, heute die Heimstatt des Kepler-Museums. Den Lebensunterhalt erwirtschaftete die Familie durch Handel mit landwirtschaftlichen Produkten, Wein, Tuch und dem Verleih von Pferden. In den religiösen Streitigkeiten der Reformationszeit verblieb die Stadt beim alten Glauben, wofür sich der Bürgermeister Kepler auf dem Reichstag zu Speyer 1571 tätig eingesetzt hatte.

Die Geburt und ersten Lebensjahre schienen einem späteren ergebnisreichen Lebensweg Johannes Keplers nicht gerade förderlich. Er war ein Siebenmonatskind, oft kränklich und schwach. Das Heimatstädtchen bot keine geistigen Anregungen. Seine Bewohner waren fleißige Handwerker und Händler. Den Großvater schildert Kepler selbst als stolz, jähzornig, starrköpfig und anmaßend; die Großmutter als unruhig, gescheit, lügnerisch, voll religiösem Eifer, feuriger Natur, neidisch, gehässig, nachtragend. Den Vater Heinrich Kepler hielt es nach seiner Heirat mit Katharina Guldenmann, der Tochter des Bürgermeisters aus dem Nachbarort, nicht lange zu Hause. Als der kleine Kepler drei Jahre alt war, verließ der Vater die Familie und schloss sich in den Niederlanden der am Ende geschlagenen Seite der spanischen Eroberer an. Bald zog die Mutter ihrem Mann nach und ließ den kleinen Johannes im Haus der Schwiegereltern zurück. Ehrenrührig war solch Tun damals jedoch durchaus nicht, und als Heinrich Kepler vom Feldzug zurückkehrte, wurde er in offiziellem städtischen Auftrag achtungsvoll begrüßt.

Wie häufig bei Menschen schwacher physischer Konstitution oder gar körperlicher Beeinträchtigung schärfte Kepler seine geistigen Kräfte. Nach vorbereitenden Studien an den Klosterschulen von Adelberg und Maulbronn erhielt er, inzwischen zum evangelischen Glauben übergetreten, am Tübinger Stift ein Stipendium des Württembergischen Herzogs. Die Finanzmittel waren zwar gering, doch reichten sie aus, dass sich Kepler zunächst dem Studium der „Sieben freien Künste“ widmen konnte, damit also auch der Astronomie und den klassischen Sprachen. Sein Ziel war es, sich nach den vorbereitenden Artesstudien der Theologie zu widmen. Im August 1591 bestand Kepler glanzvoll das Magisterexamen, suchte um Verlängerung des Stipendiums nach, das nach einer ehrenvollen Beurteilung des Senats bewilligt wurde: „Dieweil obgemelter Kepler dermaßen eines fürtrefflichen und herrlichen ingenii, das seinethalben etwas sonderlichs zu hoffen, wollten wir unsers theils ime Keplern uff sein bittlich anhalten daselbig gern auch seiner sondern doctrin und geschickligkeit halben lenger erstrecken."

Zu dieser Zeit waren die theologischen Streitigkeiten im protestantischen Lager längst ausgebrochen. Es gab die Lutheraner, die Anhänger des Calvin, die des Melanchthons, die des heimlichen Calvinismus, des Kryptocalvinismus, verdächtigt wurden, und bei allem noch verschiedene Spielarten. Ein Beispiel der Geschehnisse: Caspar Peucer aus Bautzen, Astronom, Mediziner und Theologe, gefeierter Professor in Wittenberg, Autor wichtiger Lehrbücher der Astronomie, Leibarzt des sächsischen Kurfürsten, Briefpartner Tycho Brahes und Wilhelms IV., verbrachte zwölf Jahre in sächsischer Haft wegen des Verdachts auf Kryptocalvinismus, und nicht im Kavaliersarrest, sondern in richtiger Festungshaft, zeitweise in Einzelzelle auf der Leipziger Pleißenburg.

Kepler, selbst jedem Fanatismus fern stehend, hatte sein Leben lang die Auswirkungen theologischer Streitereien und Kämpfe und religiösen Sendungsbewusstseins, das in der Politik immer wieder und bis heute schlimme Auswirkungen hat, zu spüren bekommen. Im September 1597 musste er Graz, wohin er drei Jahre zuvor berufen worden war, verlassen, da der Landesherr alle Protestanten aus der Stadt verwies. Die Stiftsschule, an der Kepler lehrte, wurde geschlossen. Doch bald erhielt er eine offizielle Duldung und kehrte zurück. Seine Stellung blieb unsicher und so setzte er seine Hoffnung darauf, von Brahe nach Prag berufen zu werden, was nach einem halben Jahr „Probezeit", in dem die Familie in Graz verblieb, geschah. Lange hatte Kepler gehofft, in Tübingen, an seiner alten Universität, eine Professur zu bekommen, was sich aus dem Grunde zerschlug, dass er nicht bereit war, sich mit seiner Unterschrift unter die so genannte Konkordienformel in kleinliche theologische Streitereien zu begeben und er darob 1611 vom Stuttgarter Konsistorium als „verschlagener Calvinist" disqualifiziert wurde. Und weiter: In Linz, wohin er 1612 mit kaiserlicher Genehmigung zog, schloss ihn der über erstklassige Beziehungen nach Stuttgart verfügende Hauptpastor der evangelischen Gemeinde vom Abendmahl aus – ein schwere Strafe, die Kepler nach längeren Querelen dazu veranlasste, eine im Glauben feste, aber in der Form sehr moderate Schrift „Unterricht vom H. Sacrament des Leibs und Bluts Jesu Christi" zu veröffentlichen.

Waren dies Anfeindungen von Seiten der Kirche, zu der sich Kepler selbst bekannte, war er auf Dauer auch in Linz vor der Gegenreformation nicht sicher. 1626 bekam er wiederum den Status der Duldung, sollte aber die in seinem Besitz befindlichen „ketzerischen" Bücher herausgeben, das alles unter den äußeren Zwangsbedingungen der Belagerung der Stadt, der Aufgabe seines Hauses, das strategisch gefährdet war und dies alles während der letzten Arbeiten an seinem großen Werk, den „Rudolphinischen Tafeln".

Eines der einschneidendsten Erlebnisse in Keplers Leben war jedoch die Anklage gegen die Mutter Katharina Kepler wegen Hexerei. Was war geschehen? Im Oktober 1615 benachrichtigte Margarethe Binder, Keplers Schwester, dass gegen die Mutter in Leonberg der Vorwurf der Hexerei erhoben worden sei. Sie hätte der Frau des Glasermeisters Ursula Reinbold einen hexischen Trank verabreicht, der ihr eine unheilbare Krankheit gebracht hätte. Um einem förmlichen Prozess zu entgehen, reichte die Mutter ihrerseits wegen Verleumdung eine Injurienklage ein. Sie begab sich bis zum Prozessbeginn zunächst zu ihrer Tochter, dann zum Sohn nach Linz. Mit diesem als juristischem Beistand kehrte sie im Herbst 1617 nach Württemberg zurück, wo dann sowohl ihre Klage, als auch die der Ursula Reinbold nach weiteren Verzögerungen verhandelt wurde. Keplers Mutter wurde inhaftiert und Kepler selbst schaltete sich neben seinem Bruder Christoph und einem Anwalt immer wieder in den Prozess ein. Im August 1622 war die Beweisaufnahme abgeschlossen und die Unterlagen an die Juridische Fakultät der Tübinger Universität überstellt, die für Einsatz der Tortur in erster Stufe entschied. Diese Stufe, die „Territio verbalis", bedeutete das Vorzeigen der Folterinstrumente und deren gründliche Erklärung. Katharina Kepler bekannte nichts und wurde am 3. Oktober 1621 nach 14-monatiger Kerkerhaft unter teilweise sehr harten Bedingungen auf Befehl des Herzogs entlassen. Die Haft und die ganzen Prozessgeschehnisse, bei denen sie immer in der Gefahr schwebte, als Hexe verbrannt zu werden, hatten die alte Frau so stark geschwächt, dass sie am 13. April 1622 verstarb. Der Prozess ist sehr gut dokumentiert, darunter auch Keplers Anteil an der Erstellung der Konklusionsschrift, der offiziellen Stellungnahme der Verteidigung. All dies hatte Kepler neben seinen wissenschaftlichen Studien zu absolvieren.

Doch zurück zum zeitlichen Geschehen. Offenbar hatte sich Kepler schon sehr früh mit theologischen Dingen beschäftigt und eine an den Grundsätzen der christlichen Religion orientierte, freiere Gesinnung entwickelt. Das Studium der Theologie schloss er in Tübingen nicht ab – möglicherweise zum Glück. Denn 1594 schickte ihn die Tübinger Universität als Lehrer der protestantischen Stiftsschule nach

Graz. Kepler argwöhnte, dass diese Empfehlung auch den Grund hatte, dass man den Studenten, dessen abweichende theologische Haltung nicht verborgen geblieben war, auf diese Weise ehrenvoll befördern konnte, aber auch loswurde. Ganz lässt sich dies wohl nicht mehr klären. Aber die Berufung des 23-Jährigen als Professor nach Graz war schon bemerkenswert. Hier löste Kepler 1595 das „Mysterium Cosmographicum" und begann damit seine langjährigen, erfolgreichen Bemühungen, Argumente zugunsten des kopernikanischen Weltsystems zu finden. Hier begann er auch pflichtgemäß sofort mit der Erstellung jährlicher Kalender im Auftrag der steirischen Landstände, die ihn zu einer eher philosophischen Deutung der Astrologie führte, die sich grundsätzlich von der Gestirnsdeutung seiner Zeit und auch noch der heutigen unterscheidet. Und hier festigte sich seine Überzeugung, nach der die Welt von ihrem Schöpfer als ein vollendet harmonisches Gebilde geschaffen wurde – wie dies im „Mysterium Cosmographicum" als Grundlage erscheint, in den Vorbemerkungen seiner Kalender in manchem Detail ausgeführt wird und schließlich im reifen Werk zu den „Harmonien der Welt", den „Harmonice mundi" von 1619 abgeschlossen wird.

Stand für Kepler das Motiv, den Bauplan der Welt aufzudecken, im Vordergrund seines Schaffens, so richteten sich Keplers Dienstverpflichtungen als Kaiserlicher Mathematiker auf die Erstellung verbesserter Planetentafeln. Brahe hatte es bis zu seinem plötzlichen Tod nicht vermocht, diesen Auftrag Rudolfs II. zu erfüllen und Kepler löste ihn erst nach fast 25-jähriger Arbeit ein. Er hatte erkannt, dass alle neuen Tafeln Stückwerk bleiben mussten, wenn ihnen nicht neue Grundlagen gegeben würden. Die eine neue Grundlage war für ihn die kopernikanische Theorie. Doch selbst mit dieser kam Kepler zunächst nicht zum Ziel. Die genauen Braheschen Beobachtungen differierten gegenüber Berechnungen allzu sehr und Kepler, den Beobachtungen vertrauend, glaubte, die Ursache hierfür in der Theorie suchen zu müssen. Er behielt recht.

Dieser Fehler, vor allem in den Bearbeitungen der Marsbeobachtungen, die Kepler als neuer Assistent Brahes übertragen bekommen hatte, belief sich auf bis zu etwa acht Bogenminuten. An und für sich war das für seine Zeit ein ganz und gar vernachlässigbarer Fehler. Nur ganz wenige Astronomen, außer Brahe wohl nur noch Rothmann in Kassel, waren überhaupt in der Lage, Ortsbestimmungen von Gestirnen mit solcher Genauigkeit zu erzielen. Bei allen anderen wäre eine solche Ungenauigkeit unterhalb der Nachweisgrenze geblieben. So war es ein Glück, dass Kepler die Braheschen Beobachtungen zur Verfügung standen. In langem Ringen suchte er eine bessere Angleichung der Theorie an die empirischen Daten. Sie fand sich erst, als er das antike Kreisbahnaxiom aufgegeben hatte. Doch auch danach ging der Weg nicht direkt zur Ellipse. Kepler versuchte es mit einer ovalen Planetenbahn und absolvierte schier endlose Rechnungen, die sich in großen Teilen in seinem Nachlass befinden, der nach manchen Wirren und gefährdeten Zwischenlagerungen 1773 von der russischen Zarin Katharina für die Akademie der Wissenschaften zu St. Petersburg erworben wurde und dort bis heute verwahrt wird. Erst als all diese Versuche gescheitert waren, prüfte Kepler die Rechnungen, indem er der Planetenbewegung eine elliptische Form zugrunde legte. Daraus resultierten die heute so genannten Keplerschen Gesetze, die neben ihren modernen Formulierungen auch in den Worten Keplers, in die er seine Entdeckungen kleidete, folgen sollen. Man beachte hierbei, dass Kepler noch keine klare begriffliche Fassung gab, sondern die Gesetze in einer Beschreibung formulierte:

1. Gesetz: „Die Planetenbahn ist kein Kreis; sie geht auf beiden Seiten allmählich herein und dann wieder bis zum Umfang des Kreises im Perigäum hinaus." (J. Kepler, Astronomia nova)

– Die Bahnen der Planeten sind Ellipsen, in deren einem Brennpunkt die Sonne steht.

2. Gesetz: „Da ich mir bewusst war, dass es unendlich viele Punkte auf dem Exzenter und entsprechend unendlich viele Abstände gibt, kam mir der Gedanke, dass in der Fläche des Exzenters alle diese Abstände enthalten seien." (Ebd.)

– Die Verbindungslinie Sonne – Planet überstreicht in gleichen Zeiten gleiche Flächen.

3. Gesetz: „Indessen ist es völlig sicher und exakt, dass das Verhältnis zwischen den Umlaufzeiten zweier Planeten genau dem anderthalbfachen Verhältnis ihrer mittleren Entfernung, das heißt, der Planetensphären selbst ist." (J. Kepler, Harmonice mundi)

– Die Quadrate der Umlaufzeiten zweier Planeten verhalten sich wie die dritten Potenzen der großen Halbachsen ihrer Bahnen.

Der Weg zu dieser bahnbrechenden Erkenntnis hört sich einfach und „folgerichtig" an, hatte in Wirklichkeit aber einen komplizierten geistesgeschichtlichen Hintergrund, ganz abgesehen von den enormen Mühen, die Kepler für ihre Erarbeitung aufzuwenden hatte. Dass Planeten auf Kreisbahnen laufen müssen, war eine Überzeugung, die sich seit der Antike als fester Grundbestandteil jeglicher Planetentheorie installiert hatte, darauf habe ich schon mehrfach verwiesen. Die Planeten galten als unveränderliche Körper, die auf unabänderlichen, exakt berechenbaren Bahnen um die Erde ziehen, mithin als göttliche Körper. Denn was unveränderlich und unwandelbar ist, müsse vollkommen und deshalb göttlich sein. Dem entsprach in der Körperform die Kugel, in der Bewegung der Kreis. Auf diesem Wege war die Keplersche Erkenntnis der elliptischen Bahnform mit weltanschaulichen Konsequenzen verbunden. Aus welchem Grunde hätte denn Kopernikus die Kreisbahnform aufgeben sollen? Der Fundus an genauen Beobachtungen, die den Unterschied zwischen kombinierter Kreisbewegung und Ellipse offenbarten, lag erst mit dem Lebenswerk Tycho Brahes vor. Für eine andere Bewegung der Himmelskörper als die auf Kreisen gab es zuvor nicht den geringsten Hinweis. Und man vergesse nicht: Die Wissenschaft gibt bewährte Prinzipien erst dann auf, wenn es wirklich nicht mehr anders geht und alle Möglichkeiten des Alten ausgeschöpft wurden.

Welche praktischen Ergebnisse zeitigten die Keplerschen Gesetze? Seit 1617 hatte Kepler Planetenephemeriden veröffentlicht. Ihr Vergleich mit anderen gebräuchlichen Tafeln lässt die erhebliche Verbesserung der Genauigkeit der Berechnungen nach Kepler erkennen. Die Keplersche Ephemeridenrechnung zeigte damit augenfällig den Theoriefortschritt in der Astronomie. Weil nun aber Planetentafeln den Prüfstein jeder astronomischen Theorie darstellten, mussten die Ergebnisse Keplers von erheblichem Einfluss auf die Anerkennung und Verbreitung der kopernikanischen Lehre sein. Dennoch ist auch für Kepler die zu seiner Zeit noch allgemein akzeptierte Trennung zwischen Physik und Astronomie zu beachten. Die Resonanz auf Keplers Ableitungen war zunächst gering und bis zur Mitte des 17. Jahrhunderts wurden sie kaum akzeptiert. Galilei beispielsweise erwähnt sie nie, obwohl sie ihm bekannt waren.

Dennoch stellte die Ableitung der Gesetze der Planetenbewegung und die nun mögliche hohe Genauigkeit der Vorausberechnungen ein Argument zugunsten der kopernikanischen Theorie dar, dies auch angesichts der Berühmtheit, die Kepler bereits zu Lebzeiten erlangte. Nachdem er 1627 die „Rudolphinischen Tafeln" publiziert hatte, entstanden nach und nach immer mehr Ephemeriden auf der Grundlage dieses Werkes. Aus deren hoher Zuverlässigkeit erwuchs der kopernikanischen Lehre großes Ansehen. Selbst wenn sich dies zunächst auf die mathematischen Grundlagen sowohl des Systems als auch der Keplerschen Gesetze reduzierte, gewann zunehmend der Gedanke Raum, dass hier nicht nur eine neue und erfolgreiche, also zweckmäßige mathematische Hypothese vorliege, sondern eine Widerspiegelung der realen Verhältnisse. Damit begann sich die mehr als 1800

Jahre währende Differenz zwischen Astronomie und Physik zu schließen, ein Prozess, der mit der Aufstellung der Newtonschen Physik seinen Abschluss fand. Nun galt es nicht mehr, die Phänomene zu „retten", sondern sie mit physikalischen Argumenten aus einer grundlegenden Theorie abzuleiten.

Das Fernrohr wird erfunden

Von großer Bedeutung in den Diskussionen um das kopernikanische Weltsystem waren die ersten Himmelsbeobachtungen mit dem Fernrohr – die Entdeckung der Venusphasen, die vier ersten Jupitermonde, die Sonnenflecken, die Sterne in der Milchstraße sowie von Bergen und Tälern auf dem Mond. Ihr Stellenwert für die Durchsetzung des

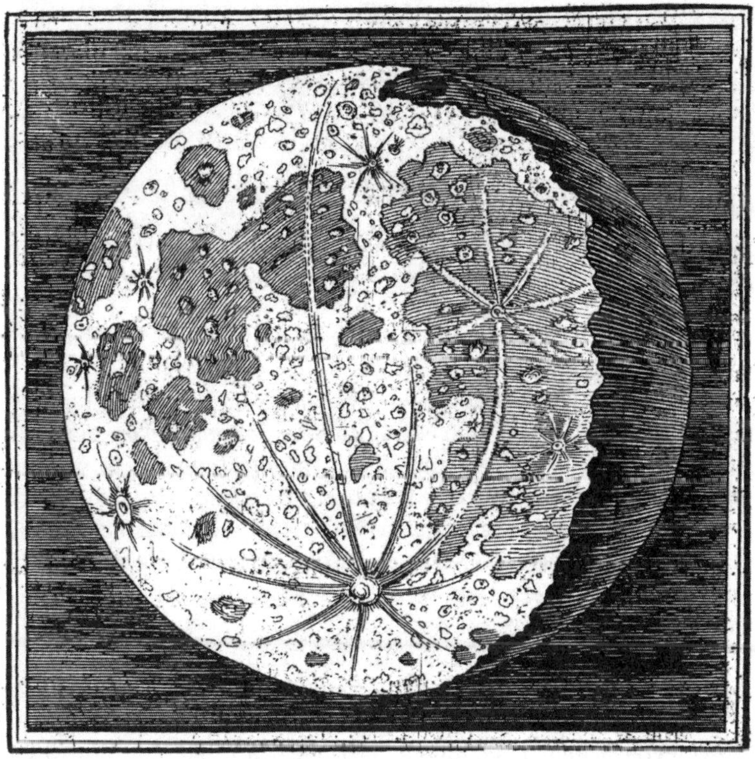

Mondzeichnung, nach Fernrohrbeobachtungen aus Matthias Hirzgarter 1643.

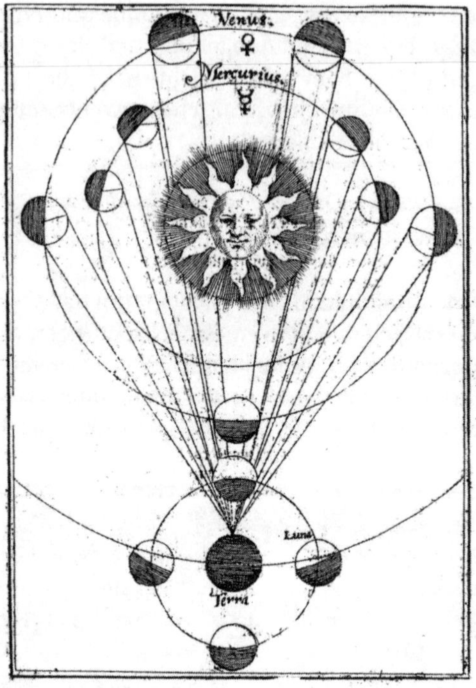

Die Entstehung der Venuslichtphasen im heliozentrischen Weltsystem. Zeichnung nach Fernrohrbeobachtungen aus Matthias Hirzgarter 1643.

heliozentrischen Weltsystems ist jedoch recht unterschiedlich und wird in der Literatur oft überschätzt.

So besaßen die Entdeckungen der ersten vier Monde des Jupiters, der Berge und Täler auf dem Mond und der Sonnenflecken keine unmittelbare Beweiskraft hinsichtlich der Entscheidung für ein Weltsystem. Auf diese Weise wurden lediglich einige, teilweise theologisch gefärbte Prinzipien der aristotelischen Physik erschüttert. Zu diesen gehört die grundsätzliche Aussage, dass nur die Erde als in der Weltmitte stehend das Zentrum von Kreisbewegungen sein könne, weil sich alle Kreisbewegungen um den Weltmittelpunkt als dem natürlichen Ort der schweren Körper, also dem Erdmittelpunkt, vollziehen. Kreisbewegungen um den Jupiter herum könne es somit nicht geben.

Mit der Entdeckung der auf den ersten Blick durch ein Fernrohr erdähnlich erscheinenden Mondoberfläche wurde der Mond ein Stück Erde und umgekehrt die Erde ein Stück Himmel, der grundsätzliche Unterschied zwischen Himmel und Erde, damit ein fundamentales

Element der aristotelischen Physik, infrage gestellt. Denn der Mond, als zur kosmischen Region gehörig, müsse eine ideal ebene Oberfläche haben.

Weiter müsse die Sonne als Himmelskörper und Sinnbild Gottes in der sichtbaren Welt notwendig makellos sein. Und es erschien nach der Entdeckung von Sternen in der Milchstraße, die erst durch ein Fernrohr sichtbar werden, kaum noch glaubhaft, dass nach biblischer Aussage alle Gestirne erschaffen wurden, um dem Menschen zu dienen (1 Mos. 1, 14–18).

Schwerer wog die Entdeckung der Lichtphasen der Venus, genauer gesagt, deren konkreter Ablauf. Unter der Voraussetzung, dass die Planeten kein eigenes Licht aussenden, ist die Entstehung von Lichtphasen der Planeten, hier speziell der Venus, eine Folge der unterschiedlichen Stellungen von Erde, Sonne und Venus zueinander. Der Phasenverlauf ist im geo- und heliozentrischen System voneinander sehr verschieden. Im Ersteren befindet sich die Venus stets zwischen Sonne und Erde, weshalb die Venus niemals als voll erleuchtete Scheibe sichtbar ist. Anders verhält es sich im heliozentrischen System, in dem die Venus alle Phasen der Lichtgestalt durchlaufen kann. Wie Galilei selbst angab, hatte er die Venus seit etwa Anfang Oktober 1610, zunächst als fast ganz erleuchtete Scheibe mit dem Fernrohr beobachtet. Anfang 1611 zeigte sich immer deutlicher die Sichelgestalt des Planeten, wie es nur mit dem System des Kopernikus vereinbar ist. Ganz zu Recht erregte diese Beobachtung großes Interesse, war sie doch ein erstes wichtiges Argument zugunsten von Kopernikus, noch vor Keplers Ephemeridenrechnungen, in ihrer Bedeutung damals jedoch kaum erkannt.

Freilich besaßen diese Fernrohrentdeckungen für die Anhänger des Kopernikus eine große Überzeugungskraft, da sie vorhandene Zweifel an der Richtigkeit der aristotelischen Physik stärkten. Eine Beweiskraft im strengen Sinne kam ihnen jedoch nicht zu. Noch etwas: Verschiedentlich wird berichtet, dass sich Anhänger des Aristoteles geweigert hätten, durch ein Fernrohr zu schauen, weil das, was sie zu sehen bekämen, gar nicht am Himmel selbst sei, sondern durch das Fernrohr nur vorgetäuscht. Dazu ist wenigstens zu bemerken, dass die ersten Fernrohre in der Tat eine ziemlich schlechte Qualität besaßen. Die Linsen wiesen vielfache Einschlüsse auf, Fremdkörper, Luftbläschen oder Schlieren, hatten eine geringe Vergrößerungswirkung und so weiter. Der Leser möge mich nicht falsch verstehen. Ich will nicht die Weigerung verteidigen, neue Forschungsergebnisse zur Kenntnis zu nehmen, sondern Verständnis dafür wecken, dass all jene

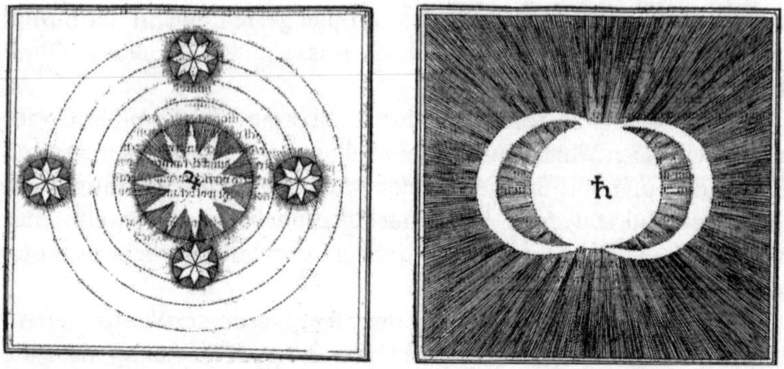

Jupiter mit seinen vier größten Monden sowie Saturn mit seinem als Henkel gesehenen Ringsystem. Zeichnungen nach Fernrohrbeobachtungen aus Matthias Hirzgarter 1643.

Gelehrten, die diesen Dingen ohnehin kritisch gegenüberstanden, in den tatsächlichen Mängeln der Fernrohre eine Bestätigung für ihre Skepsis sahen. Um so höher ist das Bemühen der frühen Fernrohrbeobachter zu werten, die durch die mangelnde Qualität der Instrumente nur vorgetäuschte Erscheinungen von den wirklich am Himmel vorhandenen Dingen zu unterscheiden.

Dank langjähriger archivalischer Forschungen der Augsburger Historikerin Inge Keil haben wir in neuerer Zeit eine größere Zahl originaler Berichte von der Anwendung des Fernrohrs in den ersten etwa 50 Jahren nach seiner Erfindung sowie den dabei auftretenden Schwierigkeiten. Zwar wurden Fernrohre an mehreren Orten auch zur Betrachtung des Himmels eingesetzt, dennoch: Erstens ging es größtenteils nur um ein Staunen, eine Belustigung über das Gesehene, zweitens überwog der Zweck der irdischen Anwendung und drittens waren die Klagen über die mangelnde Qualität sehr häufig.

Johann Wiesel in Augsburg, ein ehemaliger Linsenschleifer und dann einer der bedeutendsten Fernrohrhersteller der ersten Hälfte des 17. Jahrhunderts, schrieb 1650 zur Anwendung des Fernrohrs, „daß es einen sehr großen Platz in der ferne dem Aug repräsentiert, daß man etliche 1000. Mann haltend mit Unverwenthem tubo [also ohne das Fernrohr zu bewegen] auf einmal ubersehen kan, da man sonsten mit den alten besten Perspectiven [Fernrohren] eben von einer solchen lenge kaum 6. Mann uf einmal bescheidenlich ubersehen kan. So wurdt eß auch bej heller Nacht zu den Astris mit großem lob gebrauchet. Die Comites Jovj [Jupitermonde] kan man darmit ganzt deutlich sehen, wie sie Ihre stellen verändern, Auch der Venus ab: und zunemmen. Item wie der Saturnus von 3. Cörpern [der Ring], und der Mars gleich einem Spitzigen Berg gestaltet seye. Den Mohn [Mond] siehet Mann Unglaublicher größe [...]". Im Sinne der Belustigung – oder doch einer ernsthaft gedachten Anwendung? – wird 1653 berichtet, dass Prinz Moritz von Nassau ein Fernrohr habe, „darmit er über die gassen einen brief lesen khönden" (nach I. Keil). Die Rede von der dreieckigen Gestalt des Mars wird verwundern, doch ist davon des Öfteren die Rede, so auch bei Matthias Hirzgarter, der sogar eine dem entsprechende Zeichnung gibt.

Aber richten wir nicht über Fernrohrspielereien. Durch den insofern hoch gehaltenen Absatz war es natürlich leichter, die Qualität der Linsen zu entwickeln und sie schließlich auch für die wissenschaftliche Anwendung im Fernrohr und im Mikroskop zur Hand haben zu können. Hier finden wir erneut einen Fall, wie ein weit ab von wissenschaftlichen Interessen liegendes gesellschaftlichen Bedürfnis, gleichsam als Nebenprodukt, die Wissenschaft fördern kann. Wie beim Fernrohr vermischen sich in der frühen Anwendung des Mikroskops Belustigung mit Forscherdrang. So wird 1659 berichtet: „Bey den Flöhen hat wolernanter Herr [Johann] Wiesel auch etwas sonderliches wahrgenommen: Wann man im Anfang der Hundstäge ein Weiblein, so größer als das Männlein in ein Floch-Glaß versperrt, so werden nach Außgang der Hundstäg lauter weiße Rätzlein mit vilen Füßlein und gelben Köpflein aus ihren Eylein: leben ohne Speiß lange Zeit. Einmal spazierte Herr Wiesel in seinem Garten, sahe im Weg einen anderhalbspännigen Regen-Wurm kriechen, und auff demsel-

Johann Wiesel, Hersteller von Fernrohren in Augsburg, mit einem Teleskop.

Zeichnung des Mars in pyramidenähnlicher Felsgestalt, Hirzgarter 1643.

ben ein klein rothes Omeyßlein [Ameise] hangen, das zwickte und stach den Wurm, biß er todt blieben. Diser Tödtung nun wollte Er gern Ursach wißen, nahm das Omeyßlein, ertränckte es in Branntwein und legte es under sein Microscopium: Da Er dann sahe, wie solches an den zween vordern Füeßlein Scheren wie die Krebs und fornen im Maul zwey lange krumme gespitzte Hörnlein hatte [...]". Schon im Jahre 1624 hatte Wiesel eine „flohheirat" beobachtet. Flöhe waren, wohl wegen ihrer steten Verfügbarkeit, ein beliebter Untersuchungsgegenstand, weshalb die einfachen Mikroskope dieser Zeit gar den Namen „flohbüchslin" trugen.

Das andere war dann natürlich die militärische Anwendung, wie schon oben in den Worten Wiesels gesagt. Manche Fernrohre hatten die spezielle Bezeichnung „polemoscopium" oder „Kriegsperspectiv" (1660).

Handfernrohre und Riesenteleskope

Kehren wir kurz noch einmal zu den Instrumenten zurück, wie sie in Kassel und von Tycho Brahe verwendet wurden. Zunächst eine prinzipielle Überlegung: Will man auf einer Skala sehr genaue Werte ablesen, ist es sinnvoll, ihren Radius möglichst groß zu machen. In unserem Fall würde dann einem Bogen von einem Grad eine größere Ausdehnung zukommen, weshalb sich dessen Teile, Winkelminuten, besser ablesen lassen. Diesen Weg ging Tycho Brahe, dessen Mauerquadrant einen Radius von 2,5 Metern, die Armillarsphäre gar von drei Metern besaß. Und auch Kopernikus hatte die Dimensionen seiner Instrumente sehr vergrößert, wie schon gesagt, hatte sein Quadrant eine Kantenlänge von etwa zwei Metern. Aber: Bei großen Dimensionen treten neue Probleme auf. Die Herstellung ist komplizierter, die Anbringung der Skalen sehr schwierig und vor allem bereitet die Masse dieser Instrumente Schwierigkeiten. Aus diesem Grund ging man in Kassel einen anderen Weg des Instrumentenbaus, nämlich den der Herstellung mittelgroßer Instrumente, mit einem sorgfältig durchdachten Stützsystem, einer festen Montierung, einer genauen Justierung und überaus präzisen Skalen und Visiereinrichtungen. Steht dann noch, neben einem genialen Instrumentenbauer, wie in Kassel in der Person Jost Bürgis, ein ebenso herausragender Beobachter zur Verfügung wie Christoph Rothmann, ist die Sache perfekt. Denn wie schon gesagt ist ein wunderbares Präzisionsinstrument ohne einen talentierten Beobachter nur genauso mäßig erfolgreich, wie ein talentierter Beobachter, der mit mittelmäßigen Instrumenten arbeiten muss.

Die Qualität der ersten Fernrohre war nicht nur durch Verunreinigungen des Linsenkörpers sehr eingeschränkt – so sehr, dass man sich eigentlich wundern muss, welch bedeutende Entdeckungen damit gelangen – sondern es gab zudem Abbildungsfehler, die aus den Gesetzen der Strahlenbrechung resultieren. Um nur eines zu nennen: Jedem Leser ist sicher bekannt, dass weißes Licht aus Strahlung bestimmter Farbbereiche zusammengesetzt ist, den Spektralfarben. Am besten sichtbar erscheinen sie im Regenbogen. Jeder dieser Strahlungsanteile wird in einer optischen Linse in unterschiedlichem Maße gebrochen und hat demzufolge eine unterschiedliche Brennweite. Blickt man durch ein solches Fernrohr, erscheinen die abgebildeten Objekte von einem farbigen Saum umgeben und dadurch etwas unscharf. Besonders störend ist dies bei Himmelsbeobachtungen, weil Details nicht sichtbar werden, das Objekt überhaupt verwaschen und am Rand unscharf begrenzt erscheint.

Die damaligen Optiker fanden heraus, dass sich dieser Farbfehler durch Fernrohre dämpfen lässt, die bei einem gegebenen Durchmesser eine lange Brennweite haben. Aus diesem Grunde wurden seit etwa 1650 Fernrohre mit immer größerer Brennweite hergestellt. Besaßen die ersten Fernrohre Brennweiten von etwa 20 bis 30 Zentimetern, wurden es bald eineinhalb Meter, dann drei, fünf, zehn Meter und mehr. Das längste Fernrohr, das Johannes Hevelius, Ratsherr und Bierbrauer in Danzig, verwendete, hatte eine Brennweite von etwa 45 Metern. Solche Fernrohre waren natürlich außerordentlich schwer zu handhaben. Um eine für den Transport einigermaßen praktikable Länge zu erreichen, wurden die kleineren und mittelgroßen Fernrohre als Auszugsfernrohre gebaut. Das bedeutet, dass ein solches Fernrohr aus mehreren einzelnen Röhren unterschiedlichen Durchmessers besteht, die ineinander geschoben werden können. Da solche Instrumente einen nicht unerheblichen Wert verkörperten, wurden sie vielfach reich verziert. Die in der Regel aus Pappröhren oder Pergament bestehenden Auszüge wurden meistens mit vielfarbigem Leimpapier umhüllt, der äußere Tubus mit goldgeprägtem Leder und die Okular- und Objektivfassungen aus Holz gedrechselt.

Lässt sich ein Fernrohr von vielleicht 30 Zentimetern Länge noch freihändig nutzen, wurden größere auf einer stabilen Holzunterlage befestigt. Doch bei Brennweiten im Bereich mehrerer Meter ging dies nicht mehr, weil zum einen die Masse der gesamten Konstruktion zu groß wurde und sie zum anderen bei einer Befestigung an großen

Fernrohre der Sternwarte des Johannes Hevelius in Danzig.

Mastbäumen mit Seilzügen bei jedem Windhauch schwankte. So erfand man Luftfernrohre, die keinen durchgehenden Tubus aufwiesen, sondern bei denen Objektiv und Okular ohne feste Verbindung waren und für die Beobachtung durch Seilzüge in die richtige gegenseitige Position gebracht werden konnten. Eine andere Variante war die Montierung von Okular und Objektiv auf einer offenen Holzkonstruktion.

Die Schwierigkeiten bei der Beobachtung mit solchen Instrumenten können wir heute nur erahnen. Die Ausrichtung auf ein Objekt, die gemeinsame Ausrichtung von Okular und Objektiv, das Ausgleichen der Durchbiegung, die nie ganz auszuschließenden Schwingungen der Konstruktion, die unbequeme Körperhaltung bei den Beobachtungen, alles dies machte astronomische Beobachtungen zu einem aufreibenden Geduldsspiel und zu anstrengender Arbeit. Deswegen wurden Ungetüme von mehr als zehn Metern Brennweite nur in besonderen Fällen verwendet. Standardinstrumente hatten eine Brennweite von etwa zwei bis drei Metern.

Um 1700 gab es verschiedene Fernrohrhersteller. Besonders gefragt waren Instrumente der beiden italienischen Optiker Eustachio Divini und Guiseppe Campani, vor allem die langbrennweitigen Objektive Campanis, die damals an vielen Sternwarten benutzt wurden, wie in Paris oder Berlin. Wegen ihrer Konstruktion und Montierung wurden sie für „qualitative" Beobachtungen verwendet, das heißt für die beschreibende Astronomie, für die Untersuchung des Aussehens der Planeten, der Sonnenflecken, des Mondes und ähnlicher Objekte. Die messende Astronomie erfolgte um 1700 vor allem mit Hilfe der erwähnten Mauerquadranten. Mit einem solchen Instrument erarbeitete beispielsweise John Flamsteed, der Direktor der Königlichen Sternwarte Greenwich, seinen berühmten Sternkatalog. Den Maßstäbe setzenden Arbeiten Flamsteeds ist es zu verdanken, dass dann der Meridian von Greenwich, also die geografische Länge der Sternwarte, zum weltweiten Nullpunkt der Länge sowie der Zeitmessung wurde und dies bis heute blieb.

Der Konflikt mit der Bibel

In der Geschichte der frühen Fernrohrbeobachtungen spielte Galileo Galilei eine herausragende Rolle. Er wurde 1564 in Pisa geboren, studierte dort zunächst Medizin, obwohl er sich vor allem mit Mathematik und Philosophie beschäftigte. Nach einigen vergeblichen Bemühungen erhielt Galilei 1589 eine Berufung an die Universität Pisa, ging 1592 nach Padua und 1609 als Hofmathematiker nach Florenz. Der Schwerpunkt seiner langjährigen Arbeiten lag auf dem Gebiet der Mechanik, die er aufgrund eigener Experimente, theoretischer Überlegungen und konsequenter mathematischer Fundierung zu einer modernen Wissenschaft führte. Sein diesen Themen gewidmetes Werk "Unterredungen und mathematische Demonstrationen über zwei neue Wissenszweige" aus dem Jahre 1638 gilt noch heute als beispielgebendes Lehrbuch der Physik. Neben diesem Produkt aus fast vierzigjährigen systematischen Studien waren Galileis astronomische Veröffentlichungen, sein Bericht über die Fernrohrbeobachtungen und der Dialog über die beiden hauptsächlichen Weltsysteme eher rasch entworfene Gedanken und geistreiche Konstruktionen, die nicht immer einer kritischen wissenschaftlichen Analyse standhielten. Seine Parteinahme für Kopernikus führte 1616 zur Ermahnung durch die

Inquisition, die einer wörtlichen Bibelinterpretation widersprechende heliozentrische Lehre nicht weiter zu vertreten, sowie 1633 zum förmlichen Inquisitionsprozess und Galileis Unterwerfung. Nach der Verurteilung lebte Galilei in der Nähe von Arcetri unter dem von der Inquisition erlassenen Hausarrest und stark eingeschränkten wissenschaftlichen Verbindungen. Er arbeitete jedoch weiter an physikalischen Problemen, als deren letzte Frucht der schließlich erblindete Galilei 1638 die schon erwähnten "Discorsi e dimostrazioni matematiche intorno a due nuove scienze" veröffentlichen konnte. Er starb am 8. Januar 1642 und wurde in Florenz beigesetzt.

Von vorn herein muss jedoch ganz deutlich gesagt werden, dass Galilei durchaus nicht immer der erste und schon gar nicht der einzige Beobachter der genannten Erscheinungen an den Gestirnen war. Es gab Gelehrte, denen kurze Zeit vor Galilei oder praktisch gleichzeitig diese wichtigen Entdeckungen gelangen. Sehr häufig in der Literatur zu findende Worte, wie „Galilei entdeckte“ zeichnen in mehrfacher Weise ein falsches Bild der geschichtlichen Abläufe. Galilei war auch nicht immer der gründlichste Beobachter. Seine Stärke lag nicht in langen Beobachtungsreihen mit exakter Protokollierung. Ihn interessierte mehr die qualitative Seite der Phänomene, wie dies in Fragestellungen zum Ausdruck kommt, wie: Gehören die neben Jupiter gesehenen Gestirne zu diesem Planeten? Gibt es auf dem Mond Berge und Täler? Sind die vor der Sonne beobachteten dunklen Flecken Gebilde der Sonnenoberfläche oder unseren Zentralstern umkreisende, planetenähnliche Körper? Waren diese Fragen für ihn geklärt, erlosch sein Interesse an der detaillierten Untersuchung der Phänomene zusehends. Allzu oft steigerte er sich statt dessen in fruchtlose und peinliche Polemiken um Prioritäten und Deutungen. Aus diesem Grund blieb es dann anderen Gelehrten vorbehalten, sich in Detailstudien zu vertiefen und erste Regeln und Gesetzmäßigkeiten zu entdecken. Deshalb stammt beispielsweise die erste brauchbare Darstellung der Mondoberfläche nicht von Galileis Hand, denn seine Skizze bietet kaum eine grobe Übersicht.

Galileis Stärke lag darin, schon aus wenigen Beobachtungen durch scharfen Geist, logische Schlüsse und vom Boden seiner Parteinahme für Kopernikus aus die Bedeutung des Geschauten zu erkennen. An faktischen Beweisen zugunsten des heliozentrischen Weltsystems hat Galilei dennoch kaum etwas beigetragen, auch wenn er selbst stets dieser Meinung war und diese vehement und provokatorisch in die Welt brachte. Sein Versuch beispielsweise, Ebbe und Flut als Wirkung der täglichen Erddrehung zu deuten, war vollkommen verfehlt und ging weit an dem vorbei, was schon die von ihm verlachten mittelalterlichen Gelehrten wussten. Doch er legte dieser Vorstellung ein so großes Gewicht bei, dass er ursprünglich seinen „Dialog über die beiden hauptsächlichen Weltsysteme“ mit „Dialog über Ebbe und Flut“ betiteln wollte. Zum anderen: Die Argumente, die sich aus der Erscheinungsweise der Sonnenflecken und der Venusphasen zugunsten der täglichen Erdbewegung beziehungsweise der Bewegung der Erde um die Sonne ableiten ließen, nahm er gar nicht wahr.

Doch Galilei war geschäftstüchtig und rücksichtslos. Schon kurze Zeit nach seinen Beobachtungen der Jupitermonde, der Mondformationen und der Sterne in der Milchstraße veröffentlichte er 1610 seine „Sternenbotschaft“ (oder „Sternenbote“, „Sidereus Nuncius“). Diese Schrift erlangte rasch eine erstaunliche Popularität, erregte gleichermaßen Begeisterung wie strikte Ablehnung. Begeistert war Kepler, der Galilei sein „Mysterium cosmographicum“ geschickt hatte. Am 4. August 1597 antwortete Galilei, er habe bisher nur die Einleitung lesen können, werde jedoch das Studium der ganzen Schrift nachholen, „Dies werde ich um so lieber tun, als ich schon vor vielen Jahren zur Auffassung des Copernicus gelangte und von diesem Standpunkt aus die Ursachen vieler Wirkungen in der Natur entdeckt habe, die ohne Zweifel nach der allgemein üblichen Hypothese unerklärlich sind. Viele Begründungen und auch Widerlegungen gegenteiliger Gründe verfasste ich, was ich jedoch bisher nicht zu veröffentlichen wagte“, er würde dies erst tun, „wenn es mehrere [Gelehrte] von Eurer Art gäbe. Da dem aber nicht so ist, werde ich ein derartiges Unterfangen unterlassen.“ Die Konsequenz, die Galilei hier offenbart, ist jedoch eine völlige Übertreibung. Weder in seinen Werken, noch sonst gibt es Hinweise darauf, dass sich Galilei zu dieser Zeit so tief mit diesen Problemen befasst hatte und selbst später noch, im „Sidereus Nuncius“ und dem „Dialog über die Mehrheit der Welten“ zeigt sich die Schwierigkeit Galileis, definitive Beweise für Kopernikus zu finden, die es zu seiner Zeit auch gar nicht gab. Am 13. Oktober 1597 schrieb Kepler, der von Galilei offenbar viel erwartete, einen begeisterten Antwortbrief, den Galilei nie erwiderte, vermutlich, weil er mit Kepler in gar keine Diskussion über das kopernikanische Weltsystem eintreten konnte und im Gegensatz zu seinen Behauptungen im ersten Brief nichts zur Veröffentlichung hatte.

Galilei bleibt dennoch im Mittelpunkt des Interesses, weil die Auseinandersetzungen um das kopernikanische Weltbild in seiner Person kulminierten, wenn auch nicht in wissenschaftlichem Sinne. Zu Beginn des 17. Jahrhunderts wurde durch die Forschungen Keplers und die ersten Fernrohrbeobachtungen deutlich, dass man konsequent daran ging, die heliozentrische Lehre nicht länger als mathematische Hypothese zu betrachten. Der nun erfolgende Angriff auf das alte Weltbild war so grundsätzlich und die weltanschaulichen Folgen so klar, dass der gegen Galilei angestrengte Inquisitionsprozess mit der Verurteilung des Gelehrten endete und seine Schriften sowie das Werk des Kopernikus auf den Index der verbotenen Bücher gesetzt wurden.

Oft wird undifferenziert vom Verbot des Werkes von Kopernikus gesprochen, was nicht den Tatsachen entspricht. Die offizielle kirchliche Kritik begann am 5. März 1616 mit dem im Zusammenhang mit dem Prozess gegen Galilei stehenden „Dekret der Hl. Kongregation der von unserem Hl. Vater, Papst Paul V., und dem Hl. Apostolischen Stuhl mit dem Index der Bücher und mit deren Genehmigung, Verbot, Reinigung und Druck in der gesamten Christenheit eigens beauftragten Hochwürdigsten Kardinäle der Hl. Römischen Kirche, welches überall zu verkünden ist." Darin heißt es:

„Da seit einiger Zeit neben anderen auch einige Bücher an die Öffentlichkeit gelangt sind, die verschiedene Häresien und Irrtümer enthalten, wünschte die Hl. Kongregation der mit dem Index beauftragten Hochwürdigsten Kardinäle der Hl. Römischen Kirche, dass diese gänzlich verurteilt und verboten würden, damit nicht aus ihrer Lektüre von Tag zu Tag schwere Schäden in der ganzen Christenheit erwüchsen; so wie sie diese mit vorliegendem Dekret überhaupt verurteilt und verbietet, gleichviel wo und in welcher Sprache sie gedruckt sind oder gedruckt werden wollen, und befiehlt, dass fortan niemand, wes Ranges oder Standes auch immer, bei den vom Hl. Konzil zu Trient und vom Index der verbotenen Bücher vorgesehenen Strafen es wagen möge, sie zu drucken oder für ihren Druck zu sorgen, sie, wie auch immer, bei sich zu behalten oder zu lesen; und wer immer sie jetzt besitzt oder in Zukunft besitzen wird, solle bei ebendiesen Strafen gehalten sein, sie sofort nach Kenntnis des vorliegenden Dekrets den zuständigen Bischöfen oder Inquisitoren auszuliefern. Die Bücher aber sind im Folgenden aufgeführt. [...] Und weil es auch zur Kenntnis der vorgenannten Hl. Kongregation gelangt ist, dass jene falsche und der Hl. Schrift gänzlich entgegen stehende pythagoreische Lehre von der Bewegung der Erde und dem Stillstand der Sonne, welche Nikolaus Copernicus in De revolutionibus orbium coelestium und Diego de Zúñiga zum Buche Job auch lehren, sich schon verbreitet und von vielen übernommen wird [...], hat sie daher beschlossen, damit eine derartige Meinung nicht zum Verderben der katholischen Wahrheit weiter um sich greife, dass besagte Bücher, das des Nicolaus

Copernicus De revolutionibus orbium und das des Diego de Zúñiga zum Buche Job, zu suspendieren sind, bis sie korrigiert werden.“ (nach G. Galilei, Schriften)

„... bis sie korrigiert werden“ bedeutet nicht das gänzliche Verbot mit allen schweren Folgen für Besitz und Verbreitung. Das Buch wurde nicht mit aller Konsequenz als ketzerisch erklärt, sondern werde „nach Verbesserung“ zugelassen. Ein völliges Verbot des Werkes hätte sich zu dieser Zeit ohne größere Schwierigkeiten nicht durchsetzen lassen. Schließlich war es Papst Paul III. gewidmet, hatte durch Einbeziehung der „Prutenischen Tafeln“ bei der Ausarbeitung der Kalenderreform 1582 im Auftrag von Papst Gregor XIII. Verwendung gefunden und stand überhaupt in der Gelehrtenwelt in hohem Ansehen. Wissenschaftliche Argumente waren durchaus nicht so nebensächlich, wie oft zu lesen ist, auf das Problem der mangelnden Beweisbarkeit des Heliozentrismus habe ich immer wieder hingewiesen. In diesem Zusammenhang dürfte es von größtem Interesse sein, dass der gelehrte Kardinal Robert Bellarmin, der eine wichtige Rolle im Galilei-Prozess spielte, sich gerade auf diese prekäre Beweislage berief und seine Bereitschaft deutlich zu erkennen gab, wissenschaftlichen Argumenten zu folgen: „Wenn es durch wahre Beweise demonstriert würde, dass die Sonne im Zentrum der Welt sei und die Erde um die Sonne geht, dann müsste man in der Erklärung der scheinbar entgegen stehenden Schrifttexte [Bibeltexte] mit vieler Behutsamkeit vorgehen, und eher sagen, dass wir dieselben nicht verstehen, als sagen, dass falsch sei, was bewiesen ist.“ (Brief vom 12. April 1615, zitiert nach H. Grisar, Der Galilei‘sche Proceß)

Geht man einmal ganz streng empirisch vor, so darf festgestellt werden, dass eine weitergehende Bereitschaft kaum mehr möglich war. Was mit der Verbesserung im Einzelnen gemeint ist, wurde von der Indexkongregation am 15. Mai 1620 festgestellt. Die wenigen monierten Stellen des Werkes beziehen sich auf die Behauptung der wirklichen Erdbewegung sowie eine den „hochwürdigsten Kardinälen“ als zu freimütig aufgefallene Äußerung in Kopernikus‘ Widmung an Papst Paul III. Gefordert wird die Korrektur in dem Sinne, wie es Osiander in seiner Praefatio ausgeführt hatte, nämlich als mathematische Hypothese:

„Die Väter der heiligen Congregation des Index waren zwar der Ansicht, dass die Schriften des berühmten Astronomen Nikolaus Kopernikus über das Weltsystem gänzlich zu verbieten seien, aus dem Grunde, weil sie über die Lage und die Bewegung der Erdkugel nicht in der Form einer Hypothese, sondern als durchaus wahr solcherlei

Prinzipien zu vertreten nicht anstehen, welche der heiligen Schrift und deren richtiger und katholischer Interpretation zuwider sind, was bei einem Christen keineswegs geduldet werden kann. Nichtsdestoweniger entschlossen sie sich einmütig, in Rücksicht auf den ausgezeichneten Nutzen, den diese Schriften im Übrigen darbieten, die Werke des Kopernikus, die bis auf den heutigen Tag gedruckt sind, zu erlauben, wie diese Erlaubnis auch erteilt wurde, aber unter der Bedingung, dass nach Angabe der hier beigefügten Emendationen jene Stellen verbessert werden, in welchen er nicht hypothetisch, sondern behauptend über die Lage und die Bewegung der Erde spricht." (nach H. Grisar, Die römischen Congregationsdecrete)

Einige Beispiele für die geforderten „Verbesserungen" machen dies deutlich. Die zu tilgenden, sehr selbstbewussten Worte aus der Widmung lauten: „Wenn auch leere Schwätzer auftreten werden, die sich trotz vollständiger Unkenntnis in den mathematischen Fächern ein Urteil über diese anmaßen und wegen irgendeines zu ihren Gunsten übel verdrehten Wortes der Heiligen Schrift wagen, mein vorliegendes Werk zu tadeln und anzugreifen, so mache ich mir nichts aus ihnen, sondern werde ihr haltloses Urteil verachten. Es ist ja bekannt, dass Laktanz, sonst ein berühmter Schriftsteller, aber ein schlechter Mathematiker, geradezu kindisch über die Form der Erde spricht, wenn er diejenigen verspottet, die gelehrt haben, dass die Erde eine Kugelgestalt besitze. Daher braucht es die gelehrten Männer nicht zu wundern, wenn manche dieser Menschen auch über mich lachen werden. Mathematik wird für die Mathematiker geschrieben." Dass die Inquisitionsbehörde an solchen Worten keine Freude finden würde, muss klar gewesen sein.

Viele Benutzer des Buches strichen die bezeichneten Stellen mit Tinte aus, überklebten oder korrigierten sie, wie noch heute in vielen erhaltenen Exemplaren zu sehen ist. Ansonsten blieb die Wirkung gering. Denn zum einen war die Zahl der im Dekret beanstandeten Stellen minimal, fielen quantitativ überhaupt nicht ins Gewicht. Zum zweiten entsprachen sie ohnehin der von der Mehrzahl der Leser Kopernikus zugeschriebenen Intention des Osiander-Vorwortes, sodass diese ganz folgerichtig der gesamten Anlage des Werkes zu entsprechen schienen. Drittens folgten sie der allgemein anerkannten wissenschaftstheoretischen Auffassung von der Astronomie als hypothetisierender, mathematischer Disziplin und viertens sind die insgesamt so lobenden, die große Bedeutung und Verbreitung des Werkes betonenden Worte im Dekret nicht zu übersehen und werden ihre Wirkung nicht verfehlt haben.

Der Widerstand maßgebender Kreise der Kirche hatte auf den Verlauf der wissenschaftlichen Arbeit nur geringen Einfluss. Die Wissenschaftler gingen über das Verbot hinweg, viele gewiss mit schwerem inneren Konflikt, sich in ihren Forschungen jedoch kaum beeinflussen lassend. Der Drang zur Suche nach Erkenntnis und Wahrheit war stärker. Das Verbot kam zu einer Zeit, als bereits so wichtige Argumente für das neue Weltbild vorlagen, dass sich dagegen nicht einmal mit der, ohnehin durch die Reformation eingeschränkten, päpstlichen Autorität erfolgreich vorgehen ließ. Auf der anderen Seite war im 16. Jahrhundert noch kein Eingreifen der Kirche notwendig gewesen, weil zu jener Zeit die wissenschaftlichen Widerstände gegen Kopernikus ausgereicht hatten, um sein Weltsystem nicht zum Durchbruch kommen zu lassen und dessen Rezeption sich auf den mathematischen Teil reduzierte. Erst in dem Augenblick, als es Beobachtungsresultate gab, die darauf hinwiesen, dass Kopernikus die Realität beschrieben hatte, musste die weltanschauliche Opposition aktiv werden.

Dennoch, infolge des Verbotes stellten sich Vertretern der neuen Astronomie gelegentlich manche Widerstände entgegen. Bekannt ist, dass René Descartes ein Manuskript über kosmologische Fragen für Jahre vom Druck zurückhielt. Johannes Kepler brauchte lange, bis er einen Druckort für seine Ephemeriden fand. Auf eine Anfrage bei Johann Cysat, einem der ersten Beobachter der Sonnenflecken, ob diese in Ingolstadt erscheinen könnten, bekam er die Antwort: ja, „wenn nichts gegen den katholischen Glauben darin enthalten wäre" – also nein. Dennoch ist bekannt, dass die Jesuiten an ihren Lehranstalten die Werke von Kopernikus und Kepler benutzten, unbeschadet der Tatsache, dass Keplers Lehrbuch der kopernikanischen Astronomie, „Epitome astronomiae copernicanae", 1619 auf den Index der verbotenen Bücher gesetzt wurde. Doch trotzdem erschienen Galileis „Dialogo" beispielsweise bereits 1744 in Padua wieder im Druck, lediglich mit der vorangestellten Abschwörungsformel sowie einer „verbessernden" Dissertazione von Augustin Calmet. So kam man den kirchlichen Dekreten nach, ohne des in diesem Werk enthaltenen Wissens verlustig zu gehen.

Dass sich die katholische Kirche und die Inquisition der Diskussionen um das heliozentrische Weltsystem annahm, hat den Grund, dass hierin tiefe theologische Probleme berührt werden. Der Bezug geht letztlich immer auf den Bericht Josuas vom Kampf gegen die Amoriter. In Luthers Worten lautet dieser Text: „DA redet Josua mit dem HERRN des tags / da der HERR die Amoriter vbergab fur den kindern Jsrael / vnd sprach fur gegenwertigem Jsrael Sonne stehe stille zu Gibeon / vnd Mond im tal Aialon. Da stund die Sonne vnd der Mond stille / bis das sich das volck an seinen Feinden rechete. Jst dis nicht geschrieben im buch des Fromen? Also stund die Sonne mitten am Himel / vnd verzog vnter zugehen einen gantzen tag." (Jos. 10, 12–14)

Die Argumentation war in den Worten, die Brecht in seinem großartigen „Leben des Galilei" dem „sehr dünnen Mönch" in den Mund legt: „Sonne, stehe still zu Gibeon und Mond im Tale Ajalon! Wie kann die Sonne stillstehen, wenn sie sich überhaupt nicht dreht, wie diese Ketzer behaupten? Lügt die Schrift?" (6. Aufzug) Dieses Problem läuft am Ende auf die theologische Frage nach der Art und Weise der Interpretation der Bibel und des Wahrheitsanspruches ihrer Worte hinaus.

Schon Luther hatte die Alternative, entweder dem neuen astronomischen System oder der Bibel zu glauben, zugunsten Letzterer entschieden: „Denn Josua hieß die Sonne stillstehen, nicht die Erde". Der Umgang mit diesem Bibelwort ist ein theologisches Problem, das in die unterschiedlichen Interpretationsweisen der Heiligen Schrift eingebettet ist. Sei die Bibel wörtlich zu nehmen, in ihrem Literalsinn, oder ist sie auf der Grundlage des jeweiligen Standes der Naturerkenntnis zu interpretieren und in ihrem symbolischen Gehalt zu erschließen? Für Luther kam im Rahmen der protestantischen Erhöhung der Bibel nur die Literalbedeutung in Frage. Kopernikus und Kepler bestritten den Kompetenzbereich der Theologie für die Mathematik und die Naturwissenschaften – „Mathematik wird für die Mathematiker geschrieben", meinte Kopernikus, während Letzterer schrieb: „In der Theologie gilt das Gewicht der Autoritäten, in der Philosophie aber das der Vernunftgründe." Damit zielten sie gegen die Bevormundung wissenschaftlicher Forschung durch theologische Lehren, vermochten jedoch das Problem nicht zu lösen, da sie den allgemeinen Ansichten ihrer Zeit weit vorausgeeilt waren und keine Chance der Anerkennung hatten.

Schon um 1377 hatte Nicolaus Oresmius, der die Möglichkeit einer Erdbewegung hypothetisch diskutierte, den möglichen Widerspruch mit der Bibel gesehen, ihn jedoch mit der Erklärung entkräftet, dass sich die Bibel einer populären Sprache bedienen müsse. 200 Jahre später vertrat Christoph Rothmann die Ansicht, dass sich der Widerspruch zwischen der Erdbewegung und der Bibel insofern lediglich als ein scheinbarer erweise, weil Gott in der Bibel ja zu allen Menschen spreche und sich aus diesem Grund in seiner Sprache dem allgemeinen Verständnis anpassen müsse, „accomodatio ad captum vulgi", schrieb er an Tycho Brahe, der dies 1596 publizierte. Rothmanns theologische Lösung des theologischen Streites war damit also allgemein bekannt.

Wenig später hatte sich Galileo Galilei mit dieser Frage auseinander zu setzen. Die Bibel könne sich nicht irren, meint er, doch irren könnten sich einzelne Interpreten der Bibel. Denn die Worte der Heiligen Schrift seien ursprünglich so gesetzt worden, dass sie für die Masse, auch den Soldaten Josuas, verstehbar wären, weshalb des öfteren die Dinge vereinfacht werden mussten und man in den Worten der Bibel durch kluge Auslegung den Sinn finden müsse. Doch all dies vermochte die kirchliche Verurteilung des Werkes von Kopernikus vom Jahre 1616 nicht zu verhindern.

Auch Galilei wurde im Verlaufe des gegen ihn geführten Inquisitionsprozesses mit dem Problem der Bibelinterpretation konfrontiert und nahm dazu in einem Brief an Benedetto Castelli vom 21. Dezember 1613 Stellung. Sein Vorhaben sei es, „einige allgemeine Betrachtungen über das Anführen der Heiligen Schrift bei Disputationen, die die Natur betreffen, anzustellen" und zielt speziell auf den genannten Josua-Text. Für ihn als gläubigen Menschen sei es eine Grundlage des Denkens, „dass die Heilige Schrift niemals lügen oder irren kann, sondern dass ihre Gebote von unanfechtbarer und unverletzlicher Wahrhaftigkeit sind", fügt aber sofort hinzu: „[...] wenngleich auch die Schrift nicht irren kann, so könnte nichtsdestoweniger einer ihrer Erklärer und Ausleger manches Mal auf mancherlei Weise irren". Als wichtigste Quelle dieser Irrtümer versteht er, „wenn man sich stets an die bloße Bedeutung der Worte halten wolle, dergestalt würden nicht nur mancherlei Widersprüche, sondern sogar schwerwiegende Ketzereien und Gotteslästerungen in ihr zu finden sein". Man finde, meint Galilei, in der Bibel zahlreiche Sätze, „die der bloßen Bedeutung der Worte nach von der Wahrheit abzuweichen scheinen, aber auf diese Weise gefasst wurden, um sich dem Unvermögen der Menge anzubequemen". Deshalb müssten die Bibelausleger den „wahren Sinngehalt herausstellen und die besonderen Gründe dafür aufzeigen, weshalb er in solchen Worten ausgesprochen worden ist". Aus diesen Überlegungen leitet Galilei die Überzeugung ab, dass der Bibel „in den Disputen über die Natur der letzte Platz vorbehalten sein sollte". Denn während in der Bibel wahre Dinge in einer Form vorgestellt werden, die „dem Verständnis der Menge" zugänglich sein soll und deswegen scheinbar Widersprüche in sich schließen kann, ist „hingegen die Natur unerbittlich und unwandelbar und unbekümmert darum [...], ob ihre verborgenen Gründe und Wirkungsweisen dem Fassungsvermögen der Menschen erklärlich sind oder nicht".

Mithin dürften Erkenntnisse der Wissenschaften „keinesfalls in Zweifel gezogen werden [...] durch Stellen der Schrift, die scheinbar einen anderen Sinn haben, weil nicht jeder Ausspruch der Schrift an so strenge Regeln gebunden ist wie jede Wirkung der Natur."

Im Prozess gegen Galilei ging es also nicht nur um die unterschiedliche Interpretation einer Bibelstelle, was noch hätte toleriert werden können, sondern die ganze Autorität der Bibel, wie man sie auffasste, stand auf dem Spiel, und mit ihr ein ganzes Menschenbild. In dem auf der Grundlage der aristotelischen Kosmologie entworfenen Weltbild ruht die Erde mit dem Menschen „unten" in der Weltmitte. Das gesamte Welttheater läuft für den Menschen ab, zu dessen Nutzen die Gestirne und die gesamte Natur geschaffen wurde. Der Himmel, das reine Lichtreich der Gestirne und schließlich das Reich der Seligen befindet sich „oben". Dieser Weltbau spiegelt zugleich eine sittliche Weltordnung wider, in der sich die Seligen sowie die Himmelskörper durch Gottesnähe auszeichnen, dagegen die erlösungsbedürftige Welt des Menschen, das Reich der Trübsal, die Welt von Geburt und Tod und der Vergänglichkeit, eine maximale Gottesferne aufweist, den kosmischen Harmonien entrückt. Dennoch war diese Gottesferne mit der Auszeichnung der Zentralstellung in der Welt verbunden. Der Mensch konnte sich eingeschachtelt, behütet durch die von den Astronomen ersonnenen Sphären fühlen, das sorgende Auge Gottes als Verheißung künftiger Erlösungsmöglichkeit auf sich gerichtet wissend. Noch einmal der „sehr dünne Mönch" in Brechts „Leben des Galilei": „Die Heimat des Menschengeschlechts setzen sie einem Wandelstern gleich. Mensch, Tier, Pflanze und Erdreich verpacken sie auf einen Karren und treiben ihn im Kreis durch einen leeren Himmel. Erde und Himmel gibt es nicht mehr nach diesen. Die Erde nicht, weil sie ein Gestirn des Himmels ist, und den Himmel nicht, weil er aus Erden besteht. Da ist kein Unterschied mehr zwischen oben und unten, zwischen dem Ewigen und dem Vergänglichen. Dass wir vergehen, das wissen wir. Dass auch der Himmel vergeht, das sagen sie uns jetzt. Sonne, Mond und Sterne und wir leben auf der Erde, hat es geheißen und steht es geschrieben; aber jetzt ist auch die Erde ein Stern nach diesem da. Es gibt nur Sterne!"

Die festgefügte und physikalisch durch Aristoteles begründete kosmologische Ordnung und die sittliche Weltordnung verbanden sich mit der sozialen Ordnung des Feudalismus und der Kirche. Wie im Kosmos solle es auf Erden ein oben und unten geben. Infolge der Entfernung der Erde aus der Weltmitte war der einfache teleologische Gedanke, dass die ganze Weltmaschinerie auf den Menschen hin konstruiert sei, neu zu durchdenken. Dazu der „sehr alte Kardinal" bei Brecht: „Der Mensch ist die Krone der Schöpfung, das weiß jedes Kind, Gottes höchstes und geliebtestes Geschöpf. Wie könnte er es, ein solches Wunderwerk, eine solche Anstrengung, auf ein kleines, abseitiges und immerfort laufendes Gestirnlein setzen? Würde er so wohin seinen Sohn schicken? Wie kann es Leute geben, so pervers, dass sie diesen Sklaven ihrer Rechentafeln Glauben schenken? Welches Geschöpf Gottes wird sich so etwas gefallen lassen? [...] Ich bin nicht irgendein Wesen auf irgendeinem Gestirnchen, das für kurze Zeit irgendwo kreist. Ich gehe auf einer festen Erde, in sicherem Schritt, sie ruht, sie ist der Mittelpunkt des Alls, ich bin im Mittelpunkt, und das Auge des Schöpfers ruht auf mir und auf mir allein. Um mich kreisen, fixiert an acht kristallene Schalen, die Fixsterne und die gewaltige Sonne, die geschaffen ist, meine Umgebung zu beleuchten. Und auch mich, damit Gott mich sieht." (6. Aufzug)

Kopernikus beschreibt in seinem Buch eine Welt, in deren Zentrum die Sonne steht, während die Erde sich als ein Planet unter anderen um diese bewegt. Die Verbannung des Menschen auf einen sich bewegenden Planeten hat in theologischer Argumentation zur Voraussetzung und zur Folge, dass der Ort der Welt kein Kriterium für dessen Wertigkeit ist. Durch das heliozentrische Weltsystem wurde die sichtbare räumliche Bevorzugung des Menschen, wie sie die christlich-aristotelische Kosmologie konstruierte, gestürzt und in eine intellektuell anspruchsvollere, abstraktere, physisch nicht nachvollziehbare Erhebung des Menschen transformiert. Gerade hierin lag ein neuer Ansatz des Selbstbewusstseins, der Bestimmung der Stellung des Menschen im Kosmos. Da die ganze Welt nicht mehr in der sinnlich klaren Form für den Menschen erschaffen gedacht werden konnte, musste die Nutzbarmachung der Himmelskörper für den Menschen, der nun nicht mehr abgesondert in der Welt, sondern als dessen integraler Bestandteil dasteht, neu durchdacht werden. Die Nivellierung der räumlichen Existenz des Menschen bedeutet in religiöses Denken übersetzt, dass der Mensch durch sein Tun fähig ist, ohne die Auszeichnung der Existenz in der Weltmitte sein Leben zu gestalten, in einer Welt, die nun nicht mehr als für ihn geschaffen erscheint.

Die „Entthronung" des Menschen, die mit der Verdrängung der Erde aus der Weltmitte erfolgte, war erst der Beginn der Relativierung der Stellung des Menschen im Kosmos. Nach Kopernikus blieb immerhin noch die überschaubare Weltstruktur mit der im Weltzentrum stehenden Sonne und der sie umkreisenden Erde. Ende des 16. Jahrhunderts führte Giordano Bruno die nun angelegten Gedanken in kühnem Schwung bis zur Unendlichkeit der Welt und der Vielheit belebter Welten fort. Auch wenn ihm mit der Annahme einer unendlich ausgedehnten Fixsternsphäre schon 1576 Thomas Digges vorausgegangen war, blieb dies doch längere Zeit eine vereinzelte Ansicht. Brunos fantastische Antizipation künftiger Forschungen blieb verständlicherweise jedoch ohne Folgen für die Entwicklung der Wissenschaft.

Wenn sich die Astronomen auch im Laufe des 17. und 18. Jahrhunderts wohl eher gefühlsmäßig, als mit wissenschaftlicher Erkenntnis mehr und mehr über die gewaltigen kosmischen Dimensionen klar wurden – die wissenschaftliche Lösung dieses Problems gehört erst dem 18. und 19. Jahrhundert an. Erst im Laufe des 18. Jahrhunderts drangen die Astronomen tiefer in das Weltall ein, rückten die Sterne in immer größere, kaum mehr vorstellbare Entfernungen. Die weitere Fortführung des kopernikanischen Prinzips lässt uns an die Grenzen des heutigen Wissens stoßen – welche Struktur hat die Welt im Großen und welche Stellung hat das Leben in dieser Welt?

Die philosophischen Konsequenzen des Heliozentrismus führten einige Denker noch weiter. Wenn die Himmelskörper nicht nur eine Bedeutung in Hinsicht auf den Menschen besitzen und die Erde, ein normaler Himmelskörper, von Lebewesen bewohnt ist, könnte dann dies nicht ebenso für andere Planeten zutreffen? Denn warum sollte das Wunder der Erschaffung von Lebewesen gerade nur auf der durch nichts räumlich bevorzugten Erde geschehen sein? Hatte erstmals der radikale Kopernikaner Giordano Bruno diese Frage gestellt, so war ein solcher Gedanke für Kopernikus selbst genauso wie für Kepler noch vollkommen ausgeschlossen. Bruno dagegen führte die heliozentrische Kosmologie weiter zur Konzeption einer unendlichen Welt. Noch im 17. Jahrhundert wurde die mögliche Existenz anderer bewohnter Welten geradezu ein Modethema populärer astronomischer und philosophischer Literatur, besonders bekannt geworden durch Bernard de Fontenelles „Entretiens sur la pluralité des mondes“, ab 1698 in vielen Auflagen auch in deutscher Übersetzung herausgegeben.

8. Frauen in der Astronomie und die Triumphe der Himmelsmechanik

Weibliche Spuren in der Wissenschaft

Wenig ist in der Geschichtsschreibung der Astronomie bis um 1850 die Rede von gelehrten Frauen, denn wenig haben sie zum Fortschritt unserer Kenntnisse vom Kosmos beigetragen. Nur in großen Ausnahmen fanden sie in einer wie vollkommen selbstverständlich dominierten Männerwelt Zugang zu wissenschaftlicher Bildung, sei es auch nur auf unterer Ebene. Schon der Besuch städtischer Elementarschulen oder des mehr oder weniger organisierten Unterrichts durch den Pfarrer des Dorfes fand für Mädchen nicht statt, geschweige denn der Zugang zu Universitäten. Die Überzeugung, dass Mädchen und Frauen zu elementarer, ja gar höherer Bildung nicht fähig seien, oder diese für sie vollkommen nutzlos sei, war so allgemein, dass formale Verbote überflüssig waren. Die berühmten „drei K" – Kirche, Kinder, Küche – wohl noch dringend um das „E" für den Ehemann zu erweitern, waren unbestrittenes „Bildungsideal" des Weiblichen, selbst in der Politik der Gegenwart nicht ohne Nachwirkung.

In der Realität wird man insofern in der langen Geschichte der Wissenschaften zwar immer wieder einmal Frauen aufspüren, denen es gelang, die Privilegien der maskulinen Gesellschaft zu durchbrechen – doch gerade diese Beispiele machen im Grunde die Misere, klarer die Geschichte einer gnadenlosen Diskriminierung, erst so richtig deutlich. Etwas anders freilich stellt sich die Lage etwa in der Theologie dar. Zwar räumt die Bibel den Frauen keinesfalls eine gleichberechtigte Stellung ein – man denke nur an den Wandel der Frau von der Gehilfin des Mannes im Paradies, bis zu seiner Dienerin in nachparadiesischer Zeit (1 Mos. 2), oder das Frauenbild bei Paulus – doch unter den Heiligen ist das weibliche Geschlecht stärker als nur mit einer notgedrungenen Quote vertreten. Und herausragend ist ihre Bedeutung für die Mystik des Mittelalters, genannt sei nur Hildegard von Bingen, die gerade in unserer Zeit einen ungeahnten Aufschwung totaler Vermarktung erfährt.

Zurück zur Astronomie, so wissen wir natürlich von einigen wenigen Frauen, die ihren Ehemännern oder Brüdern als Gehilfinnen zur Hand gingen. Wenig ist von Magdalena Zeger bekannt. Sie erscheint in Hamburg als Autorin von vier Kalendern und Vorhersagen für die Jahre 1561 und 1563 in niederdeutscher Sprache, alle im praktischen Westentaschenformat und mit einem Umfang von 16 Blatt. Doch im Titel wird sie als nachgelassene Witwe von Thomas Zeger, Professor der Medizin in Marburg, Rostock und Kopenhagen bezeichnet: "Almanach vnd Practica Magdalenen, Der nagelaten Wedewen Saeliger gedechtenisse Doctoris Thomae Zegeri, Uppet Jaahr MDLXI." Eine Frau durfte nicht für sich stehen und wenn sie etwas veröffentlichte, dann doch eben als Gattin eines bedeutenden Mannes, so der Gedanke. Magdalana Zeger ist die erste Frau in der Geschichte der Astronomie, von der es selbstständige Veröffentlichungen gibt. Alle vier Schriften sind weltweit nur noch in je einem Exemplar an der Universitätsbibliothek Rostock erhalten geblieben und selbst dies verdanken wir einem günstigen Zufall, wie auch schon vorher berichtet: Die Blätter der Drucke wurden als Füllmaterial für Bucheinbände verwendet, wo sie in neuerer Zeit herausgelöst wurden.

Bekannter hingegen ist Sophie Brahe, die gelehrte Schwester des großen Astronomen, die ihrem Bruder, der sie in der Astronomie unterwies, bei Beobachtungen assistierte. Ihre Studien führten nicht nur zu ausgedehnten astrologischen Sammlungen, sondern zu bedeutenden genealogischen Darstellungen adliger Familien Schwedens und zu einem ausgedehnten gelehrten Briefwechsel.

Bevor ich nun näher auf die „Ausnahmefrau“ in der Astronomie, Maria Cunitia eingehe, die chronologisch an diese Stelle gehören würde, noch weitere Beispiele: Wenig ist bekannt von Margaretha Hevelius, Assistentin des Danziger Gelehrten und Ratsherren Johannes Hevelius, die gemeinsam mit ihrem Gatten auf einem Bild bei der Arbeit am Sextanten dargestellt wird. Es ist dies das erste Porträt einer Astronomin bei der Arbeit in der Geschichte überhaupt.

Eine sehr wichtige Frau finden wir zum Ende des 17. Janhrhunderts, die wir mit dem Namen Newtons als Signalwort verbinden können: Maria Margareta Kirch in Berlin. Sie war die Ehefrau Gottfried Kirchs, des ersten Astronomen der 1700 begründeten Berliner Akademie (in wechselnden Bezeichnungen als Brandenburgische Societät der Wissenschaften, Preussische Akademie der Wissenschaften, Deutsche Akademie der Wissenschaften, Akademie der Wissenschaften der DDR, bis heute als Berlin-Brandenburgische Akademie der Wissenschaften und der Leibniz-Sozietät bestehend). Sie assistierte nicht nur ihrem Mann, sondern stand ihm in allen Dingen seiner Arbeit zur Seite – und hatte natürlich auch noch den Haushalt zu versorgen, weil sich die in beschränkten finanziellen Verhältnissen lebende Familie

Johannes und Margaretha Hevelius bei der Beobachtung an einem astronomischen Sextanten.

keine Haushälterin leisten konnte. Zwei Kinder führten die Dynastie Kirch noch lange weiter: Christfried Kirch wurde 1716 zweiter Nachfolger seines Vaters, für die direkte Nachfolge erschien er der Akademieleitung zu jung, und Christine Kirch berechnete in unmittelbarer Nachfolge ihres Vaters und ihrer Mutter und als Assistentin ihres Bruders bis ins hohe Alter die Kalender der Akademie, deren privilegierter Vertrieb die fast einzige Einkommensquelle der Gelehrtengesellschaft war.

Gehen wir die Reihe in der Astronomie weiter, stoßen wir um 1775 auf Caroline Herschel, auf die ich im Zusammenhang mit ihrem geliebten und verehrten Bruder Wilhelm später näher eingehen werde. Frauen blieben also immer die große Ausnahme in der Himmelskunde, wie in allen Wissenschaften, wobei ich hier keinen Anspruch auf Vollständigkeit erheben möchte, was weitere „gelehrte Frauenzimmer" in der Position einer wissenschaftlichen Hilfskraft betrifft. Erst in der zweiten Hälfte des 19. Jahrhunderts begann sich das Bild zu wandeln.

Nun zu Maria Cunitia, zurück in das Jahr 1650, als im schlesischen Öls ihr Buch „Urania propitia, sive Tabulae Astronomicae [...] Das ist Newe und Langgewünschete, leichte Astronomische Tabelln" erschien. Der Inhalt des Buches ist in aller Kürze rasch umrissen: Es geht darum, die sehr genauen, aber auch recht schwierig zu gebrauchenden „Rudolphinischen Tafeln" Keplers einfacher handhabbar zu machen, um aufwändige Rechnungen abzukürzen. Zu diesem Zweck entwickelt Frau Cunitia Hilfstafeln, wodurch nun sie die schwierigen und aufwändigen Rechnungen zu erledigen hatte – zum Wohle der Nutzer der Keplerschen Tafeln. Dies allein weist Maria Cunitia als gründliche Kennerin der Grundlagen der Astronomie und geschulte Rechnerin aus und würde ihr einen würdigen Platz in der Geschichte der Astronomie sichern. Doch ist das nicht alles. Vor Weiterem zunächst ein Blick auf das Leben dieser bemerkenswerten Frau.

Maria Cunitia wurde am 29. Mai 1610 im schlesischen Schweidnitz geboren. Ihr Vater, Heinrich Cunitz, war Arzt und scheint von den alten Bildungsvorstellungen von Mädchen und Frauen nicht viel gehalten zu haben. Denn unter seiner Leitung, vielleicht auch durch Privatlehrer, erhielt seine Tochter Unterricht in Hebräisch, Latein und Griechisch. Davon berichtet sie selbst und davon, dass später ihr Ehemann Elias von Löwen aus Pitschen, ebenfalls Arzt, sie in Mathematik und Astronomie unterwies. Durch dieses glückliche Zusammenspiel erlangte Maria Cunitia eine weit über das normale Maß hinausgehende Bildung und eine Vorbereitung für ihre wissenschaftlichen Stu-

URANIA
PROPITIA

SIVE

Tabulæ Astronomicæ mirè faciles, vim hypothesium physicarum à Kepplero proditarum complexæ; facillimo calculandi compendio, sine ullá Logarithmorum mentione, phænomenis satisfacientes.

Quarum usum pro tempore præsente, exacto, & futuro, (accedente insuper facillimá Superiorum SATURNI & JOVIS ad exactiorem, & coelo satis consonam rationem, reductione) duplici idiomate, Latino & vernaculo succinctè præscriptum cum Artis Cultoribus communicat

MARIA CUNITIA.

Das ist:

Newe und Langgewünschete/leichte

Astronomische Tabelln/

durch derer vermittelung, auff eine sonders behende Arth/ aller Planeten Bewegung/nach der länge/ breite/ und andern Zufällen/ auff alle vergangene/gegenwertige/ und künfftige Zeit-Puncten fürgestellet wird. Den Kunstliebenden Deutscher Nation zu gut/ herfürgegeben.

Sub singularibus Privilegiis perpetuis, sumptibus Autoris, BICINI Silesiorum,

---

Excudebat Typographus Olsnensis JOHANN. SEYFFERTUS, ANNO M. DC L.

Titelblatt der „Urania propitia" von Maria Cunitia.

dien, die sie natürlich ohne ausdrückliche Ermunterung ihres Mannes nicht hätte ausführen können.

Offenbar schien sich Maria Cunitia besonders zur Lösung mathematischer Aufgaben mit astronomischem Hintergrund hingezogen gefühlt zu haben. Über ihre ersten wissenschaftlichen Bemühungen schreibt sie, sie habe daran gearbeitet, „anfangs zwar die Tabulas Danicas Longomontani in ein compendium zu bringen; welches geschehen; auch etliche der Kunst erfahrnen communiciret worden". Damit ist die „Astronomia Danica" gemeint, das Werk von Christian Severinus Longomontanus, eines engen Mitarbeiters von Tycho Brahe, ein sehr fähiger Gelehrter, von Kepler hoch geschätzt, der ihn aus gemeinsamer Arbeit in Prag kannte. Nach den von ihm gegebenen Berechnungen der Planetenbewegungen wurden 1634 bis 1644 von Lorenz Eichstad in mehreren Teilen Planetentafeln für die Jahre 1634 bis 1665 berechnet. Wir dürfen annehmen, dass Maria Cunitia Eichstads Tafeln kannte und sah, dass die Genauigkeit der nach ihnen berechneten Planetendaten nicht an die Johannes Keplers heranreichten, die von „gründlicherer gewißheit" sind. Also begann sie eine neue Arbeit, sich nun Keplers „Tabulae Rudolphinae" widmend. Diese führte sie in den bedrückenden Zeiten des Dreißigjährigen Krieges aus, während sie mit ihrem Mann in einem Kloster in der Nähe von Posen Zuflucht suchte.

Nun soll hier nicht weiter die Rede sein von wenig anschaulichen Rechnungen und schwierigen Details der Behandlung der Planetenbewegungen. Ohne die fachliche Leistung in irgendeiner Weise zu verkleinern, ich habe diese ja schon herausgehoben, mag hier vor allem von Interesse sein, dass Maria Cunitia ihrem Werk ein ganz ungewöhnliches zweisprachiges Vorwort voranstellt, in Latein und Deutsch, ein Verfahren, für das es in der astronomischen Literatur kein zweites Beispiel gibt. Darüber, warum sie neben der internationalen Wissenschaftssprache Latein auch das Deutsche verwendet, schreibt sie: „Jetzt empfiende ich mich gefodert sein, zu verantwortung dessen, daß ich die einleytung in diese meine Tabeln (wieder gewonheit der Künste) in zweyerley Sprachen beschrieben habe. Dann es möchte iemand wähnen, daß solches auß begierd der newigkeit, oder einer fremden Sprache mich zu rühmen, oder anderer ohnnötigen Ursach wegen geschehen sey. Dehren ohnbillichem Urtheil mich zu entschütten, sey mein nothwendiger gegenbericht, das ich solches weder auß verwegenheit, noch ohn bedacht gethan, sondern angetrieben durch die Liebe deß Vaterlandes und die nothwendigkeit selbst; denn es ist offenbahr, daß unter den Deutschen zu erlernung der

Astronomia, so begierig als taugliche ingenia sindt, dehrer viel durch ohnkündgkeit der Lateinischen Sprache, davon zurück gehalten werden; dieser verlangen hab ich unter keinem rechtmässigen Praetext, die Frucht dieser meiner Arbeit entziehen können. Denn auch die Heyden sind der meynung gewesen, das unserer Arbeit bester theil dem Vaterland gebühre. Und wir sehen auch von andern Nationen, daß sie dehro fürnembste Erfindungen in ihrer Muttersprache hervor geben."

Hinsichtlich des letzten Punktes mag Maria Cunitia besonders an Johannes Kepler gedacht haben, der, ungewöhnlich genug für seine Zeit, eine Reihe von Werken in deutscher Sprache verfasste, sowie an Galilei mit seinen italienischen Büchern. Dagegen erinnern ihre Worte von den „tauglichen ingenia" an die „subtillen und spitzfündigen köpffe", von denen 1533 Peter Apian befindet, dass sie völlig zu Unrecht wegen ihres Mangels an Sprachenkenntnissen von jeglicher Wissenschaft ausgeschlossen seien und für die er sein deutsches „Instrument Buch" schrieb.

Unter dem Druck der Auffassungen von der Rolle der Frau fühlt sich die Autorin, wohl nicht ganz überflüssig, zu der Erklärung verpflichtet, dass ihre wissenschaftliche Arbeit sie nicht daran gehindert habe, sich an erster Stelle ihren „weiblichen Verpflichtungen" zu stellen, auch hier möchte ich ihre eigenen Worte zitieren: „Ich sehe allbereit sich etliche verwundern, über diesem meinem wichtigen Unterfangen, betreffende die bewehr der gewißheit, und erleichterung der Beschwerligkeiten, dieser, nicht ohn ursach unter den menschlichen Wissenschaften höchst schwebenden Kunst [der Astronomie]; welche ihnen die ungewönligkeit solcher Sachen bey Weiblichen Geschlechts Personen, einen Zweifel erregen lassen. Andere, denen es scheinet, als ob ich mich mit hindansetzung nothwendigerer Angelegenheiten, in unnötigere mischte; sehe ich solches für einen Fürwitz tadeln. Die dritten wollen solches durchauß für ein falsches, aus Ruhmsucht entsprungenes vorgeben halten. Darumb, der Ersten Verwunderung auffzulösen; der andern reproche abzulehnen; und der dritten falsche Aufflage zu hintertreiben: berichte ich folgende [...]".

Maria Cunitias Worte sind unabhängig von ihrem wissenschaftlichen Gehalt im Zusammenhang mit der Herausbildung einer mathematisch-astronomischen Fachsprache ein bedeutendes Dokument für die Geschichte der Emanzipation der Frau. Denn Frau Cunitia versteckt sich nicht als Autorin, sondern bekennt sich zu ihrer Weiblichkeit und stellt sich selbstbewusst den Anfeindungen entgegen, denkbaren Standardargumenten begegnend, die sie möglicherweise schon seit langem in ihrer Umgebung, nicht jedoch von ihrem Mann, gehört hatte.

Die Mechanisierung des Weltbildes

Maria Cunitias Wirken geht in eine Zeit, in der das heliozentrische Weltsystem noch immer nicht unbestritten war. Vor allem mit dem tychonischen System gab es einen scharfen Konkurrenten. Doch die wissenschaftliche Welt neigte sich immer mehr zugunsten einer Zentralstellung der Sonne. Besonders Keplers Werk mit seinen genauen Tafeln trug dazu sehr viel bei, und auch die Arbeit von Maria Cunitia, die diese Tafeln besser handhabbar machte, blieb nicht ohne Wirkung. Allerdings sei noch einmal ganz klar gesagt: Einen Beweis zugunsten von Kopernikus gab es noch immer nicht, ebenso wenig wie eine physikalische Begründung des Systems.

Kopernikus vermochte es nicht, in sein System eine dynamische Betrachtungsweise einzuführen, er konnte keine physikalischen Wirkungen benennen, aus denen sein heliozentrisches System folgt – doch er bereitete den Weg in diese Richtung, der über Johannes Kepler zu Isaac Newton führte. Indem Kopernikus die Sonne in das Weltzentrum setzte, drängte sich unter Berücksichtigung der elliptischen Bahnen, in deren einem Brennpunkt die Sonne steht, die Frage nach der physikalischen Ursache dieser Bewegungen geradezu von selbst auf. Schon Kepler sprach von einer von der Sonne ausgehenden Kraft, welche die Planeten auf ihren Bahnen führt. Angeregt durch zeitgenössische physikalische Forschungen sah er diese Kraft im Magnetismus und stützt sich hierbei besonders auf das wegweisende Werk „De magnete [...] et de magno magnete tellure“ des Leibarztes des englischen Königs William Gilbert aus dem Jahre 1600. Gilbert vergleicht, wie schon aus dem Titel hervorgeht, die Erde mit einem Magneten, lehrt deren Drehung um die eigene Achse, jedoch nicht die Jahresbewegung um die Sonne. Hier findet Kepler den Anknüpfungspunkt und schreibt in seiner „Astronomia Nova“: „Die Sonne ist rings im Kreis herum magnetisch und dreht sich auf der Stelle, wobei sie ihr Kraftfeld mit herumbewegt. Diese Kraft zieht die Planeten nicht an, sondern besorgt ihre Weiterleitung. Die Planeten dagegen sind an sich zur Ruhe geneigt an jedem Ort, an den sie gestellt werden. Damit sie daher von der Sonne bewegt werden, ist eine Kraftanstrengung notwendig. So geschieht es, daß die weiter entfernten von der Sonne langsam, die näheren schneller angetrieben werden.“

Die vollständige, quantitative Durcharbeitung der physikalischen Begründung des Heliozentrismus leistete dann Isaac Newton mit seiner Lehre von der allgemeinen Gravitation. Die Newtonsche Physik stellt ein entscheidendes Argument für die Richtigkeit des kopernikanischen Systems dar. Mit Hilfe der Gravitationstheorie konnte physikalisch erwiesen werden, dass nur die Sonne mit ihrer beherrschenden Masse die Rolle eines Zentralkörpers im Planetensystem spielen könne.

Auf der Grundlage der Newtonschen Physik erlebte die Astronomie in der zweiten Hälfte des 18. Jahrhunderts rasante Fortschritte, die aus mehreren Quellen gespeist wurden. Da war zunächst die Theorie. Dass das heliozentrische Weltsystem den wirklichen Bau der Welt beschreibt, zweifelte kein Gelehrter von Bedeutung mehr an. Die Newtonsche Physik wurde in vielfacher Weise für die Astronomie fruchtbar gemacht. Die Mathematiker fanden neue Rechenmethoden, um die mit der Bewegung der Himmelskörper verbundenen Operationen schneller und leichter bewältigen zu können. Und seitens der Optik und Feinmechanik gab es Lösungen, die mit gesteigerter Genauigkeit oder besseren Beobachtungsbedingungen in neue kosmische Dimensionen führten.

Auch die astronomische Lehre hatte sich gewandelt. Die Astronomie war an den wichtigsten Universitäten ein reguläres Fach, das vor allem im Zusammenhang mit Mathematik und Physik, im Rahmen der Naturkunde, auch als Philosophie zusammengefasst, studiert werden konnte. An vielen Universitäten gab es physikalische Experimentalvorlesungen, in denen vielfach die Astronomie einen Platz fand. Dennoch blieben hauptberufliche Astronomen in der Minderzahl, weshalb „Quereinsteiger“ gute Chancen bekamen, an der Himmelsforschung teilzuhaben.

Und die gesellschaftliche Motivation zur Förderung der Astronomie hatte sich gewandelt. War es seit Jahrhunderten in erster Linie die Astrologie, traten jetzt andere Aufgaben in den Mittelpunkt. Da war beispielsweise ganz massiv die weitere Verbesserung der Navigation auf See, vor allem in Beziehung zu dem sich ausweitenden Handel mit den Kolonialreichen und den dann bald unabhängig werdenden nordamerikanischen Staaten, was den Schiffsverkehr über die Ozeane zu einem alltäglichen Geschäft werden ließ. Hinzu kommt die Landvermessung, sowohl auf dem europäischen Kontinent als auch in den Kolonien.

Aus ganz anderer Richtung kam ein Interesse an den neuesten Ergebnissen der Naturwissenschaft im Zusammenhang mit weltanschaulichen Auseinandersetzungen – vor allem durch die Aufklärung. Ich habe schon im Zusammenhang mit Konsequenzen aus dem heliozentrischen Weltsystem gezeigt, wie Christoph Rothmann, Johannes Kepler und Galileo Galilei auf die Widersprüche zwischen naturwissenschaftlichen Forschungen und der zeitgenössischen Theologie reagierten. Gefordert war am Ende eine neue Lesart der Bibel, die symbolische Deutung von Bibeltexten, weil Gott sich dem Verständnis des gemeinen Volkes anbequemen musste. Die Ausbreitung aufklärerischen Denkens führte zur Vertiefung eines neuen Gottesbildes: Gott agiert in erster Linie als Weltschöpfer. Er hat die Welt als Ebenbild seiner Vollkommenheit geschaffen. Dieser Vollkommenheit ist es unwürdig, immer wieder korrigierend in den Lauf der Welt eingreifen zu müssen. Gott benötigt keine Sonnen- und Mondfinsternisse, keine Kometen oder Meteorfälle, um die Welt zu regieren. Alles wurde bei der Schöpfung angelegt. Diese Gedanken hatten tiefe Wurzeln in den naturwissenschaftlichen Forschungen, besonders der Astronomie.

Die Vorführung allen Denkens vor den Richterstuhl der aufgeklärten Vernunft überstand die Astrologie nicht. Besonders die Newtonsche Physik ließ keinen Platz für immaterielle Wirkungen in der Welt. Der ganze Weltbau erschien als ein hochkompliziertes System von Körpern, die ihren Platz in diesem System infolge des Kräftepaares Gravitation – Fliehkraft einnehmen. Im Großen waren das die Sonnen, Planeten, Monde, Kometen, im Kleinen die die Körper konstituierenden Atome. Und so wie die Bewegung der Himmelskörper einer mathematischen Behandlung zugänglich sind, sollten es auch die Atome sein.

Die klassischen Werke dieser Zeit verfassten zu diesem Gegenstand Joseph-Louis Lagrange mit seiner „Mécanique analytique" (1788) und Pierre Simon Laplace mit der „Mécanique céleste" (1799 – 1825). Beiden gelang es, einen mathematischen Vorlauf zu schaffen, den zunächst die Astronomie nicht nutzen konnte, wobei zu bedenken ist, dass die mathematischen Ableitungen zwar von großer Eleganz waren, aber wegen ihrer Kompliziertheit für die praktische Anwendung ziemlich ungeeignet. Ein außerordentlich bedeutsames Resultat brachten die Rechnungen sofort: die Erkenntnis, dass die vielfältigen gegenseitigen Störungen der Himmelskörper sich nicht zu irreversiblen Folgen der Zerstörung des Sonnensystems verstärken, sondern in bestimmten Grenzen bleiben oder periodisch sind und das Sonnensystem über lange Zeitepochen hinweg stabil ist. Damit waren Brücken über Jahrtausende geschlagen. Das Vertrauen in die Sicherheit der Ortsbestimmung astronomischer Objekte und die mathematischen Grundlagen der Berechnung ihrer Bewegung, gleichermaßen für vergangene wie zukünftige Zeiten, war so groß, dass es das philosophische Denken prägte. Es war die Begeisterung der Einsicht, dass der Mensch mit seinem forschenden Geist befähigt ist, die Kausalität der Naturprozesse zu begreifen und trotz seiner begrenzten Existenz das kosmische Szenarium von Jahrtausenden mit den Mitteln der Mechanik und Mathematik vor seinem geistigen Auge ablaufen zu lassen. Bewundernd wurde festgestellt, dass die Astronomie Ereignisse in der Welt erforschen könne, die schon vor undenklichen Zeiten vorhanden waren, oder erst in langen Zeiten folgen werden, lediglich durch geistige Arbeit. In diesem Sinne hatte schon Maria Cunitia zur Astronomie geschrieben: „Denn also werden deß Gestirns erscheinungen eher in dem Gemüth deß Menschen erkandt; alß an dem Himmel gesehen."

Als Konsequenz aus diesen wissenschaftlichen Entwicklungen prägte der französische Materialist Julien Offray de La Mettrie das Wort „Der Mensch – eine Maschine". Und Pierre Simon Laplace entwarf 1814 programmatisch ein Bild: „Wir müssen also den gegenwärtigen Zustand des Weltalls als die Wirkung seines früheren und als die Ursache des folgenden Zustandes betrachten. Eine Intelligenz, welche für einen gegebenen Augenblick alle in der Natur wirkenden Kräfte sowie die gegenseitige Lage der sie zusammensetzenden Elemente kennete, und überdies umfassend genug wäre, uns diese gegebenen Größen der Analysis zu unterwerfen, würde in derselben Formel die Bewegungen der größten Weltkörper wie des leichtesten Atoms umschließen; nichts würde ihr ungewiss sein, und die Zukunft wie Vergangenheit würden ihr offen vor Augen liegen. Der menschliche Geist bietet in der Vollendung, die er der Astronomie zu geben verstand, ein schwaches Abbild dieser Intelligenz dar."

Die Botschaft war klar: Die Welt, seit Urzeiten als kosmischer Organismus gedacht, ist in Wirklichkeit ein kosmischer Mechanismus, in Gang gehalten durch die allen Körpern eigene Gravitationskraft und die aus ihrer Bewegung resultierenden Kräfte. Jeder Zustand der Welt ist eine mechanische Folge der gegenseitigen Lage der Atome zur Zeit des Weltbeginns. Es gibt keinen Zufall in der Welt, sie ist ein totes, seelenloses System von Atomen.

Die Botschaft gefiel nicht allen, obwohl man zugeben muss, dass die Erfolge der Wissenschaften, die Triumphe der Himmelsmechanik um 1800 auf einen solchen Zustand des Weltganzen hindeuteten. Und die größten Erfolge der Himmelsmechanik standen noch aus. Vielen war es geradezu unheimlich, in einer solchen Welt zu leben, eigentlich nichts anderes zu tun, als den vor unvorstellbar weit zurückliegenden Zeiten angelegten Bewegungen der Atome zum Vollzug zu verhelfen. Bemerkenswert bleibt, dass sich einige philosophisch veranlagte Gelehrte und Schriftsteller mit dem rein mechanischen Kosmos nicht zufrieden zu geben vermochten. Unter ihnen finden wir Dichter der Romantik, wie August Wilhelm Schlegel und Novalis, denen das „Weben und Streben" der Natur eine stete Quelle stark emotionaler Anregung war und für die es außer Gravitation und Fliehkraft noch andere Bewegungs- und Wirkprinzipien in der Welt geben müsse. Hierher gehört auch das Goethe-Wort von der lebenden und webenden Natur.

Dies sind Anklänge an die Astrologie, die sehr gut ein Leben und Weben in der Welt anschaulich machen kann, mit Kräften, die rational nicht fassbar sind, die zu einem gewissen Aberglauben gehören, dem sich Goethe dennoch nicht ganz entziehen wollte. In seiner pantheistischen Philosophie, einer Lehre der Allbelebtheit der Welt, war Platz für den Gedanken des einheitlichen, den Menschen einschließenden kosmischen Organismus. Das Weltall sei nicht starr und tot, sondern von lebendigen Körpern und Kräften erfüllt, die aufeinander wirken. In jedem von ihnen stecke ein Stück des „Weltgeistes", der ein allumfassendes geistiges Band der Welt erschafft, meinte der Dichter 1798.

Ich halte es für sicher, dass diese wissenschaftlichen Entwicklungen der Astronomie, die für Goethe unannehmbare Mechanisierung der Welt bis hin zum „Laplaceschen Dämon", sein Verständnis von den Naturwissenschaften nachhaltig geprägt hat. Zeit seines Lebens hegte er einen tiefen Argwohn gegen die Arbeit mit Fernrohren, Mikroskopen, ausgedehnten Berechnungen. Ihm galt all dies als unzulässige Beeinflussung des Forschungsobjektes, als Verfälschung. Naturwissenschaft ist ihm vor allem Naturbetrachtung, die das Experiment durchaus einschließt, aber Apparate nur in ganz bescheidenem Maße. Dass ein Spiegelteleskop oder ein Mikroskop im Grunde nichts anderes ist als eine gigantische Lupe, sah er offenbar nicht. Und so blieb ihm die Astronomie als Wissenschaft zutiefst fern – deshalb, weil sie es war, die dem „Laplaceschen Dämon" in besonderem Maße zur Anerkennung verholfen hatte? Aber so sah er auch nicht die großartigen Forschungen Wilhelm Herschels mit seinen Riesenteleskopen, mit denen er Entwicklungsprozessen kosmischer Körper auf der Spur war und nahm offenbar keine Kenntnis von Kants Lehre von der Entstehung und Entwicklung der Himmelskörper von 1755. Ist es vermessen, wenn mir in diesem Zusammenhang einfällt, dass 200 Jahre zuvor viel gescholtene Theologen sich weigerten, durch ein Fernrohr zu schauen, weil sie fürchteten, Dinge sehen zu müssen, die mit ihrem Weltbild unvereinbar waren?

Wie dem auch sei, die Entwicklung der Astronomie bis zur Mitte des Jahrhunderts konnte dieser extrem mechanischen Naturvorstellung zunächst nur noch mehr Überzeugungskraft verleihen. Und einen der größten Triumphe feierte die Himmelsmechanik 1846 mit der Entdeckung des Neptuns.

Das Uranus-Problem und die Neptun-Hypothese

Die eigentliche Entdeckung des Neptuns am Abend des 23. September 1846 ist rasch erzählt. An jenem Tag traf ein Brief für den Observator Johann Gottfried Galle ein, in dem mitgeteilt wurde, dass an einem Ort im Sternbild Steinbock ein neuer Hauptplanet unseres Sonnensystems zu entdecken wäre. Galle richtete am Abend sein Fernrohr dorthin und fand einen Stern, der in den Karten nicht verzeichnet war. Nach weiteren Beobachtungen in der folgenden Nacht war gesichert, dass es sich um den angezeigten Planeten handelte, der den Namen Neptun erhielt.

So weit, so gut, doch in dieser verkürzten Darstellung gehen wesentliche Aspekte der Entdeckung verloren. Die Entdeckungsgeschichte des Neptuns begann nämlich schon im Jahre 1781 mit der im nächsten Kapitel näher zu schildernden Entdeckung des Planeten Uranus durch Friedrich Wilhelm Herschel. Hatte Herschel selbst zunächst geglaubt, einen Kometen entdeckt zu haben, entpuppte sich der Fremdling bald als der erste, nicht schon im grauen Altertum bekannte Planet, der den Namen Uranus erhielt. Einer der ersten, der diesen Gedanken vehement vertrat, war Johann Elert Bode in Berlin. Nach seinen Worten wurde aus der scheinbaren Routineentdeckung eines Kometen die „wichtigste Entdeckung unter allen, die jemals am Himmel gemacht worden" sind. Die Vermutung wurde zur Gewissheit, als erste Bahnberechnungen vorlagen.

So überraschend der siebente Hauptplanet Uranus auch entdeckt wurde, war man darauf nicht ganz unvorbereitet. Im Jahre 1766 fand der Wittenberger Professor Johann Daniel Titius eine eigenartige Beziehung zwischen den Abständen der Planeten, die seit 1772 von Bode in die Fachliteratur eingeführt wurde und heute als Titius-Bode-Reihe bezeichnet wird. Diese Abstandsregel wird auf die Bahn der Erde bezogen, deren Radius gleich 10 gesetzt wird (4 + 6). Daraus folgt:

Merkur	4 + 0	=	4
Venus	4 + 3	=	7
Erde	4 + 6	=	10
Mars	4 + 12	=	16
(Planetoiden)	4 + 24	=	28
Jupiter	4 + 48	=	52
Saturn	4 + 96	=	100
Uranus	4 + 192	=	196
(Neptun)	4 + 384	=	388

Aus diesen Verhältnissen leitete Bode zwei Vermutungen ab:

1. „Ist es aber wohl glaublich, daß dem Erdbewohner, welcher mit bewaffneten Augen und vieler Mühe erst seit etwa 170 Jahren die Jupiters- und Saturns-Trabanten etc. entdeckt hat, keine Planetenkugel unserer Sonnenwelt mehr unbekannt sey? und sollten wirklich die Grenzen des Sonnenreichs da seyn, wo wir den Saturn sehen? Oder können nicht noch mehrere große Planetenkugeln jenseits des Saturns, immer von Menschen ungesehen, ihre weiten Kreise um die Sonne beschreiben?“ Damit sprach Bode die Vermutung eines „Transsaturns“ aus.
2. „Innerhalb der Bahn des Merkurs läßt sich schwerlich ein noch unbekannter Planet gedenken: allein, wozu auf einmal der große Raum, welcher sich zwischen Mars und Jupiter befindet, wo bis jetzt noch kein Hauptplanet gesehen wird? Ist es nicht höchst wahrscheinlich, daß daselbst noch ein von dem Erdbürger bisher nicht bemerkter Weltkörper seine ihm von der Allmacht vorgezeichnete Laufbahn durchwandele?“ Das ist die Vermutung des ersten Planetoiden, wenn diese auch in einer Weise gelang, die Bode nicht voraussehen konnte.

Die Weiterführung der Titius-Bode-Reihe für einen transsaturnischen Planeten ergibt 4 + 192 = 196. Die Entfernung des Uranus wurde nach seiner Entdeckung zu 18,928 Erdbahnradien berechnet, was nach der Abstandsreihe den Faktor 189,28 ergibt und die Vorhersage Bodes gut erfüllt. Gestützt auf diese Daten vermutete Bode die Planetennatur des angeblichen Kometen sehr früh.

Das mit der Entdeckung des Uranus so weitgehende Eintreffen der Bodeschen Berechnung musste nicht nur die Suche nach dem Planeten zwischen Mars und Jupiter anregen, sondern führte Bode 1784 zur Annahme der Existenz weiterer Planeten außerhalb der Uranusbahn: „Wenn die obige fortgehende Progreßion in den Abständen der uns nun bekannten sieben Planeten auf denjenigen angewendet wird, der zunächst hinter dem neu entdeckten folgt, so muß derselbe wieder fast noch einmal so weit, wie dieser von der Sonne stehen, und daher glaube ich nicht, daß wir ihn jemals entdecken werden. Es darf also diese unerwartete Entdeckung eines neuen Hauptplaneten die Vorstellung nicht veranlassen, als wenn mit der Zeit noch manche derselben entdeckt werden möchten". Dies ist die erste Voraussage der Existenz des Neptuns.

Dieser Exkurs zur Uranus-Entdeckung ist nicht nur deshalb notwendig, weil dieser der erste, nicht schon in alter Zeit bekannte Planet ist, sondern weil die Neptunentdeckung eng mit dem „Uranus-Problem" zusammenhängt, wobei ich als „Uranus-Problem" Folgendes bezeichne: Nachdem eine brauchbare Bahn des Uranus berechnet werden konnte, fanden sich mehrere vermeintliche Sternbeobachtungen, die sich nun in der Rückrechnung als dem Uranus zugehörig erwiesen. Die Beobachter waren lediglich mit ihren Teleskopen zuvor nicht in der Lage gewesen, die planetare Natur, zum Beispiel das flächenhafte Aussehen, zu erkennen. Die früheste dieser Beobachtungen, um deren Aufsuchung in älteren Sternkatalogen sich Bode besonders bemühte, geht bis auf das Jahr 1690, zu John Flamsteed, dem damaligen Direktor der Sternwarte Greenwich, zurück.

Diese älteren Beobachtungen schienen nun überhaupt nicht mit den neueren zusammenzupassen, das heißt sie ließen sich nicht in einer gemeinsamen Bahn darstellen. Besonders augenfällig wurde dies, als Alexis Bouvard 1821 in seinen „Tables Astronomique" Tafeln der Uranusbewegung veröffentlichte. Während für die Zeit von etwa 1764 bis 1790 eine recht gute elliptische Bahn konstruierbar war, wuchsen die Fehler sowohl bei den weiter zurückliegenden, als auch bei den Beobachtungen des 19. Jahrhunderts rasch an. Um überhaupt zu einem Ergebnis zu gelangen, sonderte Bouvard die älteren Beobachtungen aus, was zwar aus praktischen Erwägungen zu verstehen war, aber auf heftige Kritik seiner Fachkollegen stieß. Friedrich Wilhelm Bessel meinte, dies wäre „ein Verfahren, was, beiläufig gesagt, sehr verschieden ist von dem, welches Kepler beim Mars befolgte, und wodurch er auf den kleinen Unterschied zwischen dem excentrischen Kreise und der Ellipse geführt wurde". Tatsächlich, hätte man das Vorgehen Bouvards weiter befolgt, wäre es 1846 nicht zur Entdeckung des Neptuns gekommen. Doch glücklicherweise gab es Astronomen, welche die Differenzen zwischen Beobachtung und Rechnung wie einst Johannes Kepler ernst nahmen und sich ihnen widmeten, sodass deren Analysen tatsächlich, wie Bessel meinte, „zu den schönsten Bereicherungen der Wissenschaften" leiteten.

Man kann durchaus feststellen, dass die Hypothese der Existenz eines Planeten jenseits der Uranusbahn den Astronomen der ersten Hälfte des 19. Jahrhundert nicht unbekannt war. Doch entweder hielt man mehrheitlich die Wahrscheinlichkeit eines solchen Planeten für sehr gering, oder man scheute die enorme Rechenarbeit, die mit einer komplexen Bearbeitung der Uranusstörungen verbunden war. Dennoch widmeten sich wenigstens zwei Astronomen dieser Frage voller Elan. Dies waren Urbain Jean Joseph Leverrier und John Couch Adams. Leverrier legte seine Arbeit am 10. November 1845 der Pariser Akademie vor. Am 1. Juni 1846 ergänzte er sie mit einer zweiten Arbeit, in der ein hypothetischer Ort des Transsaturns für den 1. Januar 1847 angegeben war. Doch diese Resultate, die nun wirklich eine glänzende Entdeckung verhießen, wurden nicht gerade enthusiastisch aufgenommen. Sogar Carl Friedrich Gauß, der selbst bei der Sicherung der Bahn des ersten Planetoiden Ceres durch seine Bahnberechnung einen großen Anteil hatte – also mit diesen Problemen aufs beste vertraut war, schrieb: „Über das Gewicht, welches seiner [Leverriers] Hypothese beigelegt werden darf, lässt sich nicht urteilen, bis seine Rechnungen zu gründlicher Prüfung vorgelegt sind". Anstatt sich in umständliche Prüfung der Berechnungen zu ergehen, wäre es ohne Zweifel angemessener gewesen, einfach die vorliegenden Rechnungen ernst zu nehmen und sich der vergleichsweise geringen Mühe zu unterziehen, am Himmel nach dem hypothetischen Neuling Ausschau zu halten. Recht selbstkritisch und diese Vorbehalte verdeutlichend schrieb Johann Franz Encke, der Direktor der Berliner Sternwarte, am 10. Oktober 1846, also kurz nach der Neptunentdeckung: „Es freut mich ganz ungemein daß mein Gehülfe Dr. Galle den glücklichen Wurf der Auffindung gethan hat. Ohne ihn, kann man bestimmt sagen, wäre er noch nicht gefunden, denn ich hatte die Abhandlung von le Verrier schon seit acht Tagen ohne darnach zu suchen, weil ich noch etwas mehr Detail zu haben wünschte als le Verrier gegeben hat und die Auffindung für jetzt noch nicht belohnend hielt".

Am 23. September 1846 traf an der Berliner Sternwarte ein Brief Leverriers vom 18. September 1846 ein, der an den Observator Johann Gottfried Galle gerichtet war. Hierin bedankt sich der Absender für die Übersendung einer wissenschaftlichen Arbeit Galles und teilt ihm die Koordinaten des von ihm vermuteten Planeten für den 1. Januar 1847 mit. Leverriers viel zitierte, für Galle sehr ehrenvolle Worte waren: „Die vollendete Durchsichtigkeit Ihrer Erklärungen und die vollständige Strenge der Resultate, welche Sie uns geben, stehen auf der Höhe

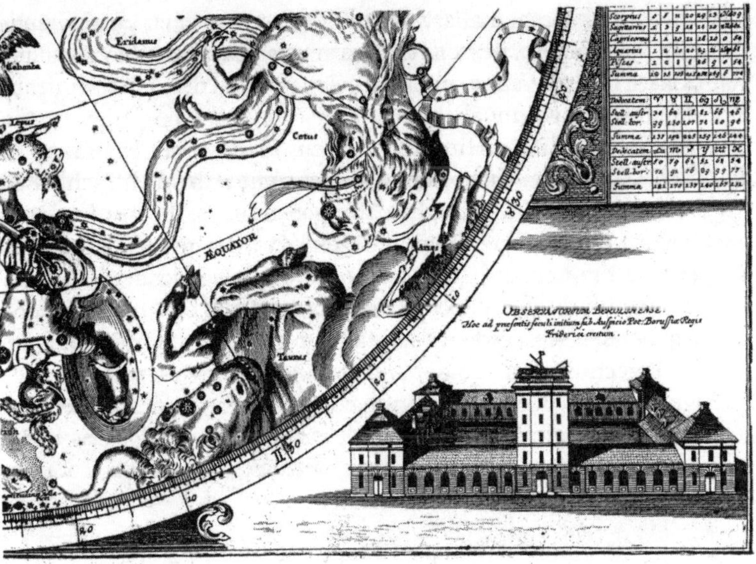

Die Berliner Sternwarte nach Johann Gabriel Doppelmayr 1742.

dessen, was wir von einem so geschickten Astronom erwarten mussten [...] Heute möchte ich von dem unermüdlichen Beobachter verlangen, dass er einige Augenblicke der Durchforschung einer Region des Himmels widmen möge, wo es einen Planeten zu entdecken geben kann. Es ist die Theorie des Uranus, welche mich auf dieses Resultat geführt hat". Er schrieb diese Worte an Galle, da an der Pariser Sternwarte oder anderswo bis dahin noch niemand die seit dem 1. Juni 1846 publizierte Ephemeride zum Anlass für einen Entdeckungsversuch genommen hatte.

Doch nun erst einmal genauer, worum es ging, was mit der merkwürdigen Bewegung des Uranus war. Ein Planet, so wissen wir seit Kepler, bewegt sich auf einer elliptischen Bahn um die Sonne, die in einem der Brennpunkte der Ellipse steht. Mit der Zeit, das bedeutet mit der Verfeinerung der Beobachtungstechnik und der Berechnung der Beobachtungen, war man in der Lage, neue Effekte aufzufinden. Dazu gehörte die gegenseitige gravitative Beeinflussung der Planeten. Denn nicht nur die Sonne zieht die Planeten an (dass gemäß den Newtonschen Axiomen auch die Planeten die Sonne anziehen, sei hier vernachlässigt), sondern die Planeten ziehen sich ebenso gegenseitig an. Nähern sich zwei Planeten infolge der unterschiedlichen Umlaufzeiten um die Sonne, stören sie sich gegenseitig in ihrem ordentlichen elliptischen Lauf. Mathematisch ist dies das schwierig zu bearbeitende Drei-Körper-Problem, dessen Analyse erst mit den Arbeiten vor allem von Laplace und Lagrange um 1800 gelang und in der Astronomie die Störungsrechnung ermöglichte.

Also: Sehen wir am Himmel, dass ein Planet nicht in ordentlich elliptischem Lauf um einen Zentralkörper seine Bahn zieht, schließen wir darauf, dass es eine Ursache dafür geben muss, die nur in einem noch nicht aufgefundenen Körper liegen kann, der auf den sichtbaren Körper eine Kraft ausübt. Genau dies war die Ausgangshypothese Leverriers. In aufwändigen Rechnungen hatte er nun unter bestimmten vorausgehenden Annahmen das Maß einer solchen Störung auf den Uranus berechnet und aus der genauen Art und Weise der Unregelmäßigkeit seiner Bewegung den hypothetischen Ort des Störers berechnet. Wie ich gleich zeigen werde, mit großem Erfolg. Das ungeheure Ausmaß dieser Berechnungen entzieht sich jedoch jeder anschaulichen Darstellung.

Die Entdeckung des Neptuns

Die erste Entdeckungsmitteilung in der Fachpresse erschien in den „Astronomischen Nachrichten", seit 1821 das führende Publikationsorgan der Astronomie. In der Nummer vom 12. Oktober 1846 hieß es in einer Zuschrift von Encke: „Durch einen am 23sten Septbr. hier angekommenen Brief forderte Herr le Verrier Herrn Dr. Galle besonders auf sich darnach [nach dem hypothetischen Planeten] umzusehen, wahrscheinlich leitete ihn die in seiner Abhandlung ausgesprochene Vermuthung, daß der Planet durch eine Scheibe sich kenntlich zeigen werde. Denselben Abend verglich Herr Galle die vortreffliche Karte, welche Herr Dr. Bremiker gezeichnet hat (Hora XXI der akademischen Sternkarten) mit dem Himmel und ward fast sogleich sehr nahe an dem Orte den Herr le Verrier bestimmt einen Stern 8t. Gr. gewahr der auf der Karte fehlte. Er wurde sofort mit einem Besselschen Sterne zu 3 verschiedenen Malen (immer bei fünf Beobachtungen) von Herrn Galle und dann auch einmal von mir verglichen."

Es folgen drei Beobachtungsgruppen Galles und eine von Encke. Da zwar eine Positionsveränderung bemerkbar, doch nicht genügend sicher war, folgten in der nächsten Nacht weitere Beobachtungen, welche die Entdeckung bestätigten. Encke schließt den Bericht mit den Worten: „Es wäre überflüssig noch etwas hinzuzusetzen. Es ist dieses die glänzendste unter allen Planetenentdeckungen, weil rein theoretische Untersuchungen Herr le Verrier die Existenz und den Ort eines neuen Planeten haben voraussagen lassen. Erlauben Sie mir nur hinzuzufügen, daß die Auffindung so schnell bloß durch die vortreffliche akademische Sternkarte von Bremiker möglich war. Eine Scheibe läßt sich erst erkennen, wenn man weiß daß es seyn wird."

Galle überließ alle Veröffentlichungen über die Neptunentdeckung, einschließlich die in der Tagespresse, seinem Direktor Encke. Erst 1877 gab er in den „Astronomischen Nachrichten" einen sehr ausführlichen Bericht, der heute die wichtigste Quelle für die Schilderung der Neptunentdeckung an der Berliner Sternwarte ist. Galles Worte geben eine lebendige Darstellung:

„Ich erhielt diesen Brief [von Leverrier] am Morgen des 23. September und theilte ihn Encke mit, der nunmehr, wodurch Herrn Le Verrier's Brief mir eine gewisse moralische Verpflichtung zum Nachsehen an der betreffenden Stelle oblag, der Aufsuchung zustimmte, während er vorher sich sehr zweifelnd und ablehnend über die auch sonst bereits bekannt gewordene Angelegenheit ausgesprochen hatte. Es fiel dies in Berlin in jene Zeit, wo daselbst seit einigen Jahren auch d'Arrest seine Studien begonnen hatte und in seine astronomische Laufbahn eingetreten war, ohne jedoch bei der Sternwarte, bei der ich alleiniger Gehülfe war, angestellt zu sein. Um an den practischen Arbeiten leichter und öfter theilnehmen zu können, hatte d'Arrest in einem Dachzimmer des für den Aufwärter dienenden Nebengebäudes Wohnung genommen. Als ich von der Ankunft des Le Verrier'schen Briefes Mittheilung machte, äusserte derselbe den Wunsch, am Abend der Nachsuchung nach dem Planeten mit beiwohnen zu dürfen, welchem Wunsche, wie sich von selbst verstand, gern entsprochen wurde. Das Wetter war an diesem Abende des 23. Sept. vollkommen günstig, besondere Vorbereitungen für die Beobachtung wurden nicht getroffen, da zunächst der Durchmesser zur Erkennung eines etwaigen Planeten geeignet schien. Da indess bei der in Wirklichkeit zwei Bogensekunden wenig überschreitenden Grösse desselben auf diesem Wege keine Sicherheit zu erreichen war, so musste an die Beschaffung einer Sternkarte gedacht werden, wofür es damals neben dem Harding-schen Atlas nur die noch sehr lückenhaften und seit lange ihrer Vollendung harrenden Berliner akademischen Sternkarten gab. Obgleich diese mir nichts weniger als fremd waren und auch schon im Jahre vorher dieselben sich nützlich erwiesen hatten bei der gleichfalls in Berlin zuerst constatirten Entdeckung der Asträa, so dachte ich doch meinerseits nicht sofort an eine Herbeiholung derselben, und es war zuerst d'Arrest, welcher die Frage aufwarf, ob nicht doch einmal unter den akademischen Sternkarten nachgesehen werden möchte, ob vielleicht die betreffende Stelle schon unter denselben enthalten sei. Wir gingen dieserhalb in das Vorzimmer Encke's, wo in einer mir wohlbekannten Schublade diese Sternkarten in einem sehr wenig geordneten Zustande über einander lagen, und in der That fand sich ein Abdruck der Sternkarte von Bremiker h. XXI., der, wie in den damaligen Berichten bemerkt ist, vor nicht langer Zeit erst in Berlin fertig geworden und durch den Buchhandel noch nicht verbreitet war. Mit dieser Karte zu dem Refractor zurückkehrend fand ich, zwar nicht sofort beim Hineinblicken, aber bald nach einigen Vergleichungen den betreffenden Stern 8. Größe, dessen Fehlen auf der Karte zu bemerkenswerth erschien, um nicht wenigstens mit einer Beobachtung desselben einen Versuch zu machen, woran demnächst auch Encke, dem gleichfalls davon und von allen Details Kenntnis gegeben wurde, noch in derselben Nacht theilnahm. Die Beobachtungen wurden bis gegen Morgen fortgesetzt, allein ungeachtet der grossen Vervielfältigungen derselben wollte es nicht gelingen, die Bewegung sicher zu constatiren, wenn auch eine schwache Spur einer Veränderung in dem erforderten Sinne daraus hervorzugehen schien. Mit vieler Spannung musste daher noch der Abend des 24. Sept. abgewartet werden, wo die weitere Nachforschung gleichfalls von dem Wetter begünstigt war und wo nun die Existenz des Planeten sich zweifellos herausstellte."

Bei der Ortsbestimmung wurde der Planet an einen von Friedrich Bessel sehr genau beobachteten Stern angeschlossen und mittels der gemessenen Differenz in Rektaszension und Deklination der Planetenort festgestellt. Ein Blick auf die Beobachtungsdaten zeigt, dass Enckes und sicher auch Galles kritische Bewertung der Ergebnisse der ersten Nacht angesichts der sehr geringen Ortsveränderung durchaus gerechtfertigt war. Die Entdeckungsmitteilung scheint sich verständlicherweise sehr rasch verbreitet zu haben, und der Andrang an der Berliner Sternwarte, Genaueres zu erfahren, war sehr groß. Am 27. September beklagt sich Encke darüber, dass er sich kaum seinem Tagesgeschäft widmen könne, denn „es ging auf der Sternwarte zu wie in einem Taubenhaus". Tatsächlich war das öffentliche Interesse an diesem neuen Planeten groß, über das Encke bei aller Störung, die sich für ihn ergab, doch positiv urteilte: „Es ist ein wahrer Trost daß die le Verriersche Entdeckung der Astronomie in den Augen aller Layen einen so großen Glanz verleiht".

Sternkarten als Arbeitsmittel

In jeder einschlägigen Darstellung der Auffindung des Neptuns wird auf das Blatt der „Akademischen Sternkarten“ eingegangen, das die rasche Identifizierung des Neulings ermöglichte; fast stets findet sich die Abbildung des entsprechenden Ausschnitts aus dem Kartenblatt. Die „Akademischen Sternkarten“, eine genaue Himmelskartierung, eine in bis dahin unerreichter Vollständigkeit ausgeführte Bestandsaufnahme der Sterne bis zur 9./10. Größenklasse, die in mittleren Fernrohren gut zu beobachten sind, gehen auf einen Vorschlag Bessels aus dem Jahre 1824 zurück. In der Begründung dieses Vorhabens verwies Bessel darauf, dass solcherart Karten für die Ortsbestimmung der Planeten erforderlich seien, ja auf „die Hoffnung, auf diese Weise; und selbst bei der Entwerfung der Charten, mehrere neue Planeten zu entdecken“, was sich mit der Neptunentdeckung ein halbes Jahr nach Bessels Tod glänzend bestätigte.

Fast die gesamten, sich über einen Zeitraum von 35 Jahren erstreckenden, äußerst mühsamen Organisationsarbeiten für die in internationaler Arbeitsteilung entworfenen Karten lagen in den Händen von Encke. Die einzelnen Himmelsgegenden wurden verschiedenen Astronomen zur Bearbeitung angeboten. Unter ihnen war Carl Bremiker, der die Stundenzone 21 am 1. Januar 1840 übernahm, nachdem ein erster Bearbeiter den Auftrag unerledigt abgegeben hatte. Schon am 4. Dezember jenes Jahres übergab Bremiker an Encke den Kartenentwurf mit dem zugehörigen Sternverzeichnis. Nach der Erledigung aller Revisionsarbeiten teilte Encke der akademischen Kommission für die Karten am 9. Dezember 1844 deren Fertigstellung mit. Bald darauf fragte der Akademiearchivar bei Encke an, ob er den Versand einleiten solle. Doch darauf geschah gar nichts. Encke hatte zunächst gehofft, dass baldigst ein weiteres Blatt fertig werde, um dieses gemeinsam mit Hora XXI zu verschicken, doch vergeblich. Bald schien die Sache auch ein wenig in Vergessenheit geraten zu sein. So kam es, dass lediglich an der Berliner Sternwarte einige Exemplare vorhanden waren, an die sich d'Arrest erinnerte.

Der sich um die Karten rankende, geradezu spektakuläre Erfolg machte Encke auf das Versäumnis aufmerksam, und er schrieb schon am 26. September 1846 an den Akademiearchivar: „Die Karte Hora XXI die noch nicht versandt ist, ist gerade die, welche den Lauf des Planeten [Neptun] enthält. Es liegt mir jetzt daran sie sobald als möglich wenigstens nach Paris London Altona Göttingen Pulkowa fortzuschaffen [...] Es ist mir nicht ganz unlieb dass die Versendung verzögert ist, die Karte tritt so mit gewissem Glanze auf." In der Sitzung der Mathematischen Klasse der Berliner Akademie vom 26. Oktober 1846 hob Encke hervor, es sei überhaupt der erste Fall dieser Art einer Planetenentdeckung, denn bisher habe eine Sternkarte nur beigetragen, eine Entdeckung zu sichern, aber nicht direkt zu ermöglichen. „Während jetzt ohne die Karte die Existenz des Planeten gewiss noch längere Zeit zweifelhaft geblieben sein würde", sei die Arbeit von Bremiker besonders zu schätzen, weshalb sich Encke dafür einsetzte, an Bremiker als Zeichen besonderer Dankbarkeit seitens der Akademie die goldene, silberne und bronzene Leibnizmedaille gemeinsam zu überreichen. Diese Wertung ergänzte Encke in einem Brief an Leverrier: „Für unsere Aufsuchung gab es einen sehr glücklichen Umstand. Die akademische Sternkarte von Bremiker, die vielleicht noch nicht in Paris angekommen ist, die ich aber sofort expediren lassen werde, enthält grade nahe an ihrer untern Grenze den von Ihnen bezeichneten Ort. Ohne diesen ungemein günstigen Umstand, ohne eine Karte, auf der man sicher sein konnte, alle Fixsterne bis zur zehnten Größe zu finden, glaube ich nicht, daß der Planet entdeckt worden wäre. Sie werden sich bei der Beobachtung dieses Gestirns selbst überzeugen, daß sein Durchmesser viel zu klein ist, um die Aufmerksamkeit auf sich zu ziehen, selbst wenn er mit einer starken Vergrößerung untersucht wird. Ich bin Ihnen also persönlich dafür verbunden, daß Sie den Werth gezeigt haben, den eine solche Karte für wissenschaftliche Untersuchungen haben kann." Allerdings schwächte Encke an anderen Stellen diese Wertung dahingehend ab, dass die Karte lediglich die rasche Identifizierung des fraglichen Objektes ermöglicht habe, aber insgesamt nicht unentbehrlich gewesen ist, da man schließlich eine spezielle Umgebungskarte hätte anfertigen können.

Die Entdeckung des Neptuns rief Neider auf den Plan, welche die ganze Leverriersche Arbeit und die krönende Auffindung des Neptuns nur etwa eine Vollmondbreite vom hypothetischen Ort entfernt als reinen Zufall abzuwerten suchten. Dem trat Carl Gustav Jacob Jacobi in der ihm eigenen sarkastischen Art mit den Worten entgegen: „Es muß aber als unwürdig erscheinen, die Lage des größern Publicums, in diesen Dingen kein selbsständiges Urtheil zu haben, dazu zu mißbrauchen, um bei demselben eine durch tiefe Gedanken und jahrelange Arbeit eroberte Entdeckung, um welche unsere Nachkommen unsere Zeit beneiden werden, durch die monströse Behauptung zu verdächtigen, als habe dabei ein Zufall obgewaltet oder mitgespielt. Da innerhalb der letzten 10–20 Jahren die Angaben des Calculs jederzeit hingereicht hätten, den Planeten aufzufinden, so kann hier von keinem

Zufalle die Rede sein. Man muß bewundern, daß aus so kleinen und unsichern Quantitäten, wie die hier gegebenen, so genaue Resultate gezogen werden konnten, und kann diess nur der umsichtigen Behandlung dieser Data, und der musterhaften Benutzung aller Hülfsmittel zuschreiben. Denen, welche die Entdeckung für zufällig ausgeben, weil die Übereinstimmung nicht grösser ist, als es die Natur der Sache verstattet, wäre der Rath zu geben, auch solche zufällige Entdeckungen zu machen". Die Rechenarbeit schätzte Jacobi außerordentlich hoch ein, doch wies er gegenüber Alexander von Humboldt darauf hin, dass hier zwar eine ungeheure Fleißarbeit vorliege, vor der andere sich gescheut hätten, aber weiter keine tiefgehende „Gedankenentwicklung".

Man war sich der Bedeutung der Entdeckung bewusst, die zum wenigsten in der Tatsache bestand, dass erneut ein Planet des Sonnensystems gefunden wurde. Wenn auch diese Erweiterung unserer Kenntnisse schon hingereicht hätte, das Interesse zu wecken, urteilte Encke völlig zutreffend: „Es ist die glänzendste Bestätigung der Newtonschen Theorie welche gewünscht werden kann".

Und in diesem Sinne stellt die Neptunentdeckung einen Triumph der Himmelsmechanik dar, den wir heute vielleicht gar nicht auf den ersten Blick in seiner Bedeutung erfassen können. Bis dahin verlief ein jeder Forschungsweg von der bekannten Erscheinung zu ihrer mathematischen und sonstigen Bearbeitung. Hier war es umgekehrt, von der mathematischen Berechnung zur Entdeckung der Ursache. Wir sind es heute durchaus gewohnt, von den Wissenschaftlern zu hören, dass sie mit unsichtbaren Dingen arbeiten, Erscheinungen, die nur in ihren Wirkungen zu erfahren sind und doch selbst nicht sichtbar. Viele Elementarteilchen beispielsweise zerfallen so schnell, dass wir ihre Existenz lediglich aus den Zerfallsprodukten erschließen können und in der Astronomie ist es ganz „normal", mit Objekten zu arbeiten, die sich ausschließlich durch ihre Gravitationswirkung auf andere Körper verraten, wie einst Neptun. Das heute Wichtigste ist wohl die dunkle Materie im Weltall, nicht leuchtendes Gas und Staub, aber auch Neutrinos und andere Materie von möglicherweise unbekannter Natur, von deren Existenz in überaus großen Mengen die Astronomen aus theoretischen Gründen überzeugt sind, diese aber bislang nicht nachweisen konnten.

9. Amateurastronomen erweitern die Wissenschaft

Die 100 Jahre zwischen 1750 und 1850 waren eine der glanzvollsten Epochen astronomischer Forschung. Es ist ein Charakteristikum dieser Jahrzehnte, dass Amateure wesentlich an der Erforschung des Himmels teilhatten. Unter diesen Amateuren, die echte Astronomen waren, befanden sich Gelehrte ersten Ranges, von tiefer Bildung, die weit über ein reines Fachwissen hinausging. Es waren sowohl Männer, die zunächst in einem anderen Beruf tätig waren, als auch solche, die über gar keine formale höhere Bildung verfügten – echte Quereinsteiger also.

So war Berhard August von Lindenau ein beurlaubter sächsischer Staatsmann, Johann Hieronymus Schroeter Oberamtmann in Lilienthal bei Bremen, Wilhelm Olbers Arzt in Bremen, Johann Heinrich Mädler der Leiter einer kleinen Armenlehrerschule und dann Schönschreiblehrer am Diesterwegschen Lehrerseminar in Berlin, Friedrich Wilhelm Herschel nach dem Abschluss der Garnisonsschule in Hannover Militärmusiker und Notenschreiber oder Friedrich Wilhelm Bessel nach dem Abbruch des Gymnasiums, also ohne Schulabschluss, Kaufmannslehrling. Sie alle wurden international führende und anerkannte Astronomen, Sternwartendirektoren, Professoren der Astronomie. Von Herschel und Bessel, zwei Astronomen, die nicht nur zu den bedeutendsten Persönlichkeiten der Wissenschaftsgeschichte gehören, sondern ganz sicher auch zu den interessantesten und menschlich anziehendsten, sei nun die Rede.

Ein Musiker mit philosophischen Interessen

Friedrich Wilhelm Herschel wurde am 15. November 1738 in Hannover geboren. Der Vater, Isaac Herschel, war Militärmusiker in der Königlich-Hannoverschen Garde. In Hannover – damals zum Königreich Großbritannien und Irland gehörig – wuchs Wilhelm mit fünf Geschwistern auf, unter ihnen Caroline Lukretia. Isaac Herschel war, obwohl nur von geringer Schulbildung, ein gebildeter Mann mit weiten Interessen. Er erteilte seinem Sohn Friedrich Wilhelm Unterricht in Musik, regte ihn jedoch auch dazu an, sich mit Philosophie und

Naturwissenschaften zu beschäftigen. Nach dem Besuch der Garnisonsschule trat der junge Herschel in die Hannoversche Militärkapelle ein und weilte 1752 mit seinem Regiment in England. Er nutzte diese Zeit intensiv, um sich in der englischen Sprache zu üben und wurde mit der Philosophie John Lockes bekannt. Dessen Werk „Versuch über den menschlichen Verstand" vermochte er bald in der Originalsprache zu lesen und zu verstehen.

Lockes Philosophie war für Herschels späteres Lebenswerk von großer Bedeutung, so der Grundsatz: „Zweierlei Dinge also, nämlich äußere materielle Dinge als die Objekte der Sinneserfahrung und die inneren Operationen unseres Geistes als die Objekte der Reflexion, sind für mich die einzigen Ursprünge, von denen alle unsere Ideen ihren Anfang nehmen." Auf Herschels spätere astronomische Forschungen übertragen, bedeutet dies: Das Beobachten mit dem Fernrohr ist der Anfang der Welterkenntnis, dem ein geistiges Bearbeiten des Materials folgen muss, um die Rätsel des Kosmos zu lösen. Dieser Wechselwirkung zwischen Beobachtung und Theorie war sich Herschel stets bewusst.

Doch zunächst kehrte der junge Herschel mit seinem Regiment wieder nach Hannover zurück. Um den Gefahren des Siebenjährigen Krieges zu entgehen, verließ er die Militärkapelle und ging 1757 völlig mittellos mit einem seiner Brüder nach England. Zunächst fand er eine Anstellung als Notenschreiber, dann als Leiter kleiner Militärkapellen. In dieser Zeit begann er mit eigenen Kompositionen. 1766 erhielt Herschel eine Berufung als Organist und Chorleiter an die Oktogonkirche zu Bath, einem exklusiven Erholungsort der Oberschicht des Königreichs. Hier fand der nun 28-Jährige für viele Jahre seine Heimat. Das tägliche Leben war erfüllt mit Orgelspiel und Musikunterricht. Er sah in der Musik seine Zukunft, und der große Erfolg seiner Arbeit gab ihm recht.

Dennoch begann sich neben der Musik ein zweites Interessensgebiet in Herschels Denken auszubreiten: die Astronomie. Es fing ganz harmlos an. Ein waches Interesse für alle Dinge der Welt hatte Herschel von seinem Vater auf den Lebensweg bekommen. Der Sternhimmel gehörte dazu. Etwa ab 1766 finden sich astronomische Notizen in Herschels Tagebüchern. Bald wurde ein kleines Fernrohr beschafft, dessen Leistung recht gering war. So kam Herschel auf den Gedanken, selbst größere Fernrohre herzustellen. Zu diesem Zweck besorgte er sich einige Gerätschaft und begann mit der Arbeit des Spiegelschleifens. Während heute Teleskopspiegel aus Glas oder glaskeramischen Stoffen bestehen, verwendete man zu Herschels Zeit ei-

Wilhelm Herschel, Porträt

Caroline Herschel, Porträt

ne Legierung aus Kupfer und Zinn, deren genaue Zusammensetzung stets für den jeweiligen Zweck auszuprobieren war. Gültige Rezepte gab es nicht, weshalb Herschel zu vielen metallurgischen Experimenten gezwungen war. Zeitweise half dabei der handwerklich begabte, ebenfalls als Musiker tätige Bruder Alexander. Diese Tätigkeit entwickelte sich zeitweise zu einem echten wirtschaftlichen Unternehmen. Herschelsche Teleskope wurden in alle Welt verkauft, an Astronomenkollegen genauso wie an gekrönte Häupter und gelegentlich vergab der englische König ein Instrument als wertvolles Geschenk. Seine Teleskope erregten gleichermaßen Aufsehen wie Skepsis (s. auch Abb. S. 126), die erreichten Vergrößerungen schienen unvorstellbar. Diese Skepsis veranlasste die „Royal Society", ihr Mitglied Nevil Maskelyne an den Ort des Schaffens zu schicken, um die von Herschel behaupteten Leistungen zu prüfen. Maskelyne wurde rasch überzeugt, war voller Bewunderung und Begeisterung und gestand, dass die Instrumente des Autodidakten den herausragenden in Greenwich nicht nachstanden, ja sogar in manchem weit übertrafen.

Bei all seinen Arbeiten stand Herschel ab 1772 seine Schwester Caroline zur Seite. Sie lebte nach dem Tod des geistig regsamen Vaters in bedrückenden Verhältnissen, von der Mutter in kaum mehr als in Handarbeiten, Kochen und der einfachsten Haushaltsführung angehalten. So erschien ihr Bruder, der 1772 nach Hannover reiste, um seine Schwester nach England mitzunehmen, als wahrer Erlöser. Wilhelm widmete sich ihrer Ausbildung als Sängerin, erteilte ihr Klavierstunden, übte am Frühstückstisch die englische Sprache und zeigte ihr die Sterne. Die Gesangskarriere machte rasche Fortschritte, Lehrer und Schülerin waren gleichermaßen begabt. Caroline gab Konzerte, teils mit ihrem Bruder, doch ebenso als Solistin engagiert. Wilhelm selbst war emsig als Musiker tätig, komponierte, spielte, gab Privatstunden und sah in jeder freien Minute in die Sterne.

Je mehr der Himmel im Haushalt der Geschwister um sich griff, umso mehr wurde Caroline in den Sog des vor Begeisterung sprühenden Bruders hineingezogen. Bald gab sie, um mit ihm arbeiten zu können, ihre Erfolg versprechende Karriere als Sängerin auf und wurde seine astronomische Assistentin, Sekretärin und bis zu Wilhelms Heirat auch Haushälterin unter nicht immer einfachen äußeren Bedingungen. Sie machte sich jedoch auch mit eigenen Leistungen einen Namen in der Geschichte der Wissenschaft, fand eigene Forschungsarbeiten, entdeckte Kometen und wurde vor allem nach Maria Cunitia und Maria Margareta Kirch eine der ersten selbstständig wissenschaftlich tätigen Frauen in der Astronomie.

Es gibt von Caroline ein Dokument des täglichen Lebens mit ihren beiden Brüdern Wilhelm und Alexander: „Jetzt verwandelte sich zu meinem Kummer jedes Zimmer in eine Werkstätte. Ein Kunsttischler, welcher ein Rohr anfertigte, stand in dem hübsch eingerichteten Empfangszimmer; Alex stellte eine große Drehbank in einem Schlafzimmer auf, um Formen zu drehen, Gläser zu schleifen, Oculare anzufertigen u.s.w. Gleichwohl durfte die Musik während des Sommers nicht ganz ruhen, und mein Bruder hielt im Hause oft Proben. Er componierte Rundgesänge, Trinklieder u.s.w. Zuweilen spielte er ein Conzert auf der Oboe oder eine Sonate auf dem Clavier, und die Soli meines Bruders Alexander auf dem Violoncello waren himmlisch! Auch widmete sich Wilhelm mit vielem Vergnügen einem Singechor, welcher die kirchlichen Musiken in der Octogon-Capelle begleitete, und für den er viele vortreffliche Motetten, Gesänge und Psalmen componierte. Jeder freie Augenblick wurde indessen benutzt, um zu irgendeiner Arbeit zurückzukehren, die gerade im Fortschritt begriffen war. Wilhelm nahm sich nicht einmal die Zeit, die Kleider zu wechseln, und manche Spitzenmanschette wurde zerrissen oder mit geschmolzenem Pech oder Harz befleckt, ganz abgesehen von der Gefahr, welcher er sich unaufhörlich durch die ungewöhnliche Hast und Eile aussetzte, mit welcher er Alles that.“

Dazu stelle man sich bildlich vor, wie, von Caroline geschildert, Wilhelm seit acht oder neun Stunden an einer Poliermaschine für Teleskopspiegel stand und Caroline ihm das Essen in den Mund schob, weil die Arbeit nicht unterbrochen werden durfte. Ein idyllisches Leben ist etwas anderes.

Bei seinen Beobachtungen ging Herschel von Beginn an planmäßig vor. Seit 1779 war er damit beschäftigt, mit einem siebenfüßigen Teleskop (Durchmesser rund 16 Zentimeter) alle Sterne bis zur 8. Größenklasse zu durchmustern. Dabei entdeckte er am 13. März 1781 einen Stern, „der sichtlich größer als die anderen erschien, [...] so daß ich mutmaßte, es wäre ein Komet". Er verfasste einen „Bericht über einen Kometen", der vor der ehrwürdigen Londoner „Royal Society" verlesen wurde und dem Verfasser in kürzester Zeit Weltruhm verschaffte. Die Entdeckung eines Kometen? Hier irrte Herschel. Der angebliche Komet hatte keinerlei Schweif, nicht einmal ein diffuses Aussehen, und erste Versuche, seine Bahn zu bestimmen, ergaben keineswegs die für Kometen typische lang gestreckte Form. Bald wurde die wirkliche Tragweite der Entdeckung klar. Herschel hatte den ersten in der Antike unbekannten Planeten entdeckt: den Uranus.

Für Herschel bedeutete das Ergebnis seiner systematischen Himmelsdurchmusterung einen völligen Wandel des Lebens. König Georg III. bot ihm, dem fast 44-jährigen Musiker, eine Stelle als Privatastronom mit geringen Amtsverpflichtungen an. Herschel wusste seine Chance zu nutzen, denn in der Folgezeit entstand eine Arbeit nach der anderen, von denen jede einzelne ausgereicht hätte, seine Bedeutung in der Wissenschaftsgeschichte zu begründen.

Herschel war auf vielen Teilgebieten der Astronomie tätig. Es ist mir nicht möglich, all dies hier darzustellen. So fand er die Richtung, in die sich das Sonnensystem mit der Erde im Weltall bewegt – hin zum Sternbild Herkules mit einer Geschwindigkeit von 70 000 Kilometern pro Stunde. Er gehörte zu den fleißigsten Planetenbeobachtern seiner Zeit, leitete für den Saturn einen sehr guten Wert der Rotationsdauer ab, sah an dessen Polen weiße Flecken, die er als Folge jahreszeitlich veränderlicher klimatischer Verhältnisse deutete und entdeckte 1789 mit seinem 40-Fuß-Teleskop die beiden Saturnmonde Mimas und Enceladus. Weitere Arbeiten bezogen sich auf Venus, Merkur, Jupiter und die Sonne. Seine Entdeckung der Infrarotstrahlung werde ich später noch schildern.

Mit erstaunlichem Spürsinn wandte sich Herschel immer wieder Themen zu, für deren Bearbeitung er mit seinen zu dieser Zeit einmaligen Instrumenten die technischen Voraussetzungen und mit seiner Begeisterung für die Astronomie sowie seiner außergewöhnlichen Energie die individuellen Fähigkeiten besaß. In geradezu ungeheuerliche Fernen wagte sich Herschel mit zwei Arbeiten, die 1784 und 1785 erschienen. Sein neues Vorhaben fasste er in den Begriff „Construction of the heavens". Darunter verstand Herschel, die Anordnung der Sterne im All zu untersuchen, speziell die Struktur unseres Milchstraßensystems. Mit dieser Aufgabe befasste er sich, nachdem er ein neues, leistungsstarkes Teleskop fertig gestellt hatte.

Seiner Arbeit lagen folgende Gedanken zugrunde: Wenn wir in einem begrenzten Sternsystem leben, muss ein Fernrohr, mit dem man auch die schwächsten Sterne am Rand des Systems sehen kann, die Struktur dieses Systems erfassbar machen. Zählt man die Sterne in gut ausgewählten Feldern des Himmels, so bekommt man einen Eindruck von der Struktur der Sternansammlung, weil die jeweils ermittelte Sternanzahl proportional der Tiefe des Systems in der jeweiligen Richtung ist.

Fig. 4.

Umrisszeichnung unseres Milchstraßensystems nach Wilhelm Herschel.

Seine erste Arbeit enthielt die Resultate der Sternzählungen in 3400 Feldern. Das erhaltene Umrissbild spiegelt die Verhältnisse nach heutigen Erkenntnissen recht gut wider, auch wenn Herschel die quantitativen Dimensionen viel zu klein ansetzte. Herschels weitere Arbeiten zum „Bau des Himmels" ließen ihn die Ähnlichkeit zwischen unserer Galaxis und anderen, ebenfalls elliptischen „Nebelflecken" erkennen und damit deren extragalaktische Natur.

Unser Milchstraßensystem ist nach Herschel im Weltall keine einmalige Ansammlung von Sternen, sondern nur ein Vertreter der großen Gruppe gewaltiger Sternsysteme. Das war eine geradezu revolutionäre Feststellung, zu der Herschel aufgrund seiner Studien zur Struktur unserer Milchstraße und der Untersuchung kosmischer „Nebelflecken" kam. Es ist verblüffend, zu welch umfangreichem Beobachtungsmaterial über dieses Problem Herschel bei seinen Durchmusterungen gelangte.

Doch der Reihe nach: Leicht aufgehellte Gebilde von nebliger oder sterniger Natur hatten die Astronomen schon lange vor Herschel gesehen. Die Plejaden, das bekannte Siebengestirn im Stier, und der Orion-Nebel sind mit bloßem Auge gut zu erkennen. Den matt schimmernden Fleck in der Andromeda sah bereits der arabische Gelehrte Abd ar-Rahman as-Sufi im 10. Jahrhundert. Mit kleinen Fernrohren entdeckte man seit dem 17. Jahrhundert einige weitere Objekte. Charles Messier stellte sie in einem Katalog zusammen und kam auf 103 „Nebelflecke" und Sternhaufen. Überhaupt, so wenig man von den Nebelflecken wusste, so wenig konnten die Astronomen mit ihnen anfangen. Sie waren kein selbstständiger Gegenstand der Forschung. Der „Kometenjäger" Messier katalogisierte sie nur deshalb, weil sie rasch Anlass zu Verwechslungen mit Kometen gaben, worüber er sich immer wieder ärgerte. Wenn sein Verzeichnis half, dem vorzubeugen, sah er dessen Zweck erfüllt. Sein Forschungsobjekt waren nicht die Nebelflecken, sondern die Kometen. Messiers Katalog hatte Herschel aber angeregt, diesen Objekten mit seinem 20-Fuß-Teleskop nachzuspüren. Hierbei half ihm Caroline, die auf Zuruf ihres Bruders die Position, die Helligkeit und das Aussehen des Nebels oder Sternhaufens registrierte.

Herschels erster, 1786 veröffentlichter Katalog umfasste 1000 Objekte. Ihm folgten 1789 ein weiterer mit noch einmal 1000 und 1802 ein dritter mit 500 Nummern. Herschel begnügte sich nicht mit reinem Katalogisieren. Beobachtungen waren ihm nie Selbstzweck, sondern sollten zur Bildung von Theorien, ihrer Bestätigung oder Verwerfung dienen. Darüber schrieb er 1785 mit klarer Sicht auf die dialektische Wechselwirkung zwischen Theorie und Beobachtung. „Zuerst aber sey es mir erlaubt zu erinnern daß, wenn wir irgend einigen Fortschritt in einer Nachforschung von dieser so delicaten Art zu machen hoffen wollen, wir zwey entgegengesetzte Abwege zu vermeiden haben, von denen sich kaum sagen läßt, welcher der gefährlichste sey. Hängen wir unserer phantastischen Einbildungskraft nach, und bauen Welten nach Belieben; so ist es kein Wunder, wenn wir vom Pfade der Wahrheit und der Natur weit abkommen [...] Auf der andern Seite, wenn wir Beobachtung auf Beobachtung häufen, ohne allen Versuch, aus denselben nicht bloß gewisse Schlüsse, sondern auch muthmaßliche Vorstellungsarten zu ziehen; so verstoßen wir gegen den eigentlichen Endzweck, um dessentwillen allein Beobachtungen angestellt werden sollten. Ich will mich bemühen eine gehörige Mittelstraße zu halten; sollte ich aber von derselben abkommen; so wünschte ich wohl nicht in den letzten Fehler zu fallen."

Mit seinen Untersuchungen der Nebelflecken führte Herschel der erstaunten Mitwelt wahrhaft kosmische Dimensionen vor – in einer Zeit, in der man noch nicht einmal die genaue Entfernung der nächsten Sterne kannte. Er war sich nicht nur über die extragalaktische Natur zahlreicher Nebelflecken im Klaren, sondern kam auch hinsichtlich ihrer Entfernung zu durchaus richtigen Größenordnungen, wenn er den Abstand eines „von den entlegensten Gegenständen" auf zwei Millionen Lichtjahre ansetzte – die Entfernung des Andromeda-Nebels beträgt rund 2,7 Millionen Lichtjahre, die anderer Galaxien liegt allerdings im Bereich von einigen zehn Millionen bis Milliarden Lichtjahren. Herschel ist der erste Astronom, der auf die Konsequenz aufmerksam machte, dass man mit einem Fernrohr nicht nur räumlich weit entfernte Objekte sichtbar machen kann, sondern dabei einen Blick in die Vergangenheit wirft. Denn wegen der Endlichkeit der Lichtgeschwindigkeit sind die Lichtstrahlen der entferntesten Nebel eine lange Zeit unterwegs, nach Herschels Schätzung bis zu zwei Millionen Jahre. Mit Notwendigkeit folgt daraus, „daß demnach seit so vielen Jahren dieser Gegenstand schon am gestirnten Himmel existirt haben muß, um die Strahlen auszusenden, die ihn uns jetzt sichtbar machen".

Diese Zahlenwerte sind nicht Produkt von Spekulation, sondern gehen aus einer Abschätzung der „raumdurchdringenden Kraft" des 40-Fuß-Teleskops hervor. Damit meinte Herschel den Vergleich der Größenklassen der Sterne, die einerseits mit dem bloßen Auge, andererseits mit dem 20- oder 40-Fuß-Teleskop gesehen werden können. Zwar ging er dabei von der nicht streng gültigen Annahme einer annähernd gleichen Helligkeit der Sterne aus, doch ermöglichte seine Schätzung einen ersten Vorstoß in große kosmische Dimensionen.

Nicht nur größere Dimensionen des Kosmos bedeuteten diese Forschungen, sondern auch neue weltanschauliche Einsichten. 100 Jahre zuvor hatte sich noch manch Gelehrter gesträubt, anzuerkennen, dass der Mensch auf der Erde nicht den Mittelpunkt der Welt bildet; ein Widerstand, der im Gefolge der Newtonschen Entdeckung der universellen Gravitation verschwand. Auch dass die Sonne ein Stern unter vielen Tausenden ist und keine besondere Stellung im Weltall einnimmt, war anerkannte Tatsache. Aber dass man die Anzahl der Sterne schon in unserer Milchstraße nicht nach Tausenden, sondern nach Herschels Beobachtungen mit gewaltigen Teleskopen zu Millionen zu zählen hat, und es außerhalb unseres Systems weitere, unserem

Milchstraßensystem analoge Sternansammlungen im Abstand von Millionen Lichtjahren gibt, das warf ein qualitativ völlig neues Licht auf die Struktur des Kosmos.

Erschien manchen das „vorherschelsche" Universum für den Menschen viel zu groß und leer, so „vereinsamte" es unter den ihm von Herschel gegebenen Dimensionen noch weiter. Der Mensch bewegt sich nicht nur auf einem Planeten unter anderen um die Sonne, die Sonne ist nicht nur ein Stern unter anderen – auch unser Milchstraßensystem ist nur eines unter vielen ähnlichen Weltinseln. Das ist nichts anderes, als die konsequente Weiterführung des kopernikanischen Prinzips der Aufhebung einer Sonderstellung des Menschen im Kosmos.

Die Entwicklung des Herschel-Prinzips

Herschel fand bei den Nebelflecken hinsichtlich „Lage und Gestalt sowohl als Beschaffenheit [...] alle nur erdenkliche Mannigfaltigkeit" und suchte deshalb diese Objekte in Gruppen anzuordnen. Anfangs meinte er, man könne sie alle in Sterne auflösen, wenn nur genügend starke Fernrohre zur Verfügung ständen. Zu dieser Überzeugung gelangte er aufgrund seiner Erfahrung mit lichtstarken Teleskopen, mit denen er, in Abhängigkeit von ihrer Lichtstärke, immer häufiger in den Nebelflecken Sterne entdecken konnte. Mithin sollten alle diese Objekte „teleskopische Milchstraßen" sein, wie er sie bezeichnete.

Am 13. November 1790 gelang Herschel eine Beobachtung, die er so niederschrieb: „Ein höchst sonderbares Phänomen! Ein Stern ungefähr von der 8ten Größe, mit einer zarten Lichtatmosphäre von kreisrunder Gestalt, ungefähr 3 Minuten im Durchmesser. Der Stern ist vollkommen im Mittelpunkt, und die Atmosphäre ist verwaschen zart, und gleichförmig durchaus, so daß der Gedanke, sie bestände aus Sternen, nicht Statt finden kann; auch kann kein Zweifel seyn über die augenscheinliche Verbindung zwischen der Atmosphäre und dem Stern." Warum maß Herschel dem eine solche Bedeutung bei? Über die Verbindung zwischen Nebel und Stern urteilte er schon 1791, dass er mehrere ähnliche Objekte beobachtet habe, ihnen allerdings keine große Aufmerksamkeit widmete. Da aber nun der Stern fast stets im Zentrum liege, so sei an ein zufälliges Zusammenstehen nicht zu denken, weil dann andere Stellungen des Sterns im Nebel viel häufiger sein müssten. Auf diesem Wege hatte Herschel eine völlig neue Daseinsform kosmischen Stoffes entdeckt. Bis dahin kannte man nur selbstleuchtende Sterne und feste Planeten. Nun war ein frei existierender, Licht aussendender Stoff, ein fein verteiltes „leuchtendes Fluidum“ hinzugetreten. Freimütig korrigierte Herschel seine nun als falsch erwiesene Ansicht, alle Nebelflecken ließen sich in Sterne auflösen, und nahm ohne Bedauern von ihr Abschied, zumal der Weg für sehr weitreichende Schlüsse geebnet war. Damit zielte Herschel vor allem auf eine Entwicklungstheorie kosmischer Körper, die mit der Entdeckung freier Lichtnebel, wie des Orion-Nebels, eine wichtige Ergänzung und ihren grundsätzlichen Abschluss fand.

Bis 1791 hatte sich Herschels Theorie der kosmischen Entwicklung auf die Bildung von Sternhaufen beschränkt. Den Ausgangspunkt stellten einzelne Sterne dar, die durch gegenseitige Anziehung mit der Zeit sich gleichsam um einen Mittelpunkt zusammendrängen, oder mit andern Worten sich zu einem Sternhaufen bilden, dessen Gestalt, nach Verschiedenheit der Größe und des ursprünglichen Abstandes der ringsumher befindlichen Sterne, mehr oder minder vollkommen kugelförmig sein wird. Diese erste Entwicklungskonzeption Herschels begann allerdings mit schon fertigen Sternen und schloss deren Entstehung nicht ein. Mit der Entdeckung des freien Lichtnebels kam Herschel ein beträchtliches Stück voran und konnte 1802 eine geschlossene Entwicklungslinie kosmischer Körper vorlegen. Warum sind diese Erkenntnisse eigentlich so schwierig zu gewinnen?

Kosmische Entwicklungsprozesse gehen außerordentlich langsam vor sich. Ausgenommen einige explosive Phasen der Sternentwicklung, wie Supernovae, laufen sie in Zeiten ab, die nach Millionen und Milliarden Jahren zu bemessen sind. Deshalb ist es unmöglich, den Entwicklungsweg eines Sterns durch direkte Beobachtung zu verfolgen. Herschel hatte das erkannt und verfiel auf ein methodisches Konzept, das er 1789 in Anlehnung an das Wachstum einer Pflanze vorstellte: „Denn um das Gleichniß fortzusetzen, das ich aus dem Pflanzenreich geborgt habe, ist es nicht beynahe einerley, ob wir fortleben um nach und nach das Aussprossen, Blühen, Belauben, Fruchttragen, Verwelken, Verdorren und Verwesen einer Pflanze anzusehen, oder ob eine große Anzahl von Exemplaren, die aus jedem Zustande, den die Pflanze durchgeht, erlesen, auf einmahl uns vor Augen gebracht werden?“

Im Ergebnis seiner Himmelsdurchmusterungen hatte Herschel umfangreiches Material zusammengetragen. Unter den 2500 Nebelflecken fanden sich sehr unterschiedliche Typen: diffuse, gestaltlose Nebel, runde Nebel ohne zentrale Verdichtung, solche mit deutlicher Helligkeitszunahme im Zentrum oder gar mit Zentralstern, Doppel-

und Mehrfachsterne, gestaltlose und kugelförmige Sternhaufen sowie andere Sternsysteme. Die Frage war: Sollten diese Objektgruppen voneinander unabhängige Typen darstellen oder sind sie in eine einheitliche Entwicklungsreihe einzuordnen? Herschels Standpunkt zu dieser Frage war klar: Niemand komme auf die Idee, in den Keimlingen, wachsenden, blühenden und verdorrenden Exemplaren einer Pflanzengattung unterschiedliche, voneinander unabhängige Arten zu sehen. Bei den Pflanzen sind die Übergänge zwischen den einzelnen Stadien beobachtbar, da sie rasch aufeinander folgen. Anders bei den Himmelskörpern. Obwohl sie hier in so langen Zeiträumen ablaufen und nicht direkt beobachtbar sind, so argumentierte Herschel, dürfe man doch nicht anders als bei Betrachtung des Pflanzenreichs verfahren. Also stellen die aufgezählten Typen von Himmelskörpern Durchgangsstadien eines einheitlichen Entwicklungsprozesses dar.

Wie stellte sich Herschel den Entwicklungsweg eines Sterns vor? An den Anfang dieser Reihe setzt er den freien, selbstleuchtenden Lichtnebel. Infolge fortschreitender Verdichtung bildet sich eine zentrale Konzentration, die bald als sternförmiger Kern sichtbar wird. Es entsteht ein so genannter planetarischer Nebel mit Zentralstern, der weitere Nebelmassen auf sich zieht und bald als rein leuchtender Einzelstern erscheint; soweit die erste Entwicklungsphase. Durch die

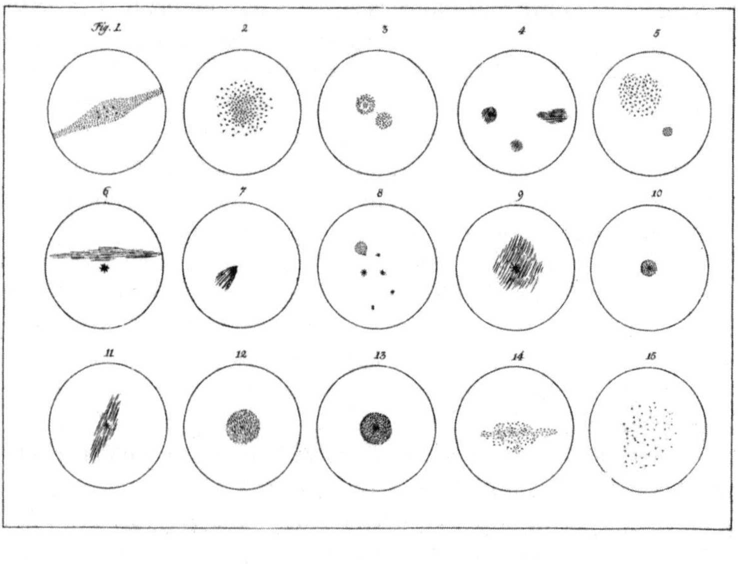

Formen kosmischer Nebel nach Wilhelm Herschels Zeichnungen.

gegenseitige Anziehung zweier benachbarter Sterne bildet sich zunächst ein Doppelsternpaar, dann ein Drei- und Mehrfachsystem. Der weitere Zuwachs an Sternen in diesem System führt zu „den ungeheuren Sammlungen kleiner Sterne", wie sie unser Milchstraßensystem bilden.

Das Wirken einer Zentralkraft, die Herschel sich im Wesentlichen als Gravitation denkt, muss ein weiteres Zusammenziehen der Sterne in den Ansammlungen bewirken. Hieraus zog Herschel den bemerkenswerten Schluss, dass auch unser Milchstraßensystem nicht von ewiger Dauer sein könne. Ursprünglich bestand es aus „gleichförmig zerstreuten Sternen", welche durch die „haufenbildende Kraft" bereits an zahlreichen Stellen zu Sterngruppen konzentriert sind. Unaufhörlich verändere sich die Anordnung der Sterne im Raum.

Diese Arbeiten Herschels waren von kaum zu überschätzender Bedeutung. Wieder hatte er der Wissenschaft ein Gebiet erschlossen, mit dem er völliges Neuland der Forschung betrat. Nur einen theoretischen Vorläufer hatte er: Immanuel Kant, dessen Vorstellungen ich im nächsten Kapitel darstellen werde. Was Kant, zwar nicht ohne empirische Befunde, doch weitgehend intuitiv erfasst hatte, brachte Herschel auf den Stand nachprüfbarer Fakten.

Herschels Forschungsergebnisse über den Bau des Himmels beeinflussten das gesamte Weltbild und Denken dieser Zeit. Nicht etwas ewig Existierendes sollte die Welt sein, ohne Geschichte, ohne natürliche Entstehung. Nun hieß es: Die Sterne waren einmal aus einem Urstoff, dem freien Lichtnebel, entstanden – also auch die Sonne und ebenso die Erde! Auf einen Schlag stellte sich die ganze Welt als etwas Gewordenes dar, und die revolutionierenden Dimensionen eröffnen sich, wenn die obige Entwicklungsreihe fortgeführt würde: Wenn die Erde eine Geschichte hat, muss auch der Mensch als biologisches Wesen eine haben; dann ist auch die gesellschaftliche Verfassung des Menschen nicht von ewiger Dauer. Das waren Gedanken, die im gesellschaftlich fortschrittlichen England möglich waren, wo die Ausbildung neuer Sozialstrukturen bereits zu leistungsfähigen Wirtschaftszentren geführt hatte, wo die Frage technischer und gesellschaftlicher Neuerungen auf der Tagesordnung stand.

Doch ist die Frage, ob Herschel diese gesellschaftlichen Prozesse überhaupt aufnahm oder ob er mit seinem Denken nur in kosmischen Regionen, fernab irdischer Realitäten schwebte. Von Jugend an liebte Herschel philosophische Dispute. Seine Vorliebe für John Locke belegt dies aus früher Zeit. Zu beachten sind seine häufigen Einstreuungen in den Abhandlungen zu philosophischen Themen, so seine zitierte Stellungnahme zum Verhältnis zwischen Theorie und Beobachtung oder der Rückgriff auf biologische Forschungsprinzipien zur methodischen Bewältigung der kosmischen Evolution. Ein weiterer Anhaltspunkt: Herschel war ein kontaktfreudiger Mensch, liebte auch Geselligkeit. Nicht nur während seiner Tätigkeit als Musiklehrer, sondern auch später bewegte er sich in sehr unterschiedlichen gesellschaftlichen Kreisen – von den Arbeitern und Handwerkern im eigenen Haus bis zur königlichen Familie. Auf einer Reise durch Frankreich im Jahre 1802, in deren Verlauf er auch eine Audienz bei Napoleon hatte, hielt er Eindrücke aus Wissenschaft, Politik und dem öffentlichen Leben mit Interesse fest. Außerdem faszinierten ihn technische Probleme aufs Höchste, weit über den Rahmen des Fernrohrbaus hinaus. Als Herschel 1792 nach Glasgow reiste, verband er damit eine Erholungsreise, die ihn auch nach Birmingham und Coventry führte. Dort besichtigte er Industrieanlagen und traf mit James Watt zusammen, der ihn durch seine Dampfmaschinenfabrik in Soho führte. In all dem zeigt sich uns Herschel nicht als einseitiger Gelehrter, sondern als jemand, der, sobald sich die Gelegenheit bot, an Problemen und Entwicklungen seiner Zeit Anteil nahm.

Doch zurück zu Herschels astronomischer Entwicklungstheorie. Schon oft hatte er mit seiner Forschung neue Wege beschritten, aber diesmal war der Bruch mit überliefertem und bis dahin bewährtem Denken so extrem, dass kaum ein Fachkollege seinen Erkenntnissen zu folgen vermochte. Stand man bewundernd vor seinen Arbeiten zur Stellarstatistik, der Aufklärung der Struktur der Milchstraße, lobte man ihn wegen der 2500 entdeckten Nebelflecken und Sternhaufen, ganz abgesehen von der Entdeckung des Uranus, die ihn in aller Welt bekannt gemacht hatte, so blieb man seiner Entwicklungstheorie gegenüber vielfach ohne Verständnis.

Selbst Bessel, frei von jeglicher Eifersucht auf Entdeckungen seiner Kollegen, bemerkte 1843 skeptisch: „Es ist übrigens nur zu erwarten, dass die ferne Welt der Nebelgebilde, welche sich selbst dem verstärktesten Sehen in unverständlicher Verkleinerung zeigt, in welcher sogar in Zahlen angegebenes Maass alle Anschaulichkeit verlieren würde, dass diese Welt weiten Spielraum der Erklärung übrig lässt.“ Er schließt mit den kritischen Worten, „nicht dass Gedanken sich kühn bewegen, sondern dass sie sich mässigen, ist des Preises wert“.

Wilhelm Olbers, „Entdecker“ und warmherziger Förderer Bessels in dessen Zeit als Kaufmannslehrling, griff die Herschelsche Methode des Schlusses vom räumlichen Nebeneinander der unterschiedlichen Formen kosmischer Objekte auf deren zeitliches Nacheinander in einer einheitlichen Entwicklungsreihe an: „Aber ist denn diese Idee auch gegründet oder erwiesen? Nein, keineswegs. Wenn wir Herscheln auch alles zugeben, so folgt aus seinen Beobachtungen an sich weiter nichts, als es gibt Nebelsterne, es gibt Fixsternsysteme worinn die Sonnen unter sich viel näher beyeinander stehn als in anderen. Weiter hat er nichts beobachtet, alles übrige ist nur Schluß, und wie ich glaube, etwas übereilter, gewagter Schluß aus seinen Beobachtungen. Eben die Abwechselung, die auch die Natur hier im kleinen auf unserer Erde zu lieben scheint, wird auch im großen am Himmel herrschen, und wir dürfen uns also nicht wundern wenn nicht alle Fixsternsysteme nach einem Modell, nach einem Maasstab gebildet scheinen. Was übrigens Hr. Herschel zur Bestätigung seiner Meinung [...] anführt, [...] zeigt vielleicht nur, daß dieser in anderer Absicht so große und verdiente Mann mit den theoretischen Theilen der Sternkunde weniger vertraut sei."

Allzu neu waren Herschels Gedanken, allzu sehr war man daran gewöhnt, die Himmelskörper als unveränderlich anzusehen, ohne Geschichte. Und war man nicht auch berechtigt, dies zu tun? Hatte denn jemals ein Astronom Veränderungen an den Sternen oder den Planeten wahrgenommen? Gerade dies war das Problem. So hatte sich das Denkmodell einer geschichtslosen Betrachtung der Himmelskörper durchaus bewährt. Mit Herschels Forschungen, vorbereitet durch Immanuel Kant, wurde es zum ersten Mal in Frage gestellt, bekamen die Sterne und mit ihnen Sonne und Planeten, bekam die Erde mit allem, was auf ihr existiert, eine natürliche Geschichte.

Auch religiöse Eiferer traten auf den Plan, die angesichts naturwissenschaftlicher Forschungen um eine von ihnen verfolgte göttliche Weltbildungslehre bangten. Auf dem Gebiet der kosmischen Entwicklungstheorie tritt uns der schon mehrfach in ähnlicher Weise konstatierte Fall entgegen: Herschel fand lange keine Fortsetzer, weil er die zu seiner Zeit gegebenen Möglichkeiten voll ausgeschöpft hatte. Lediglich Pierre Simon Laplace gab ab 1796 eine Theorie der Planetenentstehung aus von der Sonne abgelöster Materie. Erst nach 1850 griff man die Erkenntnis der Geschichtlichkeit der Himmelskörper wieder auf, nachdem infolge der Entdeckung des Energieerhaltungssatzes deutlich wurde, dass beispielsweise die Sonne wegen der Abstrahlung von Energie nicht ewig existieren könne. Weitere 20 Jahre später vermochten Friedrich Zöllner in Leipzig und Hermann Carl Vogel in Potsdam unter Einsatz der Spektroskopie und anderer astrophysikalischer Forschungsmethoden eine Entwicklungsreihe der Sterne anzugeben. Darauf werde ich später noch genauer eingehen.

Die als „Herschel-Prinzip" bezeichnete Methode des Schlusses vom Nebeneinander auf ein entwicklungsbedingtes Nacheinander bewährt sich bis heute. Herschel hatte recht, als er von einer Entstehung der Sterne aus Verdichtung diffus verteilter Gas- und Staubmassen (in heutiger Terminologie) unter Einfluss der eigenen Gravitation sprach, wenn auch seine Vorstellungen im Einzelnen nicht dem heutigen Stand entsprechen. Denn dabei spielen sich sehr komplexe und komplizierte Prozesse ab, die teilweise erst mit Hilfe der modernen Elementarteilchenphysik und der Einsteinschen Relativitätstheorie beschreibbar sind.

Wilhelm Herschel hat wie kaum ein anderer Gelehrter in der langen Geschichte der Astronomie diese Wissenschaft geprägt und verändert. Privat wird Herschel stets überzeugend als gebildet, warmherzig und verständnisvoll geschildert, als eine Persönlichkeit fern jeder Selbstüberschätzung, zu dem man noch über Jahrhunderte hinweg beim Lesen seiner Werke und Briefe eine persönliche Beziehung zu finden vermag.

Vom Kaufmann zum Sternwartendirektor

Forschungen ganz anderer Art unternahm Friedrich Wilhelm Bessel, den ich eingangs schon als einen der bedeutendsten „Amateurastronomen" vorgestellt hatte, der ähnlich tiefgreifend, wenn auch auf anderen Gebieten, das Bild der Wissenschaft Astronomie veränderte. Er kam am 21. Juni 1784 im westfälischen Minden zur Welt, so die Eintragung im Kirchenbuch, Bessel selbst gibt den 22. Juli an. Sein Vater, „Subalternbeamter eines Justizkollegiums", vermochte seinen drei Söhnen und sechs Töchtern nur mit Schwierigkeiten eine solide Schulbildung zu gewähren.

Unter den Altersgenossen tat sich der Gymnasiast Bessel nicht hervor – im Gegenteil: Er verließ die Schule bereits in der 8. Klasse. Aber etwas zeichnete ihn aus, nämlich sein Interesse für Mathematik. Dies brachte ihm eine Lehrstelle als Kaufmann in einem angesehenen Bremer Handelshaus ein. Auf Bessels spätere Laufbahn deutete damit eigentlich in seinen frühen Lebensjahren nichts hin – oder doch? Waren auch die schulischen Erfolge nicht glänzend, so befasste sich Bessels reger Geist mit vielen Dingen der Umwelt, die nicht im Lehrplan standen. So rieb Bessel einmal in einer Untertasse ein Stück Glas so lange mit Sand, bis es einigermaßen einem Brennglas ähnelte. Als Gymnasiast verglich er den Himmel mit einer einfachen Sternkarte und stellte fest, dass ein Stern im Sternbild Leier in Wirklichkeit aus zwei Sternen besteht, was nur sehr scharfe Augen erkennen können. An beide Episoden erinnerte sich Bessel noch Jahrzehnte später. Sie sind vielleicht vergleichbar mit dem Grübeln des jungen Einstein darüber, wie ein Kompass funktioniert oder was passiert, wenn man einem Lichtstrahl nachläuft.

Friedrich Wilhelm Bessel, Gipsmedaillon von Leonhard Posch, 1810.

Das Streben Bessels, den Dingen auf den Grund zu gehen, verließ ihn auch nicht bei der wenig schöpferischen Tätigkeit als Kaufmannslehrling, die zunächst im Kopieren von Handlungsbriefen bestand. Da er dies nun einmal tun musste, dachte er daran, die Zeit sinnvoll zu verbringen. Er wollte mehr über die Warenbewegung erfahren, über die Herkunftsländer der Handelsgüter, wofür die englische und wenigstens in Anfangsgründen die spanische Sprache zu erlernen waren. Um in diese Länder zu kommen, war die nautische Astronomie zu studieren und Schritt für Schritt näherte sich Bessel den Wissenschaften. 1801 nahm er an einem Kurs für die erste Steuermannsprüfung teil, um als kaufmännischer Begleiter von Handelsschiffen dem nautischen Personal zur Seite stehen zu können. Der nautischen Theorie folgten praktische Versuche der Ortsbestimmung Bremens mit einer Sternbedeckung durch den Mond, worüber Bessel nach vielen Jahren schrieb: „Man muß das Feuer der Jugend besitzen, um die Freude zu begreifen, welche dieses Gelingen mir gewährte! Ich irre gewiß nicht, wenn ich annehme, daß dadurch mein Loos für den übrigen Theil meines Lebens geworfen wurde.“ Mit neuer Literatur vertiefte Bessel seine astronomischen Kenntnisse, die zunächst recht oberflächlich waren.

Die umfangreichen Studien, die für andere vielleicht den Hauptteil der täglichen Beschäftigung bilden konnten, erledigte Bessel in seiner knapp bemessenen Freizeit. Das allein lässt schon Rückschlüsse auf seinen Eifer und seine Begeisterung zu. Sein Arbeitstag ging von acht Uhr bis 20 Uhr. Die freien Sonntagnachmittage verbrachte er meist mit Freunden. „Die Nacht mußte also zur Hilfe gerufen werden“, und so machte es sich Bessel zur Gewohnheit, nächtlich von etwa 21 Uhr bis drei Uhr über den Büchern zu sitzen.

So tritt uns Bessel nicht als frühreifes Genie entgegen, sondern als ein junger Amateurastronom mit aller Begeisterung für sein Hobby und dem Mangel der systematischen und deshalb lückenhaften Kenntnis der Astronomie. Doch gelang es Bessel bald, über kleine Versuche hinauszugehen und zu wirklicher Wissenschaft zu finden. Der Anlass dazu ergab sich 1804, als Bessel aus eigenem Antrieb die schwierige Aufgabe übernahm, die Bahn des Halleyschen Kometen mit Hilfe neu aufgefundener Beobachtungen in seiner Erscheinung von 1607 zu berechnen.

Der junge Bessel hatte noch keinen Kontakt mit der wissenschaftlichen Gemeinschaft, doch wusste er, dass in Bremen der bekannte Arzt und Astronom Wilhelm Olbers lebte. Er mag längere Zeit darüber nachgedacht haben, wie er mit Olbers in Kontakt treten könnte. An seiner Tür zu läuten, traute er sich nicht. So griff er zu einem Trick: Er sah ihn die Straße hinabgehen, schnitt ihm über eine Seitenstraße in eiligem Lauf den Weg ab, um den großen Gelehrten von vorn ansprechen zu können. Warmherzig nahm Olbers die Rechnungen Bessels entgegen, gab ihm Hinweise zur Überarbeitung und reichte schließlich das Manuskript zur Veröffentlichung in der renommierten Fachzeitschrift „Monatliche Correspondenz zur Beförderung der Erd- und Himmelskunde" ein, die von Franz Xaver von Zach in Gotha herausgegeben wurde. „Die Beilage, welche ich Ihnen hier schicke, gewährt mir die große Freude, Ihnen einen jungen Astronomen von ganz ausgezeichneten Anlagen bekannt zu machen; es ist Friedrich Wilhelm Bessel [...] Schade, daß solche Talente nicht ganz für die Sternkunde benutzt werden sollen!" – schrieb Olbers über den Kaufmannslehrling, an dessen schließlicher beruflicher Hinwendung zur Astronomie er bald entscheidenden Anteil hatte. Die Fähigkeiten seines jungen Schülers erkennend, vermittelte er ihm zunächst die Inspektorstelle an der Sternwarte des Oberamtmannes Johann Hieronymus Schroeter in der Nähe von Bremen. Dieser Tätigkeit widmete sich Bessel mit großem Eifer, bedauerte nur die Abgeschiedenheit, in der er auf Schroeters Hof lebte.

Seine Arbeit wurde 1810 jäh durch ein Angebot Wilhelm von Humboldts beendet, vor dessen Größe sogar viele durch Universitätsstudien wohl vorbereitete Wissenschaftler zurückgeschreckt wären: In Königsberg sollte eine Universitätssternwarte erbaut werden und Bessel sollte die Leitung übernehmen, verbunden mit der Professur für Astronomie. Um die Situation zu charakterisieren, möchte ich noch einmal betonen: Bessel hatte kein Studium absolviert, ja nicht einmal die Hochschulreife erlangt. Die Berufung eines Autodidakten in akademische Positionen führte zum Aufruhr unter der ehrenwerten Professorenschaft. Nur, Olbers war nicht bereit, seinen Schützling so ein-

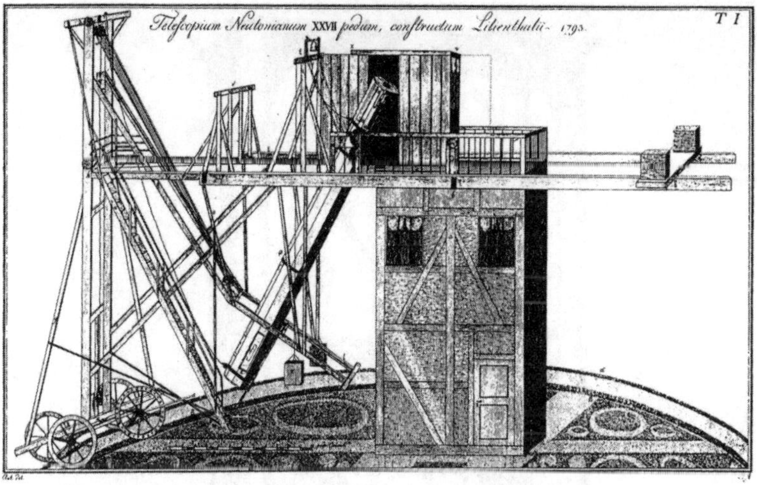

Das große Spiegelteleskop von Johann Hieronymus Schroeter.

fach aufzugeben. Gauß sprang ein, verschaffte Bessel eine Promotion an der Göttinger Universität „in absentia", in Abwesenheit, und damit war man in Königsberg zufrieden.

Der erst 26-jährige Bessel löste mit Bravour alle Probleme der Organisation der Sternwarte und der Errichtung der Professur. Die instrumentelle Erstausstattung für die Sternwarte stammte von einem weiteren Autodidakten, aus dem Nachlass des Grafen Friedrich von Hahn. Der aus einem alten Mecklenburger Geschlecht stammende Graf war wissenschaftlich gebildet, sozial engagiert und geistig der Aufklärung nahestehend. Er förderte in Mecklenburg die Landwirtschaft und sorgte auf seinen ausgedehnten Besitzungen für eine gute medizinische Versorgung, Schulbildung und Unterstützung für Alte und Kranke sowie generell für ein hohes Maß an Bildung und sozialem Wohlergehen.

Seit 1791 baute Friedrich von Hahn in Remplin ein Gartenhaus zur Sternwarte mit Instrumentenraum und Beobachtungsplattform um und setzte 1801 einen viergeschossigen Turm mit Drehkuppel hinzu. Hahn verfügte über ein sehr gutes Instrumentarium. Unter der Kuppel befand sich ein Vollkreis-Instrument von William Cary aus London mit einem Kreisdurchmesser von 25 Zoll, einer Brennweite des Fernrohrs von 33 Zoll und einer Öffnung von zwei Zoll. Vorhanden waren weitere Teleskope aus der Meisterwerkstatt von Peter Dollond, ebenfalls aus London. Neben dem Sternwartengebäude stellte er drei Spie-

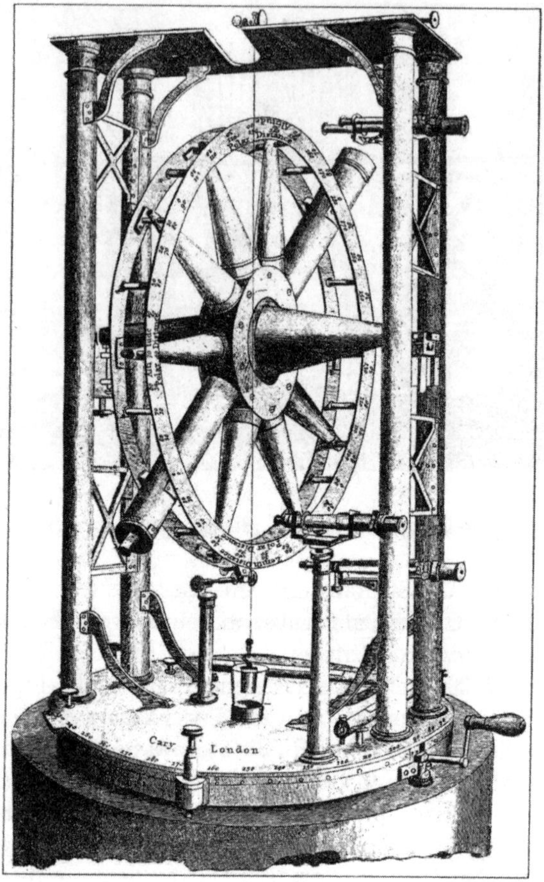

Der Cary-Kreis der Königsberger Sternwarte.

gelteleskope mit einer Brennweite von 20 Fuß und einer Öffnung von 18 beziehungsweise zwölf Zoll sowie ein Sieben-Fuß-Instrument mit einer Öffnung von acht Zoll auf, deren Spiegel allesamt von Wilhelm Herschel geschliffen worden waren.

Der Bau der Königsberger Sternwarte zog sich einige Zeit hin. Ihr Bau war ohnehin fast ein Wunder – in einer Zeit bedrückender politischer Verhältnisse, des Krieges gegen die Armeen Napoleons. Die Instrumente konnten lange nicht aufgestellt werden. Um diese Zeit des Mangels nicht unnütz verstreichen zu lassen, widmete sich Bessel einer Aufgabe, deren Lösung ihn allein schon in die Reihen der großen Astronomen geführt hätte: 1807 hatte er begonnen, sich auf Anraten von Olbers mit den Beobachtungen James Bradleys zu befassen. Er erkannte bald, dass die Genauigkeit der Daten des Engländers weit über das Erwartete hinausging und es wünschenswert sei, „daß eine sichere Theorie ihnen zum Grunde gelegt werden könnte". Diese sichere Theorie bestand in der Ableitung neuer, stark verbesserter Werte für verschiedene astronomische Konstanten, wie beispielsweise der Präzession. Diese fundamentalen Konstanten, deren Beträge die am Fernrohr unmittelbar gewonnenen Sternpositionen verfälschen, waren um 1800 teilweise noch recht unsicher bekannt. Bessel leitete sie aus den Bradleyschen Beobachtungen sehr exakt ab. Für seine Refraktionstafel wurde er 1812 zum Mitglied der Berliner Akademie der Wissenschaften gewählt.

Durch die sorgfältige Berücksichtigung der von Bessel neu berechneten Korrekturfaktoren für Beobachtungen am Fernrohr wurde eine neue Epoche der astronomischen Beobachtungskunst eingeläutet. Es ist rasch einsichtig, wenn die am Fernrohr gewonnenen Beobachtungsresultate eine bestimmte Ungenauigkeit aufweisen, bleiben Effekte verborgen, deren Betrag kleiner als diese Ungenauigkeit ist. Nun machte es Bessel möglich, durch verbesserte Werte für astronomische Koordinaten die Genauigkeit von Beobachtungen deutlich zu erhöhen. Durch die Herausrechnung störender Einflüsse aus den unmittelbar am Fernrohr gewonnenen Daten wurden bald Effekte zugänglich, die vordem innerhalb der Fehlergrenzen der Beobachtungen lagen. Manches davon gelang Bessel selbst, worauf ich gleich noch eingehen werde, anderes leisteten seine Fachkollegen.

Als Bessel beispielsweise die Örter der hellen Sterne Sirius und Prokyon (Sternbild Großer beziehungsweise Kleiner Hund) bestimmte, fiel ihm auf, dass sich die Eigenbewegung dieser Sterne merkwürdig veränderte. Sie schienen sich in einer ganz minimalen Schlangenlinie zu bewegen. Doch woher diese seitlichen Ausschläge? Nach verschiedenen Erklärungsversuchen kam Bessel schließlich zu dem Ergebnis, dass dieser Effekt auf eine unbekannte Masse zurückgeführt werden müsse. Nach seiner Ansicht sollten Sirius und Prokyon Doppelsternsysteme bilden, deren jeweils eine Komponente unsichtbar sei. Bessel postulierte das Vorhandensein nichtleuchtender Körper in der Fixsternwelt. Er hatte also Körper am Himmel gefunden, ohne sie gesehen zu haben, nur dadurch, dass er ihre Gravitationswirkung als winzige Effekte nachweisen konnte. Es war die Geburtsstunde der „Astronomie des Unsichtbaren".

Die Sache war so neu und unglaublich, dass sie in der Fachwelt heftig und kontrovers diskutiert wurde. Und die Bestätigung dauerte lange. Erst beim Test eines großen Fernrohrobjektivs konnte 1862 der von Bessel vorausgesagte Siriusbegleiter und 24 Jahre darauf auch der des Prokyon entdeckt werden. Somit erhielt Bessel recht, wenn auch die Begleiter nicht dunkel, sondern nur sehr lichtschwach sind und zur Gruppe der so genannten Weißen Zwerge gehören.

Die Methode Bessels, Unregelmäßigkeiten in den Bewegungen der Himmelskörper zur mathematischen „Entdeckung" von Gestirnen zu nutzen, hat in der Geschichte der Astronomie zu vielen wichtigen Entdeckungen geführt und ist eine alltägliche Arbeitsmethode der Astronomen geworden. Über die Fachwelt hinaus wurde sie besonders im Zusammenhang mit der Entdeckung des Neptuns und der Suche nach Planetensystemen sonnennaher Fixsterne bekannt.

Die Messung kosmischer Dimensionen

Bewegt sich die Erde um die Sonne, so führt das zwangsläufig dazu, dass von zwei gegenüberliegenden Punkten der Erdbahn die Sterne jeweils unter einem etwas anderen Winkel gesehen werden. Diesen als Parallaxe bezeichneten Winkel kann man sich leicht veranschaulichen: Man schließe zunächst ein Auge und bringe zwei in unterschiedlicher Entfernung stehende Objekte zur Deckung. Visiert man diese mit dem anderen Auge an, stehen sie nicht mehr in einer Linie, sondern nebeneinander. Eine Messung dieses Winkels mit Einrechnung des Augenabstandes ergibt die Entfernung des näheren Objekts.

Auf die Messung kosmischer Entfernungen übertragen bedeutet dies, dass wir die gegenseitige Stellung zweier Sterne zueinander von zwei gegenüberliegenden Punkten der Bahn der Erde um die Sonne (in obigem Beispiel beide Augen) messen, wobei der lichtschwächere als in praktisch unendlicher Entfernung als Fixpunkt genommen wird.

Dass es bei der Annahme einer Bewegung der Erde um die Sonne zu diesem Effekt einer Parallaxe, also eines veränderlichen Winkels zwischen den Sternen, kommen müsse, hatte bereits Kopernikus festgestellt, doch wollte es weder ihm noch späteren Astronomen gelingen, diese parallaktische Verschiebung zu messen. Kopernikus zog sich mit dem Argument aus der Affäre, die Sterne stünden zu weit entfernt, als dass die Parallaxe gemessen werden könne. Er hatte recht, doch war das Ausbleiben der Parallaxenmessung ein wichtiges Argument der Antikopernikaner – im Rahmen der mittelalterlichen Weltvorstellung sogar ein stichhaltiges.

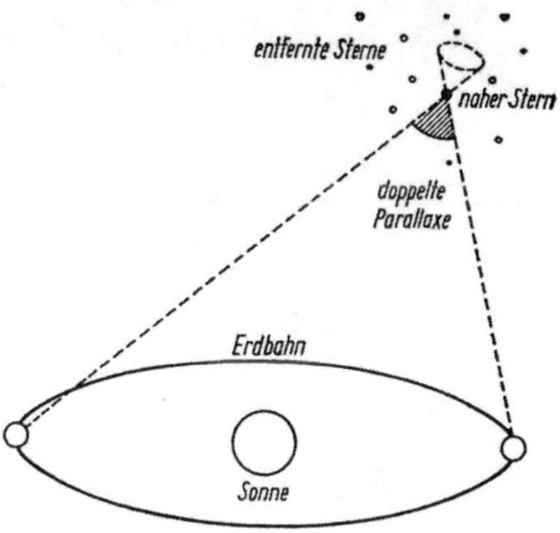

Schematische Darstellung der Parallaxenmessung.

Bei der zu erwartenden außerordentlichen Kleinheit der Parallaxe war die Auswahl möglichst naher Objekte entscheidend. Bessel wählte für seine Messversuche Sterne mit einer großen Eigenbewegung, da diese uns näher stehen müssten als solche mit geringerer Eigenbewegung. Schon 1812 wurde er auf den Stern 61 Cygni (Sternbild Schwan) aufmerksam, den er aus den Beobachtungen Bradleys als den Stern mit der größten Eigenbewegung ermittelte, und schloss sofort, dass er uns näher als alle anderen sein müsse.

Doch die Möglichkeit, das Weltall zu vermessen, hing nicht nur von den Astronomen ab, sondern ebenso von der Entwicklung der Optik und Feinmechanik. Neue, präzisere Instrumente waren notwendig, um die äußerst geringen Quantitäten der Parallaxen zu messen. Dies war schließlich mit einem Spitzenerzeugnis der Feinmechanik aus der Werkstatt Joseph von Fraunhofers in München möglich: dem Heliometer, einem speziellen astronomischen Winkelmessinstrument. Mit diesem Gerät maß Bessel zwischen August 1837 und Oktober 1838 die Position des Doppelsterns 61 Cygni relativ zu zwei schwachen Vergleichssternen und ermittelte aus etwa 2900 Messwerten eine Parallaxe von 0,3136“. Dieser Winkel entspricht einer Entfernung von 10,28 Lichtjahren, ein Wert, der später nur noch wenig korrigiert werden musste. Die mit modernen Methoden bestimmte Entfernung des Sterns beträgt etwa elf Lichtjahre. Um diese Dimensionen in einen Vergleich zu bringen: Ein Lichtjahr ist die Strecke, die das Licht mit einer Geschwindigkeit von rund 300 000 Kilometern

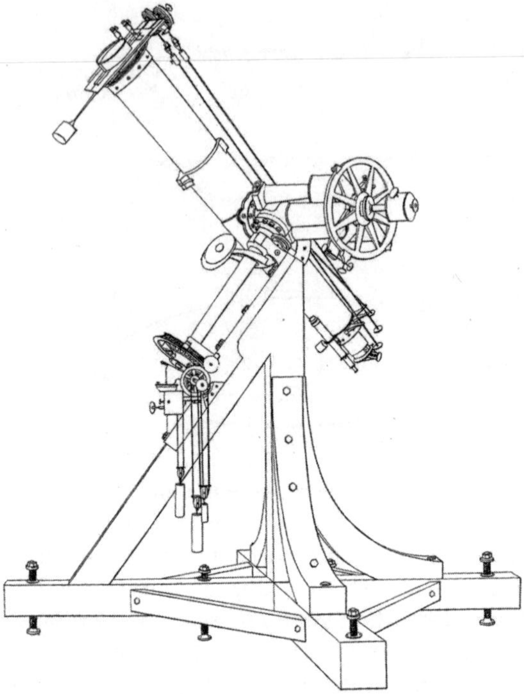

Das Fraunhofersche Heliometer der Königsberger Sternwarte.

pro Sekunde in einem Jahr zurücklegt und entspricht 9,46 x 10^{12} Kilometer, also etwa eine Zehn mit zwölf Nullen, eine Entfernung, mit der man zwar jederzeit bequem rechnen kann, die aber jenseits jeglicher Vorstellungskraft liegt, auch für einen Astronomen. Man bedenke, das ist einer der nächsten Sterne in der Sonnenumgebung.

Bessels Parallaxenmessung genoss in der Fachwelt größtes Interesse. Der väterliche Freund Olbers gratulierte seinem ehemaligen Schüler voll Freude: „Empfangen Sie meinen wiederholten herzlichen innigsten Glückwunsch zu dieser großen Entdeckung, die nun zuerst unsern Vorstellungen über das Universum eine feste gesicherte Grundlage gibt." John Herschel, der berühmte Sohn des noch berühmteren Vaters schrieb: „Dies ist der größte und ruhmvollste Triumph, den je praktische Astronomie davon getragen hat [...] So groß ist das Universum, in dem wir leben, zu dessen Ermessung wir endlich die Mittel erfunden haben zum wenigsten bei einem seiner Körper, der uns wahrscheinlich näher ist, als alle übrige."

Die auch aus heutiger Sicht überragende Bedeutung dieser Besselschen Leistung liegt darin, dass zum ersten Mal die Möglichkeit geboten war, über das Planetensystem hinaus die kosmischen Dimensionen zu erfassen. Da die Entfernung eines Sterns unerlässlich für eine physikalische Erforschung der Himmelskörper ist, eröffnete Bessel der Astronomie auch hier neue Wege, die er selbst jedoch nicht im Auge hatte und die erst etwa 50 Jahre später mit der Astrophysik beschritten werden konnten.

Und noch etwas muss ich nachtragen, was einerseits von großer Bedeutung war, andererseits geradezu bedeutungslos: Mit der Parallaxe war endlich einer der hauptsächlichen Beweise für das kopernikanische Weltsystem gefunden, die Jahresbewegung der Erde geradezu sichtbar gemacht. Nur interessierte dies damals kaum noch jemanden, denn um das Weltsystem gab es zu Bessels Zeit längst keine Diskussion mehr. Wir sehen hier einen fundamentalen Beweis für etwas, was der Auffindung des Beweises längst nicht mehr bedurfte.

Obwohl Bessel in einer politisch sehr bewegten Zeit lebte, man denke nur an die Befreiungskriege gegen Napoleon, die revolutionären Ereignisse in Paris, die Anfänge der bürgerlichen Revolution in Deutschland, nahm er zu Zeitereignissen nur selten Stellung. Um so bemerkenswerter ist deshalb sein Beitrag in der „Königsberger Allgemeinen Zeitung“ vom Februar 1845, betitelt „Überbevölkerung“, in dem er entschieden der Bevölkerungstheorie des britischen Sozialforschers Thomas R. Malthus widersprach. Es gebe keine Überbevölkerung, die ständig durch Kriege, Hunger und Elend dezimiert werden müsse – so argumentierte Bessel –, sondern man könne nur von einer relativen Überbevölkerung sprechen – relativ zu den ökonomischen Möglichkeiten der „Vermehrung der Arbeit“ durch Ausweitung des Handels und des Handwerks sowie der Erhöhung der Erträge der Landwirtschaft. „Dieselbe Quadratmeile die nur wenige Jäger ernähren konnte, bietet die Mittel des Unterhalts eben so vielen Tausenden, welche die Intelligenz besitzen, sie aus dem Boden hervorzurufen. Jede Vermehrung der Kunst des Ackerbaus vergrößert das mit der Wohlfahrt der Bevölkerung vereinbare Maximum; und wenn verschiedene Gewerbe sich vermischen und der mächtige Handel Städte gründet, so wird ein noch größeres erreichbar.“

Bessel stellte fest, „daß die beiden äußersten Grade der Wohlfahrt der Bewohner [...] sich jetzt häufiger finden als früher; daß Reichthum sich öfter anhäuft, daß abschreckende Armuth fortschreitend um sich greift“ und kommt zur Erkenntnis, dass die Abhilfe vom Übel der Armut nur durch ökonomische Veränderungen zu schaffen ist und nicht durch Appelle an die Menschlichkeit der Besitzenden. Bessels Meinung nach hat die Wissenschaft die humanistische Aufgabe, die Wohlfahrt der Bevölkerung, der Bauern, Handwerker und aller anderen Bevölkerungsschichten zu heben, um so allen Menschen ein würdiges Dasein zu ermöglichen. Durch die Wissenschaft sollen die Menschen zu vermehrter Produktion befähigt werden. Bessels Gedanken führten ihn zur Forderung nach einer populärwissenschaftlichen Zeitschrift, einem „Pfennigmagazin", einer preiswerten, aber niveauvollen Zeitschrift zur Volksaufklärung, das die „Intelligenz" aller „Gewerbe" zu heben vermag.

Das Ende der klassischen Astronomie

In der Nummer 556 vom 8. April 1846 der „Astronomischen Nachrichten", der führenden astronomischen Fachzeitschrift, findet sich folgende Mitteilung: „Am 17ten März Abends zwischen sechs und sieben Uhr starb Friedrich Wilhelm Bessel. Seine langen und schweren Leiden schloß ein ruhiger schmerzloser Tod. Er schlief von Liebe bewacht sanft ein, um hier nicht wieder zu erwachen." Es folgt ein Brief von Johanna Bessel, in dem sie die letzten Lebenstage ihres Vaters schilderte. Die Todesanzeige enthielt keine schmückenden Worte von der Bedeutung Bessels. Den Lesern dieser Zeitschrift, wie überhaupt keinem Zeitgenossen brauchte man zu sagen, wer Bessel war, welch ein Verlust die Astronomie mit seinem Tod getroffen hatte. Seine Autorität war weltweit anerkannt, seine Bedeutung wagte niemand in Worte zu fassen.

Bessel war jahrelang krank gewesen, wie sich herausstellte litt er an Darmkrebs. Seit dem Sommer 1844 war er nicht mehr imstande, am Fernrohr zu arbeiten. Diese erzwungene Untätigkeit belastete ihn sehr. Seine letzte Ruhestätte fand er auf dem an die Sternwarte angrenzenden Friedhof. An seiner Seite wurde seine Ehefrau Johanna bestattet, die ihn um fast 40 Jahre überlebte.

Bessel betrachtete – entsprechend dem Stand der Wissenschaftsentwicklung – die Analyse der mechanischen Bewegung der Himmelskörper als das einzige wirkliche Ziel der Astronomie. Doch knapp 15 Jahre nach seinem Tod wurde durch die Spektralanalyse und ihren astronomischen Einsatz dieser Ausschließlichkeitsanspruch der Himmelsmechanik gestürzt. Mehr und mehr interessierte man sich dafür, wie die Himmelskörper physikalisch-chemisch zusammengesetzt und wie sie entstanden sind, sich entwickelt haben, wie die Struktur der Welt im Großen aussieht. Doch auch die Astrophysik benötigt genaueste Positionen und Entfernungsangaben der Himmelskörper; und das sind Bereiche, in denen Bessel bahnbrechend gewirkt hat. Wilhelm Foerster, der wegen seiner wissenschaftsorganisatorischen und sozialreformerischen Bestrebungen weit über die Astronomie hinaus bekannte Direktor der Berliner Sternwarte, bezeichnete Bessel als „die epochemachende Kraft, als den eigentlichen Begründer der hohen, strengen Messungskunst in fast allen Gebieten der Forschung und exakter Praxis und zugleich als produktiven Denker von höchster ordnender Klarheit auf dem Felde astronomischer Theorie bis hinein in die reine Mathematik".

Altersbildnis Friedrich Wilhelm Bessels, Daguerreotypie von 1843.

Mit Bessels Lebenswerk erreichte die klassische Astronomie den Höhepunkt ihrer Entwicklung insofern sie das ausschließliche Ziel aller Forschung bestimmte. Bessel selbst gab ihr die verbindliche Zielstellung: „Was die Astronomie leisten muß, ist zu allen Zeiten gleich klar gewesen: sie muß Vorschriften ertheilen, nach welchen die Bewegungen der Himmelskörper, so wie sie uns, von der Erde aus, erscheinen, berechnet werden können. Alles was man sonst noch von den Himmelskörpern erfahren kann, zum Beispiel ihr Aussehen und die Beschaffenheit ihrer Oberflächen, ist zwar der Aufmerksamkeit nicht unwerth, allein das eigentlich astronomische Interesse berührt es nicht. Ob die Gebirge des Mondes so oder anders gestaltet sind, ist für den Astronomen nicht interessanter, als die Kenntnis der Gebirge der Erde für den Nicht-Astronom ist: ob Jupiter dunkle Streifen auf seiner Oberfläche zeigt oder gleichmäßig erleuchtet erscheint, reizt eben so wenig die Wissbegierde des Astronomen, und selbst die vier Monde desselben interessieren ihn nur durch die Bewegungen, welche sie haben. Die Bewegungen aller Himmelskörper so vollständig kennen zu lernen, daß für jede Zeit genügende Rechenschaft davon gegeben werden kann, dieses war und ist die Aufgabe, welche die Astronomie aufzulösen hat."

Das war nicht neu, schon 1650 schrieb Maria Cunitia in diesem Sinne: „Denn der gantzen Astronomiae verrichtung, ist erkündigen, auff iedwedern punckt der zeit, den orth und gelegenheit der Sterne; auch auff iedwedern raum oder wärung der Zeit, die mensur der circularischen Fortrückung des Gestirns, und hergegen, auß bekandter mensur der fortrückung, erkennen die durch selbige motion abgemessene währung derzeit“. Zu Bessels Zeit erhielt dies jedoch eine viel größere Tiefe – nach Entwicklung der Störungsrechnung seitens der Mathematik, den Methoden der Fehlerrechnung, der Gaußschen Methode der kleinsten Quadrate sowie dem großen Fortschritt im Bau astronomischer Instrumente, der Feinmechanik und Optik, und der Entdeckung oder konsequenten Berücksichtigung von Effekten, die das am Fernrohr gewonnene Messresultat verfälschen.

10. Himmelskörper in Philosophie und Wissenschaft

Um die Mitte des 18. Jahrhunderts hatte die Astronomie einen hohen Stand der Entwicklung erreicht und festigte mit der Exaktheit ihrer Methoden den Ruf eines Vorbildes für alle Naturwissenschaften. Die Vorausberechnung von Himmelserscheinungen hielt allen Prüfungen stand, die Kalenderrechnung war mit Hilfe der Astronomen auf ein sicheres Fundament gestellt. Doch womit beschäftigen sich die Astronomen überhaupt – das heißt, was waren die Sterne überhaupt, was die Sonne, die Planeten, die Monde, die Kometen? Diese Fragen waren der Forschung noch immer verschlossen. Man berechnete mit hoher Genauigkeit die Positionen von Körpern, von denen man gar nicht wusste, was sie eigentlich waren.

Nicht, dass man sich nicht Gedanken über die Natur der Himmelskörper gemacht hatte, nur astronomisch war die Antwort auf solche Fragen nicht. Bei den alten Griechen gab es teilweise gewisse Ahnungen davon, dass die Himmelskörper nicht viel anders sein könnten als der Erdkörper, was natürlich nicht als Produkt wissenschaftlicher Forschung erschien, sondern aus philosophischen Überlegungen von der stofflichen Einheit der Welt resultierte, die zur damaligen Zeit nichts anderes als ein Gegenstand der Philosophie sein konnte. Solcherlei Vorstellungen waren jedoch mehr auf die frühe ionische Naturphilosophie beschränkt, vorherrschend war die Sicht auf die Himmelskörper als Entsprechungen oder Verkörperungen göttlicher Wesen wie der olympischen Götter. Kam die Sprache auf ihre Natur, war damit eine enge Verbindung zur Astrologie hergestellt. Die Natur der Himmelskörper war feuchtend oder trocknend, wärmend oder kühlend, was im weitesten Sinne doch etwas mit Physik zu tun hat. Für die reine Fachastronomie interessierten die Himmelskörper nur als geometrische Punkte, deren Stellungen und Bewegungen mit Hilfe der Geometrie beschrieben und berechnet wurden; Astronomie war „Himmelsgeometrie".

Mit der Newtonschen Physik wandelte sich dieses Bild. Die Himmelskörper wurden mit ihren gravitativen Wirkungen betrachtet, aus geometrischen Punkten wurden Massenpunkte. Ihre Ausdehnung, die Oberflächenbeschaffenheit und Sonstiges spielte weiter keine Rolle. Auch Sonne und Mond wurden mit ihren individuellen Besonderheiten mathematisch auf Punkte reduziert, in denen die Masse konzentriert gedacht wurde.

Diese Betrachtungsweise schließt für uns heute wichtige, vielleicht gar die interessantesten Fragestellungen gänzlich aus, was anders damals nicht möglich war. Die Natur der Himmelskörper war der Forschung nicht zugänglich, was zur Folge hatte, dass diese Frage als Aufgabe der Wissenschaft gar nicht gestellt wurde. Und damit blieb ebenso ausgespart, ob die Himmelskörper und mit ihnen der Himmel selbst eine Geschichte in Raum und Zeit haben. Das Weltall erschien in Unveränderlichkeit, in einer ewigen Dauer, die nur durch den biblischen Schöpfungsbericht und die Theologie des Jüngsten Tages begrenzt wurde.

Kant und die Geschichte des Planetensystems

Das starre Festhalten am biblischen Schöpfungsmythos und der Sintflutlehre wirkte sich auf die Forschung hemmend aus. Hier stand eigentlich wieder das uns schon im Zusammenhang mit der Durchsetzung des heliozentrischen Weltsystems begegnete theologische Problem der Interpretation der Bibel im Mittelpunkt. Ist die Bibel in jedem Fall wörtlich zu nehmen, oder, wie es Rothmann, Kepler und Galilei meinten, müsse sie interpretiert werden, weil ihre Worte den damaligen Menschen verständlich sein mussten? Noch allgemeiner: Ist die Bibel auch ein Lehrbuch der Naturkunde, oder muss sie auf den Menschen, sein Leben, auf seine Moralität begrenzt werden?

In der Geologie waren um die Mitte des 18. Jahrhunderts vielfache Kenntnisse vorhanden, die eine Veränderung der Erde, mithin ihre Geschichte, verdeutlichten. Das war nicht mehr die Frage, sondern diese zielte auf die Prinzipien, die Ursachen dieser Veränderungen. Bald nach 1700 gab es die ersten Erdbildungstheorien, deren Verfasser sich noch eng an die Mosaische Schöpfungslehre hielten. Einigen Zeitgenossen war schon dies zu weitgehend, weshalb solcherlei Versuche, die Erdgeschichte naturwissenschaftlich zu fassen, den Autoren den Vorwurf der Freigeisterei und gar des Atheismus einbrachten. Auf uns macht heute die spekulative Detailliertheit dieser Ideen, wie die Entstehung der Erde durch den nahen Vorbeigang eines Kometen an der Sonne und die immer wieder regelmäßig geschehene Einwirkung auf die in Entstehung befindliche Erde einen befremdlichen Eindruck. Den empfand allerdings auch schon Georg Christoph Lichtenberg, der ironisch bemerkte, die Autoren dieser Ideen seien „auf den tollen Einfall gekommen [...] aus der Naturgeschichte unserer Erdkugel eine Farce zu machen, worin die dramatis personae Cometen sind". Tatsächlich spielten die Kometen als handelnde Personen in den frühen Lehren der Erdbildung, in denen die Erde teilweise als ehemaliger Komet erscheint, den Gott bei der Erschaffung der Welt zu einem Planeten umgestaltete, noch länger ein große Rolle, vor allem, weil man sich von ihrer Natur ein ganz falsches Bild machte, sie sich beispielsweise als sehr massereiche Körper vorstellte.

Einen großen Fortschritt stellte die Theorie der Bildung der Himmelskörper von George Louis Leclerc de Buffon aus dem Jahre 1749 dar. Vor allem ist sein methodischer Ansatz von Bedeutung. Wie kommt man der Entstehung des Planetensystems auf die Spur, wenn man doch die Bildung der Himmelskörper nicht beobachten kann? Buffon überlegte, dass sich die Geschichte des Systems in seiner Struktur vergegenständlicht haben muss. Und er fand Folgendes:

- Alle Planeten bewegen sich um die Sonne in derselben Richtung.
- Die Ebenen dieser Bewegung haben alle annähernd dieselbe Lage im Raum.
- Die Dichte der Planeten nimmt mit der Entfernung von der Sonne ab.
- Die ersten beiden Punkte treffen auch für die Monde zu.

Nun schätzte Buffon die Wahrscheinlichkeit ab, dass all dies ein Produkt des Zufalls ist und kam auf ein Verhältnis von 7692624:1. Also müssen die Planeten und ihr System einen gemeinsamen Ursprung haben und waren anfangs in einem feurig-flüssigen Zustand, der sich noch heute an der an den Polen abgeplatteten Gestalt der Erde zeigt. Diesen Ursprung dachte er sich im streifenden Vorbeigang eines Kometen an der Sonne, der dabei Materie aus dem Sonnenkörper herausriss. Diese Stoffe sammelten sich infolge ihrer eigenen Gravitationskraft nach und nach in runden Körpern, kühlten langsam aus und wurden zu Planeten, wobei sich kleinere Massen um diese als Monde bildeten. Da die leichteren Teile der Sonnenmaterie durch den Kometenstoß eine größere Beschleunigung erhielten als die schwereren, haben die sonnennahen Planeten eine größere Dichte als die sonnenfernen Riesenplaneten. Im Durchschnitt ist die Dichte der Planeten gleich der der Sonne. Das Planetensystem ist stabil aus dem Wechselverhältnis der zur Sonne wirkenden Gravitationskraft und der von ihr weggerichteten Fliehkraft.

Buffon wurde mit dieser kosmologischen Konzeption zum Begründer der kosmischen Katastrophentheorien, einer Herleitung kosmischer Strukturen und Körper aus Katastrophenszenarien, wie dem

Zusammenstoß oder der nahen Begegnung zweier Körper oder Systeme. Wir wissen heute, dass es dies im Weltall tatsächlich gibt, dass sich Galaxien gegenseitig durchdringen können und Sterne durch ihre Nähe Teile ihrer Materie austauschen können, wobei es dann zu ganz charakteristischen Erscheinungen kommt.

Man muss Buffon zugestehen, dass sein System in sich konsistent ist und es auf der Newtonschen Physik fußt. Der größte Mangel liegt darin, dass es bereits mit der fertigen Sonne und der Existenz eines Kometen einsetzte und deren Entstehung außerhalb seiner Vorstellungen lag. Dass sich bei einer genaueren Analyse vielfache physikalische Widersprüche auffinden lassen, möchte ich beiseite lassen, um das Neue in dieser kosmogonischen Theorie betonen zu können. Im Unterschied zu seinen Vorgängern, deren Lehren hier nicht näher demonstriert werden können, bemühte sich Buffon um eine wirklich wissenschaftliche Betrachtung, ohne willkürlich ausgedachte, sich um die Realität nicht kümmernde Voraussetzungen. Theologisch legte er seinem System einen deistischen Gottesbegriff zugrunde, demzufolge Gott bei der Erschaffung der Welt die Materie mit allen erforderlichen Eigenschaften ausstattete und insofern die Natur seitdem keine korrigierenden Eingriffe in ihren Lauf benötigt. Für den Deismus wäre es geradezu Gotteslästerung anzunehmen, Gott habe die Welt so unvollkommen erschaffen, dass er immer wieder ordnend in das Geschehen eingreifen müsse.

Für die Fachastronomie waren Buffons Darlegungen ohne jede Bedeutung. Die Astronomie war für eine Untersuchung der Frage der Gewordenheit der Erde und mit ihr des ganzen Sonnensystems nicht bereit; dies lag vollkommen außerhalb ihres Gesichtskreises. Aber von Buffon geht eine direkte Verbindung zu Immanuel Kant. Und Kant war nicht nur ein bedeutender Philosoph, sondern er hat sich durch seine Arbeiten zur Kosmogonie einen bedeutenden Platz in der Geschichte der Astronomie erworben.

Kant hatte das Werk Buffons sehr aufmerksam studiert und ihm sehr wichtige Anregungen entnommen. Allerdings: Während Buffon kein universelles Modell der Entstehung eines Planetensystems präsentierte, behandelte Kant unser Sonnensystem als Prototyp eines jeden Systems. Das Sonnensystem fungiert bei Kant als universelle Analogie, bei Buffon bleibt es vereinzeltes Individuum. Während Kant die Kräfte für die Entstehung und Entwicklung auf Gravitation und Repulsion, also auf dem System immanente, widerstreitende Kräfte zurückführte und damit die Bewegung als Selbstbewegung der Materie fasste, griff Buffon auf für die „Protosonne“ fremde und rein äußerliche und zufällige Kräfte zurück, eben den streifenden Vorbeigang eines Kometen an der Sonne.

Immanuel Kant, allgemein vor allem wegen seiner philosophischen „Kritiken" bekannt und mit dem „Ding an sich" fast populär, hat sich zu Beginn seiner wissenschaftlichen Laufbahn mit naturwissenschaftlichen Themen beschäftigt und diese, wenn auch später nur noch gelegentlich, bis ins hohe Alter verfolgt. Er begann mit Untersuchungen zur Frage der Geschichte des Erdkörpers, vertieft durch Überlegungen, die das verheerende Erdbeben von Lissabon 1755 anregte. Daneben standen naturphilosophische Betrachtungen über die „Schätzung der lebendigen Kräfte", die auf der Newtonschen Physik beruhten. Kant untersuchte in seiner ersten größeren Veröffentlichung die Frage, ob die allerersten Bewegungen von unbewegten Körpern stammen könnten und legte damit ein wichtiges Prinzip seiner Vorstellung von der Bildung und Entwicklung kosmischer Körper fest: „die ersten Bewegungen", schreibt er, „sind nicht durch die Kraft einer bewegten Materie hervorgebracht worden; denn sonst würden sie nicht die ersten sein. Sie sind aber auch nicht durch die unmittelbare Gewalt Gottes oder irgend einer Intelligenz verursacht worden, solange es noch möglich ist, daß sie durch Wirkung einer Materie, welche im Ruhezustande ist, haben entstehen können; denn Gott erspart sich so viele Wirkungen, als er ohne den Nachtheil der Weltmaschine thun kann, hingegen macht er die Natur so thätig und wirksam, als es nur möglich ist."

Damit hatte Kant die Möglichkeit, einen Schritt weiter zurück zu gehen als Buffon, nämlich durch Untersuchung der „allerersten" Bewegungen die Entstehung der ebenso allerersten Körper aufzuspüren. Kant entwickelte eine dynamische Naturbetrachtung, die ihn zur grundsätzlichen Verbindung von Materie und Bewegung führte.

Nun aber, wie dachte sich Kant die Bildung unseres Planetensystems? Wie Buffon ging er den Weg, von der Struktur des Systems auf dessen Entwicklung zu schließen, weil eine gemeinsame Ursache zu diesen Erscheinungen geführt haben müsse. Der in diesen Strukturen verschlüsselte Entwicklungsweg begann bei Kant in einem Zustand, in dem Sonne, Planeten, Monde und so weiter „in ihren elementarischen Grundstoff aufgelöset, den ganzen Raum des Weltgebäudes erfüllet haben, darin jetzo diese gebildeten Körper herumlaufen". Mit Bezug auf die Konzeption der Selbsttätigkeit der Materie setzt er fort: „Bey einem auf solche Weise erfüllten Raume dauert die allgemeine Ruhe nur einen Augenblick. Die Elemente haben wesentliche Kräfte, einander in Bewegung zu setzen und sind sich selber eine Quelle des Lebens. Die Materie ist sofort in Bestrebung, sich zu bilden. Die zerstreuten Elemente dichterer Art sammeln, vermittelst der Anziehung, aus einer Sphäre rund um sich alle Materie von minder spezifischer Schwere". Dabei verhindere die Repulsivkraft ein völliges Zusammenstürzen. Auf diese Weise bilde sich im Zentrum dieser Wolke eine Materieverdichtung, aus der die Sonne hervorgehe. Die noch immer zum Zentrum strebenden Teilchen würden durch Zusammenstöße seitwärts abgelenkt, und daraus resultierten Wirbel, die eine gleichgerichtete Bewegung um die Sonne ausführten.

Mittels derselben einfachen Grundprinzipien gelang Kant die Ableitung der unterschiedlichen Dichte der Planeten: „Wenn wir nun aber Partikeln, von unterschiedlicher specifischer Dichtigkeit, in gleichem Abstande von der Sonne gedenken, so dringen die von größerer specifischer Schwere tiefer, durch den Widerstand der andern zur Sonne hindurch, und werden nicht so bald von ihrem Wege abgebeuget, als die leichteren; daher ihre Bewegung nur in einer größeren Annäherung zur Sonne zirkelförmigt wird." In analoger Weise dachte er die Entstehung der Monde. Hinsichtlich der Zeitdauer entwickelte Kant seinen Lesern nicht nur dem biblischen Schöpfungsgedanken widersprechende Vorstellungen, sondern rechnete mit einer „Reihe von Millionen Jahren und Jahrhunderten, [...] ehe die Sphäre der gebildeten Natur, darin wir uns befinden, zu der Vollkommenheit gediehen ist, die ihr jetzt beiwohnet". Er vermutete sogar, dass der Prozess des Werdens von Welten noch immer andauere, da viele Himmelskörper bisher nicht zu ihrer Vollkommenheit gelangt seien.

Damit sind die Grundzüge der Entstehung des Planetensystems nach Kants Vorstellungen umrissen. Er wendete sie im Weiteren in Anbetracht dessen, dass die Sterne nichts anderes sind als „Sonnen und Mittelpunkte von ähnlichen Systemen", auf die Sternenwelt an. Dadurch gelang es Kant, zwischen dem Sonnensystem und den Sternen eine Verbindung zu ziehen. Diese führte ihn zur Milchstraße. „Das Heer der Gestirne macht, durch seine beziehende Stellung gegen einen gemeinschaftlichen Plan, eben sowohl ein System aus, als die Planeten unseres Sonnenbaues um die Sonne. Die Milchstraße ist der Zodiakus dieser höheren Weltordnungen". So erklärte er das Milchstraßensystem als abgeplattete, linsenförmige Sternansammlung, deren Einzelsterne sich auf eine Ebene, den galaktischen Äquator, konzentrieren, in Analogie zum Planetensystem. Diese Gedanken hatte schon 1750 Thomas Wright in seiner „Original theory or new hypothesis of the universe" ausgesprochen. Noch einen Schritt weiter hinaus in den Kosmos ging Kant, indem er eine Ähnlichkeit unseres Sternsystems mit anderen kosmischen Systemen, den Nebelflecken, postuliert. Auf diese Weise stellte sich „das gesamte Universum, das All der Natur, in einem einigen System durch die Verbindung der Anziehung und der fliehenden Kraft“ dar. Man denke an die bereits dargestellten Forschungen Herschels zu diesem Gegenstand.

Kant war sich der Tragweite des Entwurfes einer Naturgeschichte kosmischer Körper und Systeme bewusst und sah Einwendungen seitens theologischer Eiferer. Dementgegen sagte er selbstbewusst: „Ich genieße das Vergnügen ohne Beyhülfe willkührlicher Erdichtungen, unter der Veranlassung ausgemachter Bewegungsgesetze sich ein wohlgeordnetes Ganzes erzeugen zu sehen, welches demjenigen Weltsystem so ähnlich siehet das wir vor Augen haben, daß ich mich nicht entbrechen kann es vor dasselbe zu halten.“ Hier findet sich das von mir im Zusammenhang mit Buffon angesprochene neue Religionsverständnis, der Gottesbegriff des Deismus, in dessen Rahmen der Einfluss eines persönlichen Gottes auf das Weltgeschehen für überflüssig und nicht geschehen betrachtet wird und Gott lediglich die Funktion eines ersten Bewegers in den Naturgesetzen erhielt.

Die alltäglichen Probleme der Jupiterbewohner

In einem Anhang zur „Allgemeinen Naturgeschichte“ nahm Kant ausführlich zur damals viel diskutierten Frage nach der Existenz weiterer bewohnter Welten Stellung. Kant sah darin in sehr gegenwärtig klingender Weise die Entstehung des Lebens als Produkt der Entwicklung der Himmelskörper an, nicht als davon unabhängigen Schöpfungsakt oder als sekundäres Phänomen. Dennoch erkannte er auch, dass Leben an bestimmte äußere Bedingungen geknüpft ist, die nicht überall und ständig gegeben sind. Die Lebensformen würden sich auf anderen Planeten entsprechend den dort herrschenden Bedingungen entwickeln, besonders hinsichtlich des Abstandes von der Sonne und der Rotationsdauer eines Planeten. Dabei könnte es sowohl Lebensformen geben, die in ihrer Entwicklung weit über dem Menschen stehen, als auch solche, die noch nicht diese Stufe erreicht haben.

„Ich bin der Meinung“, schrieb er, „daß es eben nicht nothwenig sey, zu behaupten, alle Planeten müßten bewohnt seyn, ob es gleich eine Ungereimtheit wäre, dieses, in Ansehung aller, oder auch nur der meisten, zu leugnen. Bey dem Reichthume der Natur, da Welten und Systeme, in Ansehung des Ganzen der Schöpfung, nur Sonnenstäubchen seyn, könnte es auch wohl öde und unbewohnte Gegenden geben, die nicht auf das genaueste zu dem Zwecke der Natur, nemlich der Betrachtung vernünftiger Wesen, genutzet würden [...] Vielleicht, daß sich noch nicht alle Himmelskörper völlig ausgebildet haben; es gehören Jahrhunderte, und vielleicht tausende von Jahren dazu, bis ein großer Himmelskörper einen festen Stand seiner Materien erlanget hat."

Ich möchte auf ein Element der Argumentationskette Kants aufmerksam machen, das uns heute fremd ist, damals jedoch als treffendes wissenschaftliches Argument galt – die Teleologie. Schon in der Bibel wird als Motiv für die Schaffung der Himmelskörper angegeben, dass sie dem Menschen zu Nutze seien. Nachdem aber mit dem Fernrohr Sterne entdeckt wurden, die für den Menschen kaum sichtbar sind, zudem Monde des Jupiters, etwas später auch des Saturns, stellte sich die Frage auf neue Weise – wozu das Ganze? Es war allgemeine Ansicht, dass Gott nichts umsonst erschaffen habe, sondern alles einem Ziel unterordnete, griechisch „télos", daraus der Begriff Teleologie. Mit welchem Ziel und zu welchem Zweck wurden diese fernen Himmelskörper geschaffen, welchen Sinn haben sie? Es blieb nur eine Antwort, es müsste in diesen Fernen Lebewesen geben, die sich dieser Körper erfreuen, für die sie erschaffen wurden. Und – frei nach Kant – gibt es dort derzeit noch keine, liege es in der Natur der Sache, dass sie ja noch entstehen können.

Die Überzeugung der Existenz von Leben auf anderen Himmelskörpern war zwischen 1750 bis um 1850 weit verbreitet. Über den wissenschaftlichen, vielleicht besser naturphilosophischen Ansatz hinausgehend spekulierte man sehr angeregt darüber, welchen Einfluss die spezifischen Bedingungen anderer Planeten auf das dortige Leben hätten, beispielsweise die Größe des Jupiters und dessen tägliche, rasche Rotation um die eigene Achse in etwa zehn Stunden. Johann von Littrow, Direktor der Wiener Sternwarte analysierte dies mit Humor: „Dieser schnelle Wechsel des Lichts mit der Finsternis muß auf die Lebensweise der Bewohner dieses Planeten von wesentlichen Einflüssen seyn, wenn sie anders, so wie wir, den Tag ihren Beschäftigungen und Vergnügungen, und die Nacht der Ruhe und dem Schlafe widmen. Wenn sie mit ihren Arbeiten jeden Tag zu Ende kommen wollen, so müssen sie in wenigen Minuten vollenden, wozu wir ganze Stunden brauchen, und also wohl eine besondere Schnellkraft des Geistes und des Körpers haben. In der That, wie wenige von uns würden zufrieden seyn, wenn ihre Nächte nur fünf Stunden dauerten, und wenn sie schon wieder aufstehen müßten, nachdem sie sich kaum zu Bette gelegt haben. Wie sehr würden selbst die Virtuosen unter unsern Gourmand in Verlegenheit kommen, wenn sie, in einem

Zeitraume von fünf Stunden, schon drei oder vier Mahlzeiten zu sich nehmen müßten. Und wie sehr würden erst unsere Frauen über die kurzen Nächte und die noch kürzeren Bälle von nicht einmal fünf Stunden klagen, da sie schon zur Vorbereitung dazu mehr als doppelt so viel Zeit gebrauchten?"

Die Kantsche Entwicklungslehre kosmischer Körper erlebte eine nur zögerliche Rezeption. Zwar gelangen, wie ich im vorigen Kapitel darstellte, Wilhelm Herschel wichtige empirische Entdeckungen für diese Theorie, doch auch diese stießen auf tiefe Skepsis. Nicht nur, dass der Ansatz allzu neu war, vor allem fehlten wichtige Grundkenntnisse für die Beurteilung kosmischer Entwicklungsprozesse. Umso bemerkenswerter sind die Schlussfolgerungen Kants, Herschels und der wenigen Gelehrten, die diese Ideen aufnahmen und weiterführten, unter ihnen beispielsweise der großartige Alexander von Humboldt. Georg Christoph Lichtenberg hatte ganz recht, als er von der Kantschen Theorie handelte, ihr Ruhm „ist besseren Zeiten vorbehalten". Erst einmal, und das noch lange und noch zu Herschels Zeiten, waren die Gelehrten kaum geneigt, etwas anderes gelten zu lassen, als das, was mit höchster Strenge mathematisierbar erschien. Kants und Herschels Entwicklungslehre erschien zu vage, zu sehr mit wissenschaftlicher Intuition, mit philosophischem „Räsonnement" verbunden, als dass die Mehrzahl der mathematisch erzogenen Astronomen dem zu folgen vermochte. Natur und Entwicklung der Himmelskörper berührten nicht das „eigentliche Interesse" der Astronomen, wie es Bessel meinte und wie es Gauß ergänzte: „Das Meinen in der Astronomie hört erst da auf und das eigentliche Wissen fängt bei den Gegenständen an, die einer mathematischen Behandlung fähig sind: und das sind die Größe und Gestalt der Himmelskörper, ihre Entfernungen, ihre gegenseitigen Lagen und ganz vorzüglich die Veränderungen in den gegenseitigen Lagen oder mit andern Worten, die Bewegungen." Zu groß waren die Erfolge der mathematischen Astronomie, der Himmelsmechanik.

Die Philosophie stand ohnehin unter den Naturwissenschaftlern dieser Zeit in nur geringem Ansehen. Weder der mechanische Materialismus französischer Philosophen, noch die verschiedenen idealistischen Systeme der Kantschen Kritiken, die Hegelsche Dialektik oder die romantische Naturphilosophie verhieß eine fruchtbare Zusammenarbeit. Mehr oder weniger war es nur der dialektische Materialismus von Engels, der die Bedeutung dieser Forschungen für die Philosophie erkannte, doch der war aus anderweitigen weltanschaulichen Gründen weit ab vom Gesichtskreis der Wissenschaften.

Das Rätsel der Sterne

„Was die Sterne sind, wissen wir nicht und werden es nie wissen!“ Dieses Verdikt gegen jegliche Art Himmelsforschung, die den Rahmen des Besselschen Forschungsprogramms überschreitet, sprach um 1860 der Physiker Heinrich Wilhelm Dove. Klar war, dass jede Information über die Himmelskörper nur aus ihrem Licht abgeleitet werden könne – welche Daten könnten darin noch verborgen liegen? Schließlich war es ja auch möglich, die Oberflächen der Sonne und der Planeten zu studieren. Doch in dieser Zeit begann sich den Astronomen nach und nach der Zugang zur Erforschung der physikalischen und chemischen Natur der Himmelskörper zu erschließen.

Seitdem Kant 1755 seine Entwicklungstheorie kosmischer Körper veröffentlicht hatte, tauchte diese Frage immer wieder auf, genannt wurde Wilhelm Herschel, viel diskutiert wurde eine Entwicklungstheorie von Pierre Simon Laplace. Auch manche Gelehrte, die diese Frage mit astronomischen Methoden für unlösbar hielten, kamen nicht umhin, wenigstens deren Berechtigung anzuerkennen, wie beispielsweise Isaac Newton, Wilhelm Olbers oder Carl Friedrich Gauß. Doch in der Tat gab es zunächst, über das hinausgehend, was Herschel geleistet hatte, wirklich keine Forschungsansätze, um diesen Dingen weiter nachzuspüren. Hilfe kam zunächst von anderer Seite. Es waren Forschungen der Physik. Denn nachdem der Energieerhaltungssatz entdeckt und die mechanische Wärmetheorie durch Julius Robert Mayer und Hermann von Helmholtz ausgearbeitet war, konnte man nicht mehr über die Frage hinweggehen, wie die Energieerzeugung der Sonne und der Sterne funktioniert. Damit war zugleich die Geschichtlichkeit der Himmelskörper endgültig auf die Tagesordnung der Forschung gestellt. Konnte es sich die Wissenschaft noch leisten, einfach festzustellen, man werde nie wissen, was die Sterne sind?

Schon um 1666 hatte Newton gefunden, dass ein Lichtstrahl, schickt man ihn durch ein Glasprisma, in verschiedenfarbige Bestandteile aufgespalten wird. Die einzelnen Farben weisen eine verschiedene Lichtbrechung auf, es entstehen die uns bekannten Regenbogenfarben. Lange schien dies lediglich eine optische Spielerei zu sein, praktisch ohne Nutzen, deshalb von der Forschung nicht weiter verfolgt. Um 1800 trat das Licht stärker in den Blickpunkt der Wissenschaften, man suchte neue Experimente, um dessen Natur auf die Spur zu kommen. Auch Wilhelm Herschel, ohnehin allem Neuen zugetan, widmete sich dem Thema. Herschel ersann eine im Grunde einfache Versuchsanordnung: Das Licht der Sonne wurde in einem

Prisma farbig aufgespalten und er maß mit einem Thermometer die Temperatur in verschiedenen Farbbereichen. Zu seiner Verwunderung nahm die Temperatur von Violett über Blau, Grün und Gelb zum Roten hin immer mehr zu. Ein noch größeres Wunder lag darin, dass jenseits des Roten, wo gar keine Strahlung mehr zu sein schien, die Temperatur am höchsten war. Damit war die Infrarotstrahlung entdeckt, die strahlende Wärme, wie man diese Erscheinung nannte. Herschel schloss richtig, dass sich Licht und Wärme zwar nach ihrer Wirkung unterscheiden, doch physikalisch zur selben Erscheinung gehören, wie wir heute sagen, verschiedene Teile des elektromagnetischen Spektrums sind.

Bald widmete sich auch Josef von Fraunhofer dem Thema. Er war 1809 als Teilhaber in das „Optische Institut" von Utzschneider und Reichenbach eingetreten und widmete sich theoretisch und praktisch der Qualitätsverbesserung von Fernrohrlinsen. Zu diesem Zweck untersuchte er die Brechkraft verschiedener Glassorten durch Vermessung verschiedener dunkler Linien in den Spektren von Prismen unterschiedlicher Gläser. Er fand eine Vielzahl von Linien, stellte sie grafisch dar und bezeichnete die hellsten von ihnen. Bis heute tragen sie als „Fraunhofersche Linien" den Namen nach ihrem ersten gründlichen Erforscher.

Noch einmal knapp 35 Jahre weiter: Der Chemiker Robert Wilhelm Bunsen, bekannt nach dem von ihm entwickelten Gasbrenner, und der Physiker Gustav Robert Kirchhoff arbeiteten gemeinsam an Verfahren des Nachweises chemischer Stoffe geringster Quantitäten. Sie brachten Stoffproben in die Brennerflamme und stellten fest, dass sich teilweise ganz charakteristische Färbungen einstellen. Betrachteten sie diese in einem Spektroskop, fanden sie Linien im Bereich der jeweiligen Spektralfarbe, die sich eindeutig einem bestimmten chemischen Element zuordnen lassen. Das bekannteste Beispiel ist die gelbe Natriumlinie, einfach zu erkennen, wenn man ein wenig Salzlösung in eine Gasflamme spritzt.

Die Spektralanalyse als chemisches überaus feines Nachweisverfahren war damit geboren. Für die Astronomie hingegen ist noch ein Stück mehr erforderlich. Bunsen und Kirchhoff kannten die Arbeiten Fraunhofers und richteten ihr Spektroskop auch auf die Sonne (s. auch Abb. S. 126). Sie wussten davon, dass im Sonnenspektrum dort, wo sie in Laborproben die gelbe Natriumlinie gefunden hatten, eine dunkle Linie zu sehen war. Ihre Überlegung war: Richtet man das Spektroskop auf die Sonne mit der dunklen Linie und bringt dabei vor das Spektroskop eine Natriumprobe in die Brennerflamme mit Erzeugung einer

Schema der Entstehung der Absorptionslinien des Natriums: In der Flamme links wird Natrium verdampft, es entsteht die gelbe Natriumlinie; dieses Licht wird durch eine Brennerflamme geschickt, die ebenfalls Natriumdämpfe enthält, die darin enthaltenen Natriumatome absorbieren den diesem Element entsprechenden Anteil aus der links entstandenen Strahlung; auf dem Projektionsschirm entsteht die dunkle Natriumlinie.

hellen Natriumlinie, müssten sich beide Wirkungen etwa ausgleichen. Die dunkle Linie im Sonnenspektrum müsste aufgehellt erscheinen. Die beiden Wissenschaftler sahen genau das Gegenteil, die Linie war noch dunkler. Kirchhoff soll diese Beobachtung mit den Worten kommentiert haben, „das ist entweder völliger Unsinn, oder eine ganz große Sache." Er behielt recht – mit Letzterem. Die Natriumdämpfe in der Brennerflamme absorbieren nämlich Lichtstrahlung genau der Wellenlänge, die sie in einer anderen Versuchanordnung aussenden würden. Das heißt, der Anteil des von Natriumatomen auf der Sonne ausgesendeten Lichtes wird beim Durchgang durch das heiße Natriumgas der Brennerflamme weiter absorbiert und die ohnehin schon dunkle Natriumlinie im Sonnenspektrum erscheint noch dunkler.

Bunsen und Kirchhoff fanden also zwei verschiedene Spektren: Helle Linien auf dunklem Grund als Emissionsspektrum, also von einem Körper ausgesendete, ganz spezifische Linien, sowie dunkle Linien innerhalb eines Kontinuums der Spektralfarben als Absorptionsspektren. Was nützt all dies der Astronomie? Um 1850 gab es zwar verschiedene Vorstellungen über die Natur der Himmelskörper, besonders der Sonne, doch waren diese teilweise recht ungenau, aus heutiger Sicht unbeholfen oder gar falsch. Ähnlich trifft dies für die Planeten, die Kometen, die Monde und so weiter zu. Tatsächlich gab erstmals die Spektralanalyse der Wissenschaft eine Methode an die Hand, zu exakten Ergebnissen zu kommen. Noch einmal, was wurde an der Sonne gefunden: ein kontinuierliches Emissionsspektrum mit den bekannten Spektralfarben und einer großen Zahl dunkler Linien, den Fraunhoferschen Linien. Die darauf gründende Schlussfolgerung für die physikalische Natur der Sonne war: Die Sonne besteht aus einem heißen zentralen Körper, der infolge seiner hohen Temperatur ein kontinuierliches Spektrum aussendet. Diese Strahlung durchquert äußere Atmosphärenschichten der Sonne, die wegen ihrer geringen Dichte nicht direkt beobachtbar sind. Die in diesen Schichten vorhandenen Atome absorbieren genau die Strahlungsanteile des kontinuierlichen Spektrums, die ihrer Energie entsprechen und damit die für die jeweiligen chemischen Elemente charakteristischen dunklen Linien ergeben.

Die Zuordnung einzelner Spektrallinien zu chemischen Elementen erfolgt durch Vergleichsmessungen im Labor. Auf diesem Wege entstanden detaillierte Karten des Sonnenspektrums mit Tausenden von Linien, denn den chemischen Elementen entspricht nicht nur eine Linie oder wenige, sondern sie weisen teilweise mehrere hundert Linien auf. Denn Atome senden in den durch eine hohe Temperatur angeregten Zuständen eine andere Strahlung aus als bei geringeren Temperaturen, also erscheint ein breites Spektrum an Spektrallinien.

Um die Tragweite dieser Entdeckung stärker zu betonen: Angesichts der Entfernung der Himmelskörper ist die Spektralanalyse die hauptsächliche, oder fast die einzige Methode der Erforschung der chemischen und physikalischen Natur der Himmelskörper. Fast alles, was wir von Sternen in einer Entfernung von Hunderten und Tausenden von Lichtjahren oder von Galaxien in einer Entfernung von Millionen und Milliarden Lichtjahren wissen, beruht ausschließlich oder doch weitestgehend auf dieser astrophysikalischen Forschungsmethode. Dabei werden dann noch bestimmte Besonderheiten in der Erscheinung der Spektrallinien berücksichtigt, auf die ich noch später eingehen werde und die mit den geradezu populären Begriffen der „Rotverschiebung“ und der „Nebelflucht“ zusammenhängen.

Schon nach wenigen Jahren war nachgewiesen, was zuvor nur Ergebnis philosophischer Überlegungen war, wenn auch gestützt auf manche wissenschaftliche Beobachtung, nämlich dass das ganze erfahrbare Weltall chemisch gleichartig aufgebaut ist und überall die gleichen physikalischen Gesetze herrschen. Alle chemischen Elemen-

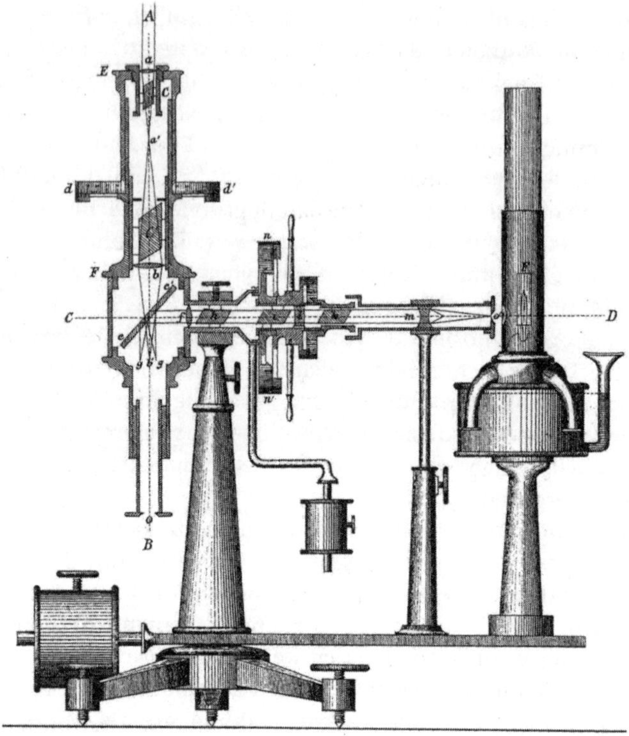

Fotometer von Friedrich Zölllner.

te, die auf der Erde bekannt waren, wurden nach und nach im Sonnenspektrum durch ihre charakteristischen Spektrallinien nachgewiesen. Und es kam sogar umgekehrt: Im Jahre 1868 beobachtete Jules Janssen während einer Sonnenfinsternis im Sonnenspektrum eine gelbe Linie, die zwar in der Nähe der bekannten Natriumlinie lag, aber doch nicht zu ihr gehörte. Sie konnte mit keinem Laborspektrum in Verbindung gebracht werden, weshalb Norman Lockyer zu dem Schluss kam, es müsse sich um ein bislang unbekanntes Element handeln. Er taufte es passend auf den Namen „Helium". Erst 1895 gelang William Ramsay der irdische Nachweis. Das Edelgas hatte sich wegen seiner geringen Neigung, irgendwelche chemischen Reaktionen einzugehen, den Forschern bislang verborgen.

Weitere Erfolg versprechende Lösungen kamen von Seiten der Fotometrie. Die Helligkeit der Sterne war zwar eine gängige Sache, denn in jedem Sternkatalog war sie für die Sterne angemerkt. Doch diese war nur ein untergeordnetes Hilfsmittel zur Identifizierung der Sterne, ohne selbstständiges Interesse. So blieben diese Angaben recht grob, ja geradezu oberflächlich. Es war der Physiker Friedrich Zöllner, der erstmals um 1860 mit Erfolg versuchte, die Helligkeit von Sternen numerisch fassbar zu registrieren und fotometrische Daten für die physikalische Erforschung der Himmelskörper nutzbar zu machen.

Diesen wissenschaftlichen Bestrebungen kamen unverhofft anderweitige Interessen zur Hilfe. Seit Anfang des 19. Jahrhunderts hatte sich die Licht- und Beleuchtungstechnik auf Grundlage von Kohlengas entwickelt. Für die Arbeit in Manufakturen und die Auslastung von Maschinen durch die sie bedienenden Arbeitskräfte war die Schaffung effektiver Beleuchtungseinrichtungen notwendig, um „die Nacht zum Tag" zu machen und die Arbeitszeit nicht auf das Tageslicht beschränken zu müssen. Der Vergleich künstlicher Lichtquellen untereinander sowie mit der Sonne als möglichem Eichmaß, war eine naheliegende Aufgabe, für die es ein verbreitetes gesellschaftliches Interesse gab. Tatsächlich beschäftigten sich Physiker und Astronomen gleichermaßen mit der Konstruktion von technischen wie auch astronomischen Fotometern.

Das praktische Problem, zwei Lichtquellen miteinander zu vergleichen, wurde so gelöst, dass einer der beiden Lichtpunkte in seiner Helligkeit so weit verändert wurde, bis im Auge eine Helligkeitsgleichheit herrschte. Nach mehreren, wenig ergebnisreichen Versuchen gelang Friedrich Zöllner 1861 die Konstruktion eines Sternfotometers. Das Prinzip bestand darin, dass das Licht eines künstlichen Vergleichssterns durch einen Planspiegel ins Fernrohrokular projiziert wurde und im Blickfeld des Fernrohrs neben dem zu messenden, natürlichen Stern zur Abbildung kam, also gleichzeitig mit diesem beobachtet werden konnte. Nun musste noch gewährleistet sein, dass die Helligkeit des durch eine Gasflamme erzeugten künstlichen Sterns in exakt messbarer Weise veränderbar war, um auf die Helligkeit des natürlichen Sterns zu kommen. Dies erfolgte durch Polarisation in zwei Nikolschen Prismen. Zöllner stellte die Praktikabilität seines Instruments mit einem fotometrischen Katalog von 226 Sternen unter Beweis, und das „Zöllner-Photometer" setzte sich als erstes Instrument zur Messung von Sternhelligkeiten in kurzer Zeit weltweit durch.

Perioden eines Sternenlebens

Was hat das nun mit der Natur der Himmelskörper zu tun? Zöllner hatte sehr aufmerksam Kants „Allgemeine Naturgeschichte und Theorie des Himmels“ studiert und stellte sich die Frage, wie kosmische Entwicklungsprozesse erforschbar sein könnten. Zöllners Ausgangspunkt lag darin, dass, wenn die Sonne und alle Sterne eine Entwicklung durchlaufen, sich das momentane Stadium der Entwicklung in fotometrischen Daten sichtbar machen lasse. Er zielte auf veränderliche Sterne, also Sterne, deren Helligkeit mehr oder weniger stark in ganz unterschiedlichen Perioden schwankt. Zu Zöllners Zeit waren etwa 100 bekannt. Schon lange hegten die Astronomen den Gedanken, der Lichtwechsel könne durch unterschiedlich helle Oberflächenteile hervorgerufen werden – nur wie sollte es möglich sein, dass Sterne teilweise leuchten und teilweise dunkel sind? Der französische Physiker und Astronom François D. Arago hatte drei Möglichkeiten zur Erklärung des Lichtwechsels:

1. eine bestimmte Oberflächenbeschaffenheit des Sterns,
2. den Umlauf eines dunklen Begleiters,
3. eine elliptische Gestalt des Sterns.

Zöllner griff diese Gedanken auf und untersuchte besonders die erste Möglichkeit, denn hier sah er Ansätze für eine Verbindung zwischen der Fotometrie und der Theorie der Sternentwicklung. Er experimentierte im Labor mit rotierenden Kugeln von unregelmäßig heller

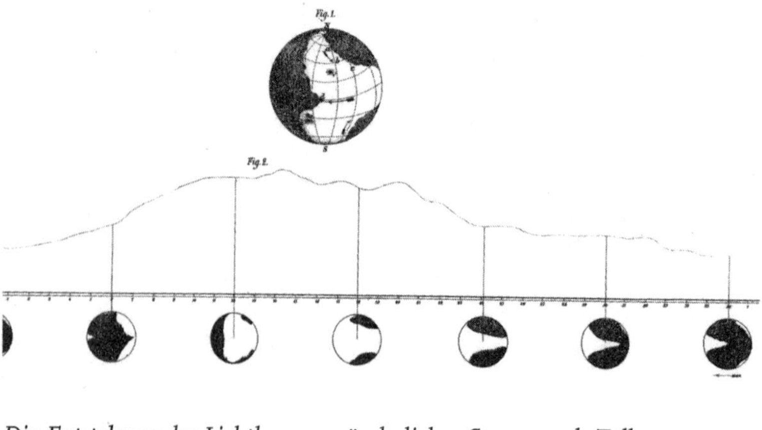

Die Entstehung der Lichtkurve veränderlicher Sterne nach Zöllner: Die Oberfläche des rotierenden Sterns ist teilweise mit dunkler Schlacke bedeckt, die kein Licht aussendet.

Oberfläche. Dies im Fotometer beobachtet, führte auf Lichtkurven, wie sie für veränderliche Sterne charakteristisch waren. Was könnte aber die Ursache für die unterschiedliche Helligkeit verschiedener Teile der Sternoberflächen sein? Vorausgesetzt, dass hier wirklich die Lösung des Rätsels der Sternentwicklung lag, war das die entscheidende Frage. Denn war es nicht möglich, dass die veränderlichen Sterne ein fortgeschrittenes Stadium ihrer Entwicklung erreicht hatten und ihr Lichtwechsel durch mehr oder weniger große Schlackegebiete erklärt werden konnte, die den Blick auf die noch glühend heißen inneren Teile verhinderten?

Zöllner leitete aus seinen Beobachtungen sowie aus Daten zahlreicher veränderlicher Sterne ein Schema für die Entwicklung von Sternen ab: Nach seiner Entstehung aus einer Gasmasse durchläuft nach Zöllner ein Stern fünf Entwicklungsphasen:

1. die Periode des glühend-gasförmigen Zustandes,
2. die Periode des glühend-flüssigen Zustandes,
3. die Periode der Schlackenbildung und allmählichen Entwicklung einer kalten, nicht leuchtenden Oberfläche,
4. die Periode der Eruptionen der bereits kalt und dunkel gewordenen Oberfläche durch innere Glutmassen,
5. die Periode der vollständigen Erkaltung.

Demnach wäre beispielsweise die Sonne mit ihren Flecken in den Übergang zwischen der 2. und 3. Periode einzuordnen, die veränderlichen Sterne in die 3., die Novae und Supernovae in die 4. Periode.

Zöllners Vorstellung von der Natur veränderlicher Sterne war plausibel, recht einfach einzusehen und erfreute sich bis Ende des 19. Jahrhunderts weiter Anerkennung. Dennoch war sie zu einfach gedacht, wodurch ihre Bedeutung in der Geschichte der Astronomie als erste, auf exakten Beobachtungen beruhende Theorie der Sternentwicklung jedoch nicht herabsetzt wird. Sie demonstriert erstmalig die eigenständige Bedeutung von Daten der Helligkeit der Sterne. Zöllners Entwicklungstheorie initiierte weitere, bahnbrechende Untersuchungen auf diesem Gebiet. Allerdings verlief die Untersuchung der Entwicklung der Himmelskörper nicht über den Weg der Fotometrie, sondern der Spektroskopie und hier war es zunächst Zöllners Schüler Hermann Carl Vogel, der den Weg spektraler Kriterien der Sternentwicklung fand.

Angelo Secchi teilte 1866 die Sternspektren in drei Gruppen mit folgenden Merkmalen ein:

1. Wasserstofflinien und einige Linien im gelben und grünen Teil des Spektrums auf kontinuierlichem Grund (Beispiele: Sirius, Wega).

2. Eine große Zahl von Linien in allen Bereichen des Spektrums (Arktur, Sonne).
3. Zusätzlich zu verwaschenen Streifen mit dunklen Linien schattierte Bänder (Beteigeuze, Antares).

Vier Jahre später ergänzte Zöllner diese spektralen Kriterien um die im Labor gewonnene Erkenntnis, dass die Zahl der Linien in Fixsternspektren unter sonst gleichen Bedingungen mit abnehmender Temperatur zunimmt.

Aus der Kombination beider Untersuchungen konnte Vogel noch einmal vier Jahre später spektrale Kriterien der Sternentwicklung ableiten, die, obwohl er nichts vom Verhältnis zwischen Leuchtkraft und Temperatur eines Sterns wusste, der Wahrheit recht nahe kamen: „1. Sterne, deren Glühzustand ein so beträchtlicher ist, daß die in ihren Atmosphären enthaltenen Metalldämpfe nur eine überaus geringe Absorption ausüben können, so daß entweder keine oder nur äußerst zarte Linien im Spektrum zu erkennen sind. (Hierher gehören die weißen Sterne.) 2. Sterne, bei denen ähnlich wie bei unserer Sonne, die in den sie umgebenden Atmosphären enthaltenen Metalle, sie durch kräftige Absorptionslinien im Spectrum kundgeben (gelbe Sterne), und endlich 3. Sterne, deren Glühhitze so weit erniedrigt ist, daß Assotiationen der Stoffe, welche ihre Atmosphären bilden, eintreten können, welche, wie neuere Untersuchungen ergeben haben, stets durch mehr oder weniger breite Absorptionsstreifen charakterisiert sind (rote Sterne)."

Sieht man von Feinheiten der Klassifizierung ab, dann stellte man sich die Sternentwicklung besonders nach den Forschungen von Zöllner, Secchi und Vogel so vor, dass sich eine Reihe ergibt, die von hoher Temperatur und weiß leuchtenden Sternen über etwas kühlere, gelblich leuchtende bis zu stärker abgekühlten, roten Sternen verläuft. Kommen Zöllners Ansätze hinzu, dann bilden sich bei den Sternen in Spätstadien der Entwicklung infolge der fortschreitenden Abkühlung mehr und mehr feste Oberflächenteile aus, die bald den Stern umhüllen und ihn unsichtbar werden lassen.

Das klang sehr gut und war sogar mit einfachen Alltagsbeobachtungen der Beziehung zwischen Temperatur und Farbe nachprüfbar. Es erwies sich dennoch nach Jahren weiterer Erforschung als zu stark vereinfachend. Zunächst war das Problem, dass die Reihe mit den fertigen, heißen Sternen einsetzt. Was also war mit den Frühphasen der Sterne? Entstanden Sterne wirklich, wie es Kant meinte und Herschel aus Nebelbeobachtungen ableitete, aus der gravitativen Konzentration diffus verteilten Stoffes? All diese Fragen waren erst beantwortbar, nachdem unter den Sternen Riesen und Zwerge entdeckt worden waren, also überhaupt bekannt war, dass die Sterne keine relativ einheitliche Größe aufweisen, was dann später im Hertzsprung-Russell-Diagramm seinen klaren Ausdruck fand.

Zu den Methoden, die für eine neue Art der Untersuchung der Himmelskörper wichtig wurden, gehörte neben der Spektroskopie und Fotometrie die Fotografie. Die Erfindung von Louis Jacques Mandé Daguerre und Nicéphore Niepce, mittels chemischer Wirkungen des Lichtes bleibende Bilder zu erzeugen, stammt aus dem Jahre 1838; im Jahr darauf erstattete der Physiker François Dominique Arago der Pariser Akademie einen Bericht. Arago erkannte sofort die Möglichkeiten dieses Verfahrens, einschließlich dessen Anwendung in der Astronomie. Auf Anregung Humboldts versuchte Daguerre, den Mond fotografisch abzubilden, wenn auch nicht mit rechtem Erfolg. Gute Mondaufnahmen gelangen dem britischen Physiker Lewis M. Rutherfurd seit den 1880er Jahren, und auch dann war die Detailfülle bei weitem nicht mit der von Handzeichnungen zu vergleichen.

An Ideen, was mit Hilfe der Fotografie möglich wäre, fehlte es indes nicht. John Herschel schlug die fotografische Sonnenfleckenbeobachtung vor, seit 1865 konnten Sterne bis zur 10. Größenklasse abgebildet werden und schon zuvor hatte Georg Philipp Bond mit Erfolg auf mehrminütig belichteten Aufnahmen von Doppelsternen Distanzmessungen vorgenommen. Bond unternahm um 1857 erste Versuche, aus der Schwärzung eines Sternbildchens auf der Fotoplatte Helligkeiten abzuleiten. Weit überlegen erwies sich die Fotografie gegenüber der visuellen Beobachtung bei nebligen Objekten. Mit der Hilfe langbelichteter Aufnahmen erschien eine Detailfülle, die frühere Beobachter nicht geahnt hatten, und rasch wurden Objekte entdeckt, deren Existenz unbekannt war, da ihr schwaches Leuchten dem Auge am Fernrohr unzugänglich blieb.

Mit diesen drei Methoden, Spektroskopie, Fotometrie und Fotografie, war der erste Bestand an Verfahren zur physikalisch-chemischen Untersuchung der Himmelskörper entwickelt. Zur Bezeichnung der neuen Wissenschaftsdisziplin prägte Zöllner den Begriff „Astrophysik“: „War es die Aufgabe [der früheren Astronomie], unter Voraussetzung der Allgemeinheit einer Eigenschaft der Materie [der Gravitation], alle Ortsveränderungen der Gestirne zu erklären, so wird es die Aufgabe der Astrophysik sein, unter Voraussetzung der Allgemeinheit mehrerer Eigenschaften der Materie, alle übrigen Unterschiede und Veränderungen der Himmelskörper zu erklären.“

Die Anwendung astrophysikalischer Methoden blieb in den ersten Jahren einem kleineren Kreis von Enthusiasten vorbehalten, die bereit waren, das paradigmatische Bild der Astronomie als reine Himmelsmechanik zu überschreiten. Es wundert nicht, dass die meisten Astrophysiker der „ersten Generation" keine klassische astronomische Ausbildung erhalten hatten, sondern aus der Physik, Chemie, der Technik kamen oder als Amateurastronomen tätig waren. Unter den astrophysikalischen Forschungen drückt die Spektroskopie in besonderer Weise die Neuartigkeit dieses Forschungszweiges aus und sie war insofern auch am stärksten umstritten. Dagegen blieb die Verstärkung fotometrischer Arbeiten „unverdächtig", selbst wenn ihnen ein astrophysikalisches Motiv hinterlegt war. Schließlich war der umfangreichste fotometrische Katalog vor-astrophysikalischer Zeit, die Bonner Durchmusterung, vollständig der klassischen Tradition verhaftet. Ein weiterer Grundzug: Nachdem die methodischen Grundlagen der Astrophysik und die ersten prinzipiellen Wege und Lösungen in Deutschland, England und Italien gefunden waren, ging die Führungsrolle der Forschung an nordamerikanische Gelehrte und Institutionen über. Dort war man eher bereit, ungewöhnliche Ansätze zu rezipieren, zumal keine solch ausgeprägte Tradition der klassischen Astronomie den Blick auf neue Möglichkeiten versperrte. Die Zahl astrophysikalischen Themen gewidmeter Veröffentlichungen war zunächst gering, obwohl sich erste Resultate bald einstellten und die weit gespannten Möglichkeiten klar hervortraten.

Seit der Zeit um 1870 war der astronomische Entwicklungsgedanke in der astronomischen Forschung etabliert, auch wenn die Schar der Forscher in diesem Gebiet für einige Jahre auf eine kleine Gemeinde beschränkt blieb. Immerhin erhielt Friedrich Zöllner 1866 eine außerordentliche Professur für Astrophysik an der Leipziger Universität, die 1872 in eine ordentliche Professur umgewandelt wurde. Und 1874 wurde in Potsdam das erste Astrophysikalische Observatorium begründet, dessen zentrale Forscherpersönlichkeit der Zöllner-Schüler Herrmann Carl Vogel wurde. Erschienen wissenschaftliche Veröffentlichungen zunächst verstreut in verschiedensten Zeitschriften, wobei es eine Häufung in den 1821 von Heinrich Christian Schumacher begründeten „Astronomischen Nachrichten" gab, schritten die Forschungen auf diesem Gebiet bald so voran, dass 1896 ein spezielles Fachblatt gegründet werden konnte, das bis heute existierende „Astrophysical Journal".

Nach den bahnbrechenden Forschungen, die Zöllner zum Pionier der Astrophysik werden ließen, nahm dessen weiterer Lebensweg eine merkwürdige Wendung. Bald nach dem Erscheinen seines wissenschaftlich hochbedeutenden Buches „Über die Natur der Cometen" im Jahre 1872, das übrigens auch größere Auszüge aus Kants „Allgemeiner Naturgeschichte" enthält und insgesamt eines der ersten großen Werke der Astrophysik war, begann sich Zöllner auf einen Weg zu begeben, der schließlich in völliger wissenschaftlicher und menschlicher Isolierung, der Abkehr von wissenschaftlicher Arbeit und seinen bisherigen weltanschaulichen Überzeugungen endete. Es begann damit, dass er sich, in der Sache zwar nicht ganz unberechtigt, in der Form jedoch völlig überzogen und unkontrolliert über die akademischen Verhältnisse seiner Zeit äußerte, über Zustände an den Universitäten, die Eitelkeit von Professoren und anderes. Dabei überwarf er sich auch mit bisherigen Weggenossen, die versuchten, moderierend einzuwirken. Es ging weiter damit, dass sich Zöllner dem zu seiner Zeit florierenden Spiritismus zuwandte, ohne hinreichende objektive Absicherung mit einem Medium experimentierte und Theorien über das Erscheinen von Schriften in verschlossenen Tafeln und verschiedenste Verbindungsaufnahmen mit Geistern entwickelte. Dies ging damit einher, dass er nun auch weltanschaulich einem eifernden, religiös geprägten Mystizismus anhing, der wenig von seinen alten Standpunkten von unvoreingenommener Erforschung der vom denkenden Menschen unabhängig existierenden Umwelt erkennen ließ.

All dies führte lange zu einer Verkleinerung von Zöllners wissenschaftlichen Leistungen. Er wurde in den 1870er und -80er Jahren geradezu zum kritikwürdigen Beispiel eines ehemals bedeutenden Wissenschaftlers, der seinen Ruf zerstörte, zu jemandem, der in extremer geistiger Gereiztheit die Grenzen überlegter Kritik überschritt und selbstzerstörerisch wurde. Es ist möglich, dass Zöllner, der anfangs erfolgreich gegen Vorurteile seitens der etablierten Wissenschaft anging und nur so die Astrophysik begründen konnte, bald meinte, gegen alle kritischen Meinungen angehen zu müssen, mit unruhigem Geiste überall Vorurteile zu sehen glaubte, gegen die es anzukämpfen galt.

Die historische Forschung hat die Aufgabe, die eine Seite im Werk Zöllners herauszuarbeiten, ohne die andere beschönigend oder gar verschämt zu verschweigen.

Theologische Bedenken und weltanschauliche Anregungen

Die Astrophysik gab erstmals die Möglichkeit, Entwicklungsprozesse im Weltall, wie die Entstehung der Himmelskörper, auf einer wissenschaftlichen Grundlage zu behandeln. Damit provozierte sie weltanschauliche Kontroversen, die in ihrer inhaltlichen Tendenz an Auseinandersetzungen um die Darwinsche Abstammungslehre erinnern. Im Jahre 1892 hieß es hinsichtlich der Kosmogonie auf astrophysikalischer Grundlage: „Aber sofort greift diese Theorie herüber in das Gebiet der Religion [...], ihre Bedeutung, ihr Zweck und Ziel, ihre Wirkung und Bewertung ist keine andere als die, die Entstehung der Welt natürlich zu erklären, eine Schöpfung durch Gott als überflüssig und tatsächlich nicht geschehen nachzuweisen, mit einem Wort, den ganzen 1. Glaubensartikel umzustoßen.“ (G. Braun)

Diese auf einem zeitgegebenen Stand theologischer Interpretationen beruhenden Besorgnisse finden ihre Begründung in Schlussfolgerungen, die auch Zöllner gezogen hatte. In seinem bemerkenswerten Buch „Über die Natur der Cometen“ untersuchte er die Berechtigung der „Annahme einer physischen Begrenzung der Zeit [...], welche seit der Existenz der Welt bis auf die Gegenwart verflossen ist“, das heißt die Annahme eines Schöpfungsaktes, „durch welchen zu einer in endlicher Vergangenheit liegenden Zeit ein bestimmter endlicher Anfangszustand der Welt begonnen hat“. Er meinte, dass es weder einen Grund gäbe, einen Anfang der Welt oder ihr Ende mit wissenschaftlichen Gründen anzunehmen. „Denn die Voraussetzung einer physischen Begrenzung des realen Raumes würde sofort die Frage nach der Beschaffenheit und der Entstehung dieser Begrenzung aufkommen lassen, ebenso wie die Annahme eines Schöpfungsaktes keine logische, sondern nur eine willkürliche Begrenzung der Kausalreihe wäre, gegen welche sich unser Verstand auf Grund des ihm innewohnenden Kausalitätsbedürfnisses sträubt.“

Diese Worte stellen ein bemerkenswertes Zeugnis des naturwissenschaftlichen Materialismus dar, wie er im letzten Drittel des 19. Jahrhunderts weit verbreitet war und wichtige Ansatzpunkte zur Ausarbeitung der dialektisch-materialistischen Naturbetrachtung von Friedrich Engels lieferte.

Vor allem im Werk Zöllners selbst, oder über dieses vermittelt, wird Kants Werk zum direkten Ausgangspunkt der modernen Kosmogonie. So, wie es ein Philosoph sein musste, der um die Mitte des 18. Jahrhunderts unter den Bedingungen mangelnder empirischer

Daten die wissenschaftliche Kosmogonie begründete, musste es 100 Jahre später ein Naturwissenschaftler sein, der diese wieder zu öffentlichen Ehren brachte. Ein Philosoph, mit lediglich allgemeinen Betrachtungen über die genialen Ideen, konnte diese Wirkung nicht hervorbringen. Auch der bloße historisch verstandene Hinweis auf Kants Weitsichtigkeit gegenüber Herschel und Laplace reichte nicht mehr aus. Es bedurfte der Demonstration der Anregungen, die Kant der zeitgenössischen kosmogonischen Forschung vermittelte. Vor allem in den 70er Jahren des 19. Jahrhunderts bis zur Jahrhundertwende wurden kosmogonische Details immer wieder in Auseinandersetzung mit Kant diskutiert. So wurde zwar die Unzulänglichkeit vieler Detailausführungen in seinem Werk deutlich, aber doch der astronomische und philosophische Gehalt gewürdigt.

Die Kantsche Einführung des Entwicklungsgedankens hatte neben weitreichenden Konsequenzen für die fachwissenschaftliche Forschung zugleich bedeutende philosophische und weltanschauliche Auswirkungen. Mit der Kantschen Theorie, mehr noch mit den Arbeiten Herschels und schließlich der Astrophysik war die Frage der Historizität aller irdischen Erscheinungen auf die Tagesordnung der Wissenschaften gesetzt. Es war bereits Gottfried Herders Konzept, dass „eine Philosophie der Geschichte des menschlichen Geschlechts“ am Himmel beginnen müsse. Die Geschichte der Menschheit erschließt sich in der Folge der Entwicklung der Erde als kosmischem Körper, der Geschichte der geologischen Formationen, der Tier- und Pflanzenwelt. In logischer Folge war damit die Geschichtlichkeit des Menschen impliziert, eine Entwicklung vom Niederen zum Höheren, die dann auch die gesellschaftlichen Erscheinungen einschloss.

Es verwundert nicht, dass diese Schlussfolgerung nach Herder erst wieder 150 Jahre später in aller Schärfe von Friedrich Engels erfasst wurde. Ihm gebührt überhaupt das Verdienst, neben dem Astrophysiker Zöllner am intensivsten das Werk Kants auch unter methodologischen Gesichtspunkten untersucht zu haben. Engels schreibt: „Es gereicht der damaligen Philosophie zur höchsten Ehre, daß sie sich durch den beschränkten Stand der gleichzeitigen Naturkenntnisse nicht beirren ließ, daß sie [...] darauf beharrte, die Welt aus sich selbst zu erklären, und der Naturwissenschaft der Zukunft die Rechtfertigung im Detail überließ.“ Und im selben Zusammenhang hebt Zöllner hervor: „Darin gerade besteht der Grundzug und die fundamentale Eigenschaft genialer Naturen, daß sich bei ihnen unter dem Einfluße der Sehnsucht und inbrünstigen Liebe zur Wahrheit durch natürliche Züchtung das Gebiet ihrer unbewußten Verstandesoperationen erweitert, wodurch sie befähigt werden, schon aus wenigen Beobachtungsdaten unbewußt Resultate zu anticipieren, welche der normal organisirten Mitwelt als Träumereien und unvermittelte Schlußfolgerungen erscheinen."

11. An den Grenzen unseres Wissens

Die Klassifizierung der Sterne

Seit dem Ende des 19. Jahrhunderts war eine große Zahl physikalischer Daten von Sternen sowie Messungen ihrer Entfernung bekannt. Langsam wurde immer klarer, dass Sterne keinen „Einheitsdurchmesser" besitzen, sondern von höchst unterschiedlicher Größe sind. Das bedeutet, die unterschiedliche Helligkeit der Sterne, die wir am Himmel wahrnehmen – die scheinbare Helligkeit – ist nicht nur abhängig von der Entfernung der Sterne, sondern auch von ihrer tatsächlichen Helligkeit. Letztere wiederum ist sowohl eine Funktion der Strahlung, die ein Stern pro Flächeneinheit abstrahlt, als auch seines Durchmessers. In der Astronomie wird eine Helligkeit definiert, die absolute Helligkeit, die ein Stern haben würde, wenn er aus einer Entfernung von etwa 32,61 Lichtjahren beobachtet werden würde. Sie ist ein Maß für seine Leuchtkraft.

Die Messung der absoluten Helligkeiten demonstriert sehr schön das Zusammenspiel zwischen klassischer Positionsastronomie und neuer Astrophysik. Denn für ihre Bestimmung muss man natürlich zunächst mit Hilfe der Positionsastronomie – im Sinne der Besselschen Aufgabenstellung der Astronomie – die Sternentfernung durch Parallaxenmessung bestimmen. Misst man dann die scheinbare Helligkeit und setzt diese in Beziehung zur Entfernung, ist die absolute Helligkeit berechenbar. Um 1893 stellte sich William H. Monck in Irland die Frage, ob es eine Beziehung zwischen den absoluten Helligkeiten und dem Spektraltyp eines Sterns – etwas vereinfacht, der Sternfarbe gibt. Das war der richtige Weg, doch in aller Klarheit entstand die Lösung aus Arbeiten von Ejnar Hertzsprung und Henry Norris Russell. Sie entdeckten beide die Unterschiede in den Größen der Sterne, also die Riesen- und Zwergsterne. Ihre Ergebnisse werden grafisch im heute so genannten Hertzsprung-Russell-Diagramm dargestellt. Beide Gelehrte wussten zunächst nichts voneinander und publizierten ihre Ergebnisse unabhängig. Erst später trafen sie sich auf einer wissenschaftlichen Tagung und anerkannten die Forschungen des anderen ohne jede Eifersüchtelei und Prioritätssuche.

Als Ejnar Hertzsprung 1905 eine erste Studie zum Problem veröffentlichte, war die Datenlage schon recht gut. Durch die Arbeiten der beiden an der Harvard-Sternwarte tätigen Astronominnen Antonia

Caetana Maury und Annie Jump Cannon war eine deutliche Verbesserung und Verfeinerung der Spektralklassen der Sterne gelungen. In der Anordnung nach der Temperatur von heiß nach kalt und demgemäß der Farbe von Blauweiß über Weiß, Gelb nach Rot wurden die Spektralklassen mit folgenden Unterteilungen festgelegt: O, B, A, F, G, K, M. In dieser Folge gehören, um einige Beispiele recht heller Sterne zu nennen, die Sonne der Spektralklasse G an, Sirius (im Großen Hund), Wega (Leier), Atair (Adler) der Klasse A, Regulus (Löwe) der Klasse B, der Polarstern (Kleiner Bär) der Klasse F, Pollux (Zwillinge), Aldebaran (Stier) der Klasse K, Beteigeuze (Orion) und Antares (Skorpion) der Klasse M. Schon daraus zeigt sich, wie unterschiedlich die Temperaturen und Farben der Sterne sind.

So konnte Hertzsprung auf ein schon beachtliches Material zurückgreifen. Es gelang ihm, Beziehungen zwischen absoluten Helligkeiten (resultierend sowohl aus Parallaxen, als auch Eigenbewegungen) und Spektraltypen nach der Harvard-Klassifikation abzuleiten. Dabei fand er innerhalb einer Spektralklasse Sterne von außerordentlich differierenden absoluten Helligkeiten, also Helligkeiten, die auf die Einheitsentfernung normiert sind.

Ich erinnere noch einmal an die Reihen von Zöllner und Vogel. Sie hatten eine Folge der heißen zu den kühlen Sternen abgeleitet. Das war erst einmal richtig. Doch nun stand die Frage, was es zu bedeuten hat, dass es sowohl große und kleine heiße als auch große und kleine kühle Sterne gibt. Denn es ist natürlich von erheblicher Relevanz für die Frage nach der Sternentwicklung, ob beispielsweise ein roter Stern ein riesiges Objekt geringer Dichte oder ein Stern durchschnittlicher Dichte und Größe ist, oder ob ein weißer Stern ein Riesenstern mit geringer oder ein sehr kleiner mit großer Dichte ist. Ihre Stellung in der Entwicklungsreihe der Sterne wird jeweils eine ganz andere sein.

Hertzsprung hatte seine Ergebnisse 1905 und 1907 als Tabellen veröffentlicht. Eine erste grafische Form findet sich in den etwa gleichzeitigen Arbeiten Henry Norris Russells, der auch für die Sterne später Spektraltypen geringer absoluter Helligkeit die Bezeichnung „Zwergsterne“ einführte, wobei frühe und späte Spektraltypen im Sinne der genannten Temperatursequenz stehen. Russell vermochte die Frage der Natur der Riesen und Zwerge zu klären und zeigte, dass erstere ihre große Leuchtkraft infolge ihres enormen Durchmessers bei einer durchschnittlichen Masse erreichen. Damit war der Weg zu einer grundsätzlichen Erkenntnis der Sternentwicklung im Hertzsprung-Russell-Diagramm (HRD) gebahnt (s. auch Abb. S. 127). Die roten Riesen kamen an den Anfang des Entwicklungsprozesses, der mit relativ kühlen Sternen großen Durchmessers beginnt. Durch Kontraktion und Erwärmung werden die folgenden Spektraltypen durchlaufen, bis am Ende wieder relativ kühle Sterne, jedoch nun von geringem Durchmesser stehen; alle Spektraltypen werden zweimal durchlaufen. Damit war die Stellung der großen und kleinen, der heißen und kühlen Sterne geklärt und auch die bei Zöllner und Vogel offen gebliebene Frage, woher denn die heißen Sterne kommen, mit denen beide ihre Entwicklungsreihe begannen.

Der Entwicklungsweg eines Sterns wurde nach und nach recht gut verstanden. In wichtigen Grundzügen entspricht er tatsächlich den von Kant 1755 gegebenen Gedanken. Am Anfang steht eine Gas- und Staubwolke, die sowohl unter dem Einfluss der eigenen Masse, aber auch beeinflusst durch äußere Druckwellen langsam kollabiert. Mit der Zunahme der Masse und der Abnahme des Durchmessers wird ein Stadium erreicht, in dem der Stern eine gegenüber der Umgebung leicht erhöhte Temperatur im fernen Infrarot erreicht. Solche Protosterne in bestimmten Sternbildungsregionen konnten tatsächlich inzwischen mehrfach beobachtet werden, darunter durch das Hubble-Weltraum-Teleskop (s. auch Abb. S. 128). Nach einiger Zeit erreicht der Stern das Stadium eines Roten Riesen, mit einer Temperatur, die sich Werten von 2000 bis 3000 Grad nähert. Entsprechend seiner Ausgangsmasse tritt der Stern dann in die Hauptreihe des Hertzsprung-Russell-Diagramms ein. Und während sich die Entwicklung zuvor in astronomisch betrachtet kurzen Zeiträumen vollzog, im Bereich einiger hundert Millionen Jahre, tritt nun eine ruhige Phase seiner Entwicklung ein. Hier kann er einige Milliarden Jahre verbleiben, wobei sich große Sterne wesentlich rascher verzehren als kleinere, wie die Sonne. Dabei gewinnen sie im Innern ihre Energie durch die Fusion von vier Wasserstoffatomen zu einem Heliumatom. Da der Energieinhalt eines Heliumatoms jedoch geringer ist, als der von vier Wasserstoffatomen, wird Energie frei, die als Licht- und Wärmeenergie und in anderen Formen abgestrahlt wird.

Nach und nach werden die Wasserstoffvorräte im Sterninnern aufgebraucht. Es werden andere Fusionsprozesse gezündet, die nicht mehr so viel Energie liefern wie das Wasserstoffbrennen. Weil damit der Druck der Sternmaterie zum Zentrum hin nicht mehr vollständig kompensiert werden kann, zieht sich der Stern zusammen und durchläuft dabei Phasen der Instabilität, in denen er sich uns als veränderlicher Stern am Himmel präsentiert. Bei massereicheren Sternen kann dieser Druck am Ende so groß werden, dass die negativ geladenen Elektronen sich mit den positiven Protonen zu elektrisch neutralen Neutronen vereinigen. Da dieser Stern demnach in seinem Grundbestandteil aus Neutronen besteht, wird er als Neutronenstern bezeichnet. Zuvor kann es jedoch infolge explosiv ablaufender Kernprozesse dazu kommen, dass ein Stern einen großen Teil seiner Masse abwirft, was sich uns als Supernova darstellt. Solche in kürzester Zeit aufflammenden Sterne wurden beispielsweise 1572 von Tycho Brahe, Wilhelm IV. und anderen Astronomen, sowie 1604 von Johannes Kepler beobachtet, in neuerer Zeit wurden solche Sterne mit großen Teleskopen auch in anderen Sternsystemen entdeckt. Von anderen möglichen Überbleibseln der Sternentwicklung, den so genannten Schwarzen Löchern, werde ich gleich ausführlicher berichten.

Die Masse unserer Sonne ist nicht so groß, um die beschriebenen explosiven Prozesse zünden zu können. Sie wird als Weißer Zwerg enden, der sein Wasserstoffbrennen einstellt und noch Milliarden Jahre, langsam auskühlend, seine Bahn im Kosmos ziehen wird.

Das Leben Hertzsprungs, der neben Henry Norris Russell mit seinen Forschungen eine der wichtigsten Grundlagen der modernen Astronomie schuf, verlief nicht gerade so, wie man sich das von einem etablierten Gelehrten denken könnte – was vielleicht angesichts der vielen, im besten Sinne merkwürdigen Lebensläufe anderer Astronomen, wie Herschel oder Bessel, nicht mehr so ungewöhnlich erscheinen mag. Er wurde 1873 in der Nähe von Kopenhagen geboren, absolvierte in der Hauptstadt sein Abitur, wo er auch studierte und Chemieingenieur wurde. Anschließend arbeitete er mehrere Jahre in einer dänischen Chemiefabrik in St. Petersburg, war 1902 kurze Zeit in Leipzig bei dem bedeutenden Chemiker und Wissenschaftstheoretiker Wilhelm Ostwald tätig, bis er wegen familiärer Probleme – nachdem schon sein Vater verstorben war, starb auch sein Bruder Ivar – nach Kopenhagen zurückkehrte. Hier befasste er sich mit der Fotografie. Nachdem er Beziehungen zur Kopenhagener Urania-Sternwarte aufgenommen hatte, begann er sich der Astronomie zuzuwenden, ohne diese Wissenschaft je studiert zu haben. Sein Interesse leitete ihn und die Resultate ersetzten formale Abschlüsse. Im Jahre 1909 wurde Hertzsprung Professor in Göttingen und bald Observator am Astrophysikalischen Observatorium in Potsdam. Diese wissenschaftliche Laufbahn hatte ihm der Astronom Karl Schwarzschild eröffnet, der die Fähigkeiten des Chemieingenieurs erkannt hatte. Nach dem Tod Schwarzschilds nahm Hertzsprung eine Berufung nach Leiden an, wo er Professor für Astronomie und später Direktor der Sternwarte wurde. Nach seiner Emeritierung 1944 kehrte er nach Dänemark zurück und starb hoch geehrt 1967.

Schwarze Löcher – kosmische Gräber ohne Wiederkehr?

Schwarzschild, dem Hertzsprung viel zu verdanken hatte, war selbst auf dem Gebiet der Sternhelligkeiten tätig, von besonderer Bedeutung waren jedoch seine frühen Arbeiten im Umfeld zu Albert Einsteins Allgemeiner Relativitätstheorie. Seinen Namen trägt noch heute der „Schwarzschild-Radius“, der eng mit dem Problem der mysteriös klingenden Schwarzen Löcher zu tun hat. Doch dementgegen ist die Natur eines Schwarzen Loches gar nicht so schwierig zu verstehen – wenigstens im Prinzip nicht, solange auf die tiefsten Probleme der Forschung verzichtet wird. Und zunächst sind Schwarze Löcher auch gar nicht zwingend mit der Relativitätstheorie verbunden. Sie tauchten erstmals 1783 bei John Michell auf, einem englischen Universalgelehrten, dessen teils beachtliche Forschungen bis heute nicht die gebührende Würdigung gefunden haben. Er erkannte, dass es massive Körper geben kann, deren enorme Schwerkraft bewirkt, dass von ihnen ausgesendetes Licht wieder zu ihrer Oberfläche zurückkehren müsse. 1798 hatte Pierre Simon Laplace – wir hatten ihn schon im Zusammenhang mit seiner im Gefolge der Kantschen Theorie der Weltbildung stehenden Kosmogonie und als herausragenden Mathematiker kennen gelernt – einen solchen Gedanken weiterverfolgt: Wenn ein Körper seine Massen ungeheuer vergrößert, kann es sein, dass das Licht seine Oberfläche nicht mehr verlassen kann. Er fand diese Bedingungen bei einem leuchtenden Körper mit der Dichte der Erde, aber dem 250-fachen Sonnenradius infolge des starken Gravitationsfeldes durch etwa 100 Millionen Sonnenmassen gegeben. Etwas vereinfacht: Würde man auf einem Schwarzen Loch eine Taschenlampe einschalten, würden wegen der großen Anziehungskraft die Lichtstrahlen auf einer Wurfparabel zur Oberfläche des Körpers zurückfallen, wie auf der Erde ein Stein.

Andererseits kann man sich auch einen Körper denken, der bei gegebener Masse seinen Radius immer mehr verkleinert. Dabei wird es einen kritischen Radius geben, bei dessen Erreichen ebenfalls infolge des ungeheuer großen Gravitationspotenzials kein Licht mehr entweichen kann. Diesen Radius berechnete Schwarzschild (Schwarzschild-Radius R_s) mit $R_s = 2\ Gmc^{-2}$ (mit G der Gravitationskonstante, m der Masse des Körpers und c der Lichtgeschwindigkeit). Ein solches Schwarzes Loch, dieser populäre Begriff wurde 1968 von John Wheeler geprägt, kann sich insofern nach außen hin nur durch die Wirkung seiner Gravitationskraft bemerkbar machen. Nichts kann von seiner Oberfläche entweichen – wenn immer von Licht gesprochen wird, ist das nur als instruktives Beispiel zu verstehen –, aber alles kann hineinfallen, ohne Chance auf Wiederkehr.

Da in die Formel zur Berechnung des Schwarzschild-Radius die quadrierte Lichtgeschwindigkeit eingeht, ahnt man sofort, dass es sich um äußerst kleine Dimensionen handeln muss. So beträgt etwa der Schwarzschild-Radius der Sonne nur drei Kilometer – auf diese Größe müsste die gesamte Sonnenmasse komprimiert werden, damit von ihr infolge des nun entstandenen Gravitationspotenzials kein Licht mehr entweichen könnte und sie zum Schwarzen Loch würde. Für einen Körper der Masse von einem Kilogramm beträgt der Schwarzschild-Radius etwa 10^{-27} Meter, das ist weniger als der Durchmesser eines Atomkerns mit etwa 10^{-15} Meter! Oder eine andere Rechnung: Ein Schwarzes Loch mit dem Durchmesser von einem Zentimeter würde mit 10^{25} Kilogramm etwa die Masse der gesamten Erde in sich vereinen. Diese Dimensionen, die großen wie die kleinen, liegen natürlich jenseits jeglicher Vorstellungskraft – auch für Astronomen. Mit den Zehnerpotenzen rechnen lernt man in der Schule, wirklich vorstellen kann man sich dies alles nicht mehr.

Nun aber doch die Frage, wie Schwarze Löcher überhaupt entstehen können. Die eine Möglichkeit ist, dass sie die „Gespenster" toter, ehemals massereicher Sterne sind. Ich hatte schon davon gesprochen, dass sich Sterne, die ihre Stabilität nicht mehr durch Kernfusionsprozesse aufrechterhalten können, unter dem Einfluss der eigenen Gravitationskraft zusammenziehen und beispielsweise zu Neutronensternen werden. Aber ist ihre Masse noch größer und beträgt etwa 20 Sonnenmassen, können sie sich zu einem noch extremeren Körper von etwa zehn bis 50 Kilometer Durchmesser zusammenziehen, eben einem Schwarzen Loch, weil nichts mehr dem völligen gravitativen Kollaps entgegenzuwirken vermag.

Der astronomischen Beobachtung sind Schwarze Löcher einleuchtenderweise nicht direkt zugänglich. Sie machen sich in ihrer Umgebung nur infolge der von ihnen ausgehenden Gravitationskraft bemerkbar. So kann es sein, dass, wie tatsächlich beobachtet, in einem Doppelsternsystem einer der Sterne ein solches Schwarzes Loch ist. Dieses verrät sich uns dadurch, dass es große Teile der Materie des sichtbaren, „normalen" Sterns in sich hineinsaugt. Dabei werden so hohe Geschwindigkeiten erreicht, dass die Teilchen eine äußerst energiereiche Röntgenstrahlung aussenden, die beobachtbar ist. Solche Schwarzen Löcher wären ein Endstadium der Sternentwicklung.

Möglich ist weiterhin, dass sich im Zentrum von Galaxien Schwarze Löcher befinden, die jedoch ganz andere Dimensionen verkörpern.

In einigen Galaxien bewegen sich zentrumsnahe Sterne und Gaswolken mit enormer Geschwindigkeit um ihren Zentralkörper. Da man in der Lage ist, die Dimensionen und die Masse dieses Zentralkörpers abzuschätzen, bleibt teilweise nur die Möglichkeit, hier ein Schwarzes Loch gigantischer Dimensionen anzunehmen, das sich in manchen Fällen auch durch die erwähnte kosmische Strahlung bemerkbar macht. Beobachtungen aus jüngerer Zeit verleihen dieser Möglichkeit eine große Wahrscheinlichkeit. So könnte die Galaxie M 87 im Sternbild Jungfrau ein Schwarzes Loch von drei Milliarden Sonnenmassen im Zentrum haben – es wäre größer als unser gesamtes Sonnensys-

Schwarze Löcher verschlucken alles, was ihnen zu nahe kommt. Bevor die Materie in das Schwarze Loch stürzt, sammelt sie sich in einer rotierenden Akkretionsscheibe an.

tem einschließlich der Pluto-Bahn, und der Andromeda-Nebel könnte es zu einem Schwarzen Loch von 30 Millionen Sonnenmassen gebracht haben. Diese Objekte sind so groß, dass sie einen Stern als Ganzes schlucken könnten, der dabei zerbrechen würde – dies wäre weithin im Weltall als gigantische Explosion zu sehen. Im Zentrum unseres Milchstraßensystems sieht es hingegen nach einem Schwarzen Loch von „nur“ 2,5 Millionen Sonnenmassen aus, was wiederum aus der Beobachtung zentrumsnaher Sterne im infraroten Strahlungsbereich gefunden wurde.

Diese Beispiele sollten illustrieren, inwiefern Schwarze Löcher in der heutigen Astronomie schon zu ganz normalen Objekten der Forschung geworden sind. Dass wir sie nicht direkt sehen, sondern nur ihre Wirkung aufspüren können, ist für die Astronomen seit Bessels Begründung der „Astronomie des Unsichtbaren“ nichts Aufregendes mehr.

Die mathematische Beschreibung Schwarzer Löcher, ihrer physikalischen Eigenschaften und ihrer Entwicklung ist in wichtigen Teilen mit den Arbeiten des britischen Physikers Stephen Hawking verbunden. Er fand beispielsweise, dass Schwarze Löcher nicht ganz so schwarz sind, wie sie im Allgemeinen angesehen werden. Denn auch sie können Strahlung aussenden und schließlich sogar zerstrahlen, sich also wieder auflösen, was sicherlich unter dem Aspekt beruhigend erscheint, dass also unser Universum nicht im Laufe der Zeit nur noch aus Schwarzen Löchern bestehen muss, die nichts hergeben, was sie einmal bekommen haben. Nach den Arbeiten zweier sowjetischer Physiker, Jakow Seldowitsch und Alexei Starobinski, fand Hawking also: Alle Schwarzen Löcher senden eine Strahlung aus. Denn infolge der sehr starken Gravitation dieser Körper werden in ihrer Nähe Teilchen erzeugt, die zum Teil das Schwarze Loch verlassen und insofern seine Masse abnehmen lassen, die so genannte Hawking-Strahlung.

Hawking ist einer der bekanntesten Physiker und Astronomen der Gegenwart. Allerdings sind es nicht in erster Linie seine wissenschaftlichen Arbeiten, die zu seiner Bekanntheit führten, oder wenigstens nicht allein diese. Denn er ist noch aus anderen Gründen eine der bemerkenswertesten Persönlichkeiten der Wissenschaftsgeschichte. Ich hatte bereits im 3. Kapitel auf den bedeutenden Hermann von Reichenau aufmerksam gemacht, der, schwerst körperbehindert, einer der glänzendsten Gelehrten des Mittelalters war. Es könnten weitere Beispiele dafür angeführt werden, dass körperlich behinderte Menschen gerade wegen der Behinderung ihre persönliche Entwicklung auf geistige Leistungen orientieren. Herrmann von Reichenaus körperliche Gebrechen mögen ähnlich denen von Stephen Hawking gewesen sein, zwar nicht medizinisch, aber doch in ihrem Erscheinungsbild und in ihrer Konsequenz für das Leben und Arbeiten.

Hawking, geboren 1942 in Oxford als Sohn eines Tropenmediziners und einer gebildeten Mutter, die Politik, Philosophie und Wirtschaftswissenschaften studiert hatte, wuchs als „normales" Kind auf. In der Schule war er nicht schlecht, aber auch nicht herausragend, doch mit breitem Interesse an Mathematik und Physik. Mit Rücksicht auf seinen Vater studierte er Chemie und Mathematik, dann Theoretische Physik. Ein Promotionsstipendium führte ihn 1962 ins englische Cambridge, wo er sich mit der Allgemeinen Relativitätstheorie befasste. Doch schon im Jahr darauf wurden gesundheitliche Probleme als Amyotrophe Lateralsklerose (ALS) mit vernichtender Prognose diagnostiziert. Die Krankheit, deren Ursache bis heute weitgehend unbekannt ist, beginnt im mittleren Lebensalter und ist eine neurologische Systemerkrankung, die mit Muskelschwund einhergeht und durch eine fortschreitende Lähmung lebenswichtiger Organe zum Tod führt. Doch bei Hawking verlangsamte sich der Krankheitsverlauf. Er heiratete, arbeitete wissenschaftlich und führte 1965 zusammen mit einem Mathematiker erste, bemerkenswerte Studien über Singularitäten in der Kosmologie aus.

In den Jahren 1970 bis 1974 führte er die genannten Forschungen über Schwarze Löcher durch und widmete sich dann Arbeiten zur Vereinigung der Quantenmechanik mit der Relativitätstheorie, also der Verbindung des ganz Kleinen mit dem ganz Großen als Voraussetzung zur Untersuchung frühester Zustände der Welt, Sekundenbruchteile nach dem Urknall. Neue Wege der Kosmologie beschritt er schließlich 1983, als er zusammen mit einem Kollegen das kosmologische Modell eines unendlichen Weltalls ohne Ränder, Grenzen und ohne Anfang entwickelte. Einem größeren Publikum wurde Hawking schließlich durch sein populärwissenschaftliches Buch „Eine kurze Geschichte der Zeit" (1988) bekannt, das zwar keine leicht lesbare Lektüre ist, aber schwierige Probleme der modernen Kosmologie in doch teilweise verblüffender Weise so erklärt, dass man auch ohne Spezialwissen verstehen kann, wie wir uns das Weltall heute vorstellen.

All dies zusammengenommen, seine für Nichtspezialisten nur schwer verstehbaren wissenschaftlichen Arbeiten, sein sehr verbreitetes populäres Buch, dies vor allem in Verbindung mit seiner schweren Erkrankung, machten Hawking zum Medienstar. Bei Vorlesungen und Vorträgen sitzt er völlig stumm und bewegungsunfähig und kommuniziert mit der Umwelt, indem er aus einem Bestand an Begriffen und wichtigen Wortverbindungen im Computer Sätze bildet, die ein Stimmsynthesizer zu Gehör bringt. Es ist dies das Bild eines Geisteshelden, das so ganz anders ist als jenes, in dem große Gelehrte in der Vergangenheit dargestellt wurden. Kopernikus mit wehendem Haar bei nächtlicher Arbeit auf seiner Sternwarte, Newton als blühender junger Mann unter einem Apfelbaum den Fall einer Frucht beobachtend, Galilei in trotziger Haltung vor dem Inquisitionstribunal sein „und sie bewegt sich doch" vor sich hin sprechend – die Historienmalerei ging sehr frei mit historischen Fakten um.

Die Fragen nach der Energieerzeugung in Sternen, nach der Natur Schwarzer Löcher, nach Neutronensternen und anderen Phänomenen in den kosmischen Weiten, wie sie auch den Arbeiten Hawkings fundamental zugrunde liegen, zeigen uns sehr eindringlich, in welcher Weise die moderne Astronomie auf die Zusammenarbeit mit Physikern angewiesen ist, die sich im Unterschied zu den tief in den Kosmos strebenden Astronomen in die kleinsten Dimensionen der Materie vortasten. Doch ohne die Elementarteilchenphysik sind viele von den Astronomen beobachtete Phänomene nicht verstehbar. Das betrifft nicht nur Neutronensterne und Schwarze Löcher oder die Energiegewinnung in Sternen, sondern überhaupt die Mechanismen der Entstehung von Strahlung, von Röntgenstrahlung, kosmischer Gammastrahlung, der Teilchenstrahlung und schließlich hinein in die Frühphasen des Kosmos. Während der ersten Bruchteile von Sekunden nach dem Urknall bis zu den ersten Minuten beruht die Beschreibung der Entwicklung des Kosmos ausschließlich auf der Elementarteilchenphysik. Gab es den Urknall wirklich? Dies führt uns in die Welt der Galaxien und zunächst noch einmal in das 19. Jahrhundert.

Gaswolken oder Sterne?

Im Jahre 1755 hatte Kant den Gedanken entwickelt, dass die fernen Nebelflecken im Kosmos Milchstraßensysteme wie das unsere sind. Vorausgegangen war ihm darin 1750 Thomas Wright von Derham, gefolgt 1763 von Johann Heinrich Lambert, während bedeutende Beobachtungen zur Stützung dieser Theorie Wilhelm Herschel nach 1781 gelangen. Doch ganz so einfach war die Sache doch nicht. Zur Erinnerung an das 9. Kapitel: Herschel hatte Nebelflecken entdeckt, die er mit seinen gewaltigen Teleskopen nicht in Sterne auflösen konnte und an deren wirklich „nebliger" Natur er keinen Zweifel hatte. Für ihn war dies der „freie Lichtnebel“, der Grundstoff für die Sternentstehung, den er auch um manche Sterne herum bemerkte, sozusagen der Rest, der sich (noch?) nicht zum Stern zusammengeballt hatte.

Aber: Was wäre, wenn sich alle Nebel auflösen ließen und sich in noch größeren und leistungsfähigeren Teleskopen als aus Sternen und nichts weiter als Sternen bestehend erweisen würden? Tatsächlich trat bald nach Herschels Tod der irische Astronom William Parsons, Earl of Rosse, mit eben diesen noch größeren Teleskopen in die astronomische Forschung ein. Ihm gelang nach 1845 mit einem Spiegelteleskop von 183 Zentimetern Öffnung die Auflösung vieler Herschelscher „echter“ Nebel in Sterne. Wer ohnehin an Wilhelm Herschels Theorie der kosmischen Entwicklung gezweifelt hatte, fühlte sich nun endgültig bestätigt. Und der Zweifler waren viele, der Befürworter eher wenige. Auch der Sohn, John Herschel, würdiger Erbe seines Vaters in der Astronomie, zweifelte. Die Konsequenzen wurden viel diskutiert. Während sich die Kritiker bestätigt fanden und die Sache sich für sie erledigt hatte, mühten sich andere um eine Einschätzung. Unter ihnen Alexander von Humboldt, in vielem der Denkart Herschels sehr nahestehend.

Humboldt bewunderte das gewaltige Teleskop und die Forschungsergebnisse des Earl of Rosse, der übrigens in seiner Heimat auch sozial sehr engagiert war. „Viele Nebelflecke, welche bisher kein Instrument auflösen konnte, sind durch dieses herrliche Telescop in Sternschwärme aufgelöst; die Gestalt anderer Nebelflecke ist in ihren wahren Umrissen nun zum ersten Mal erkannt worden.“ Weiter schreibt er, zunächst an Bessels Konzept der Astronomie des Unsichtbaren und die Vorhersage der Existenz von Begleitern des Sirius und Prokyon sowie der Entdeckung des Neptuns anknüpfend: „Wie man geneigt ist aus der beobachteten, bisher unerklärten, Bewegung *gesehener* Weltkörper auf die Existenz ungesehener zu *schließen*; so haben Erfahrungen über die *Auflöslichkeit* einer beträchtlichen Zahl von Nebelflecken in der neuesten Zeit zu *Schlußfolgen* über die Nicht-Existenz aller *Nebelflecke*, ja alles kosmischen Nebels im Weltraume geleitet. Mögen jene wohlbegrenzten Nebelflecke eine selbstleuchtende dunstartige Materie, oder ferne, eng zusammengedrängte, rundliche *Sternhaufen* sein: immer bleiben sie für die Kenntniß der Anordnung des Weltgebäudes, dessen, was die Himmelsräume ausfüllt, von großer Wichtigkeit.“

Aus den Texten Humboldts spürt man ganz deutlich, dass er selbstverständlich die Forschungsergebnisse Parsons und anderer genau studiert hatte, sich dennoch innerlich gegen sie sträubt, weil er in seinem ganzen Denken von Entwicklungsprozessen in der Welt, damit auch im Kosmos überzeugt war. Doch selbst wenn die Nebelsterne keine dunstförmig verteilte Materie enthalten, verrät die elliptische Gestalt vieler von ihnen den Prozess ihrer Entstehung – und ob sie wirklich alle aus Sternen bestehen, war für Humboldt noch lange nicht erwiesen: „Sind die Nebelflecke elliptische oder kugelförmige Sterngruppen, so erinnern sie, durch ihre *Conglomeration* selbst, an ein räthselhaftes Spiel von Gravitationskräften, denen sie gehorchen. Sind es Dunstmassen mit einem oder mehreren Nebelkernen, so mahnen die verschiedenen Grade ihrer Verdichtung an die Möglichkeit eines Processes allmäliger Sternbildung aus ungeballter Materie. Kein anderes kosmisches Gebilde, kein anderer Gegenstand der mehr *beschauenden* als messenden Astronomie ist in gleichem Maaße geeignet die Einbildungskraft zu beschäftigen: nicht etwa bloß als symbolisirendes Bild räumlicher Unendlichkeit, sondern weil die Erforschung verschiedener Zustände des Seins und ihre geahndete Verknüpfung in zeitlicher Reihenfolge uns eine Einsicht in das Werden zu offenbaren verheißt."

Gerade dieser Humboldt so anziehende Gedanke einer kosmischen Entwicklung stand mit den neueren Nebelforschungen auf dem Spiel. Denn verfolgt man die Geschichte der sukzessiven Auflösbarkeit der Nebelflecken, gab es tatsächlich gute Gründe, diesen Prozess für die Zukunft weiterzudenken und in Anwendung stets gesteigerter Leistungsfähigkeit der Teleskope als generelle Möglichkeit hinzunehmen.

Schließlich sah Humboldt eine nicht enden wollende Kette, auf der einen Seite mit größeren Teleskopen zwar bekannte Nebel in Sterne auflösen zu können, aber damit gleichzeitig neue, nicht aufgelöste Nebel zu entdecken: „Wenn man trennt, in der neuerlichst so lebhaft angeregten Frage über die Nicht-Existenz einer selbstleuchtenden, dunstförmigen Materie im Weltall, was der Beobachtung und was inductiven Schlußformen angehört; so lehrt eine sehr einfache Betrachtung, daß durch wachsende Vervollkommnung der telescopischen Sehkraft allerdings die Zahl der Nebel beträchtlich vermindert, aber keinesweges durch diese Verminderung erschöpft werden könne. Unter Anwendung von Fernröhren wachsender Stärke wird jedes nachfolgende auflösen, was das vorhergehende unaufgelöst gelassen hat; zugleich aber auch wenigstens theilweise, wegen seiner zunehmenden raumdurchdringenden Kraft, die aufgelösten Nebel durch neue, vorher unerreichte ersetzen. Auflösung des Alten und Entdeckung des Neuen, welches wieder eine Zunahme von optischer Stärke erheischt, würden in endloser Reihe auf einander folgen."

Kritisch betrachtet erreichte Humboldt damit jedoch keine Sicherheit für die Existenz wirklicher Nebel, weil ja am Ende das Problem nur sukzessive hinausgeschoben wurde – doch ich möchte darauf aufmerksam machen, wie sehr Humboldt diese Frage berührte. Wie ging die Sache nun aus? Zunächst wurde die ganze Diskussion um die Natur der Nebelflecken nicht weitergeführt; ein Ergebnis war nicht abzusehen. Wie schon zuvor mit der Konstruktion der großen Teleskope von Wilhelm Herschel, der noch größeren des Earl of Rosse mussten noch einmal größere und technisch verbesserte zum Einsatz kommen.

Mit Hilfe neuer Technik gelang 1923 der entscheidende Durchbruch. Als Edwin P. Hubble ein neues Spiegelteleskop mit einem Durchmesser von 2,5 Metern auf den mit bloßem Auge sichtbaren Andromeda- und den Dreiecknebel richtete, gelang es ihm, in den Randpartien einzelne Sterne, darunter veränderliche vom Typ der Delta-Cepheiden zu entdecken. Für diesen Typ veränderlicher Sterne war eine eindeutige Beziehung zwischen ihrer absoluten Helligkeit und der Periode ihrer Helligkeitsschwankung gefunden worden. Mit der Periode des Lichtwechsels eines solchen Sterns ist demnach zugleich dessen absolute Helligkeit bekannt, was in Verbindung mit der scheinbaren, beobachteten Helligkeit seine Entfernung ergibt. War Hubbles erster Wert der Entfernung des Andromeda-Nebels noch um etwa die Hälfte zu klein ausgefallen, war doch das prinzipielle Resultat erreicht, was sich bald an weiteren etwa 120 „Nebeln", deren Auflösung in Sterne, verbunden mit Entfernungsbestimmungen, bestätigte. Das „Reich der Nebel" war geboren, es umfasste Weltbereiche, von denen zuvor kaum eine vage Vorstellung existierte. Es bedurfte noch einiger Zeit, bis Hubbles Forschungen allgemeine Anerkennung fanden, aber die Einwände glichen eher unbedeutenden Rückzugsgefechten, zumal auch schon vor Hubble, allerdings ohne zureichende Beobachtungen, die Idee von der Natur der Spiralnebel als Sternsysteme in gewaltigen Entfernungen weit verbreitet war.

Aus diesen Forschungen wurde die schon von Earl of Rosse beobachtete Spiralstruktur verständlich. Seit den 1940er Jahren war es möglich, in Spiralsystemen die Rotationsbewegung zu messen, aus deren Analyse Massenbestimmungen möglich wurden. Einzelne Daten mussten immer wieder korrigiert werden, vor allem, wenn eine Revision der kosmischen Maßstäbe erforderlich war, wie infolge der Korrektur der Perioden-Helligkeits-Beziehung der Delta-Cepheiden.

Nun wusste man, sowohl Kant und Herschel auf der einen, als auch Earl of Rosse auf der anderen Seite hatten recht. Es ließen sich weitere Nebelflecken in Sterne auflösen, aber es blieben Nebel übrig, bei denen nicht nur die Auflösung versagte, sondern die mittels der Spektralanalyse tatsächlich als diffus verteilter „Rohstoff“ zur Sternbildung erkannt wurden.

Von der Flucht der Galaxien und ihrer möglichen Wiederkehr

Das Reich der Galaxien offenbarte sich als voller Überraschungen, mit Objekten, die ein absonderliches, schwer verständliches Verhalten zeigten. Deren Entdeckung und Erforschung wurde möglich, nachdem außer dem sichtbaren Licht, der Infrarot- und Ultraviolettstrahlung weitere Teile des elektromagnetischen Spektrums zugänglich waren. Die genauere Untersuchung der Galaxien, das heißt ihrer Spektren, führte bald zu einer der größten und populärsten Entdeckungen in der Astronomie, der Nebelflucht und dann dem Urknall. Und dies wiederum als kosmologische Folgerung aus der Allgemeinen Relativitätstheorie Albert Einsteins.

Nun ist hier zwar nicht der Ort, diese Theorie für sich darzulegen, nicht einmal, den Versuch zu unternehmen, ihre Konsequenzen für die moderne Astronomie einigermaßen vollständig zu erläutern. Ich will nur einige Beispiele herausgreifen und selbst die können keinen Anspruch auf besondere Repräsentanz erheben – zu komplex ist das ganze Thema. Wer zu diesen faszinierenden Forschungen, die auch noch völlig im Fluss sind, weiterlesen möchte, dem seien zwei Bücher vor allem empfohlen: „Vor dem Anfang. Eine Geschichte des Universums“ von Sir Martin Rees, dem Astronomer Royal, glänzend geschrieben, fast kurzweilig zu lesen, aber dennoch streng wissenschaftlich und auch ohne Fachkenntnisse des Lesers verständlich, sowie Stephen Hawkings schon erwähnte „Eine kurze Geschichte der Zeit. Die Suche nach der Urkraft des Universums“.

Dass der Astrophysik für die praktische Bestätigung der Einsteinschen Theorien eine solche Bedeutung zukam, mag als „gerecht“ erscheinen, denn die weitere Erforschung des Weltraums, das ganze heutige Bild vom Kosmos ist fundamental von der Speziellen und mehr noch der Allgemeinen Relativitätstheorie geprägt. Die dabei eine Rolle spielenden Zeiten von Milliarden Jahren, die oft unvorstellbar hohen Temperaturen und Drücke, die Zeiten, in denen Entwicklungsprozesse ablaufen, sind wohl ein wenig mit daran schuld, dass den Einsteinschen Theorien der zweifelhafte Ruf anhängt, völlig unverständlich zu sein, in Verbindung mit Atomwaffen gar bedrohlich, ein wenig versponnen, nur für eine Hand voll Spezialisten gedacht, verbunden mit dem Slogan „Alles ist relativ" – am besten gefasst in das Bild Albert Einsteins mit der herausgestreckten Zunge.

Diese Verflachung Einsteins zum Medienstar verwischt leicht, dass dieser Gelehrte zu einer Symbolfigur für die gesellschaftliche Verantwortung eines Wissenschaftlers für seine Forschungen wurde. Denn mit seiner Speziellen Relativitätstheorie schuf er theoretische Voraussetzungen für die Schaffung der Atombombe. Einstein setzte sich jedoch für die Ächtung der Atomwaffen ein, dabei in der Zeit des Kalten Krieges auf verlorenem Posten stehend. Sein Friedensengagement brachte ihm sogar die geheimdienstliche Überwachung wegen „unamerikanischer Tätigkeit" ein, in Zeiten, in denen ganz im Gegenteil zu den Vorstellungen Einsteins amerikanische Militäreinheiten zu Studienzwecken der radioaktiven Strahlung von Atomwaffentests ausgesetzt wurden. Das provokatorische „Spiel" mit Atomwaffen ist indes bei weitem kein Thema nur der Vergangenheit.

Die tiefen Konsequenzen, die sich mit Werk Einsteins verbinden und das in manchem etwas „unorthodoxe" Auftreten des Gelehrten begünstigten die Entstehung so mancher Anekdote um sein Leben. Geboren am 14. März 1879 wuchs Einstein in München auf, wo er jedoch nie heimisch wurde und, einem liberalen Judentum verpflichtet, früh mit dem Antisemitismus konfrontiert wurde. In der Schule war jedoch keineswegs ein schlechter Schüler und das Abitur legte er durchaus ab, wenn auch zeitverzögert in der Schweiz. Denn zunächst folgte er den Eltern, die den 15-Jährigen in München zurückließen, um in Italien eine kleine Elektrofirma zu führen. Und noch eines: Zwar fesselte ihn der direkte Schulstoff nicht immer, doch zeichnete ihn ein waches Interesse für die Wissenschaften aus. Für schulisches Desinteresse und mäßige Leistungen, wie es oft kolportiert wird, ist Einstein wirklich nicht das passende Vorbild.

Einstein studierte am Züricher Polytechnikum Physik und fand eine Anstellung als Experte 3. Klasse am Eidgenössischen Patentamt. Hier schuf er nach 48 Wochenstunden Pflichtarbeit nicht nur die Spezielle Relativitätstheorie, sondern auch Arbeiten zur Lichtquantenhypothese und der atomistischen Konstitution der Materie.

Schon in seiner Studienzeit lernte er seine erste Frau Mileva Maric kennen, die ebenfalls Physik studierte. Sie war ihm jahrelang eine kompetente Gesprächspartnerin. Die Ehe scheiterte, sicherlich zum erheblichen Teil deswegen, weil Einstein nicht das ausreichende Feingefühl für sein persönliches Umfeld aufbrachte und sich in jener Zeit geradezu bedingungslos in seiner wissenschaftlichen Arbeit vergrub und persönliche Freizügigkeit beanspruchte. Die brachte ihm allerdings am Ende größte Anerkennung: 1914 erhielt er eine ehrenvolle Berufung an die Berliner Akademie, die er 1933, nach der Machtübernahme der Nationalsozialisten, niederlegte und in die USA emigrierte. Seine schon aus der Schulzeit bekannte demokratische Gesinnung konnte keine andere Konsequenz haben.

Nun ist es tatsächlich so, dass spezielle Forschungsthemen der Allgemeinen Relativitätstheorie zu den anspruchsvollsten Problemen gehören, die jemals von den Wissenschaften angegriffen wurden, mit Konsequenzen für die wissenschaftliche Beschreibung der Welt und der Form des friedlichen Zusammenlebens der Menschen, wie es sie noch nie gegeben hat. Aber das ist nur der Ansatz der Forschung. Ansonsten scheint manches an den Theorien dem „gesunden Menschenverstand" zuwiderzulaufen. Das hat zunächst einmal ganz einfach damit zu tun, dass alle Effekte der beiden Theorien an Bedingungen geknüpft sind, mit denen wir es im Alltagsleben niemals zu tun haben: hohe Geschwindigkeiten, hohe Temperaturen, extrem große und extrem kleine Dimensionen, enorm große Massen – äußerlich an den Formeln insofern rasch zu erkennen, als dass immer wieder die quadrierte Lichtgeschwindigkeit mit ihrem Zahlenwert von $300\,000^2$ = 90 Milliarden eine Rolle spielt.

Doch das erste Missverständnis liegt schon darin, die Theorien würden mathematisch beweisen, dass alles in der Welt relativ ist – ein populäres Missverständnis, das sich gut als Indikator für elementare Unkenntnis der Einsteinschen Theorien gebrauchen lässt. Max Planck nannte die Allgemeine Relativitätstheorie die größte „Absolutheitstheorie", die es gibt. Die Bezeichnung „relativ" meine keine Beliebigkeit, nicht dass jeder beispielsweise gleichermaßen recht hat, oder man tun und lassen könne, was man will, weil ja die Maßstäbe des Handelns relativ seien. Ein Beispiel: Nach der Newtonschen Physik ist die Masse eines Körpers ein für ihn feststehendes Charakteristikum, absolut, solange keine äußeren masseverändernden Handlungen an ihm vollzogen werden, also Masse hinzu- oder weggenommen wird. Nach Einstein ist die Masse relativ, nämlich abhängig von der relativen Geschwindigkeit zwischen dem zu messenden Körper und dem Messsystem, dem Beobachter. Kennt man jedoch die Geschwindigkeit zwischen beiden, die Relativgeschwindigkeit, dann ist die Masse für diese Bedingung „absolut". Es sei hier nicht näher erörtert, dass dem die bereits vielfach gemessene Tatsache zugrunde liegt, wonach sich die Masse eines sehr schnell bewegten Körpers in Bezug zu einem ruhenden Bezugssystem vergrößert und zwar mit dem Faktor

$\sqrt{v^2/c^2}$. Da hier, wie oben schon allgemein gesagt, die quadrierte Lichtgeschwindigkeit im Quotienten steht, ist die Veränderung der Masse erst bei sehr hohen Relativgeschwindigkeiten von Bedeutung. Die vollständige Formel der Massenveränderung lautet dann (mit m_0 als Ruhemasse und m_I als bewegte Masse): $m_I = m_0 \sqrt{v^2/c^2}$. Nun kann man leicht ausrechnen, bei welchen Geschwindigkeiten die relative Massenveränderung beginnt.

Das bedeutet, die Masse eines relativ zu einem Beobachter rasch bewegten Objektes nimmt mit dieser Bewegung zu. Ein zweiter wichtiger Effekt der Speziellen Relativitätstheorie ist der, dass dieser Körper sich in der Richtung der Bewegung verkürzt. Und schließlich, dass unter diesen Bedingungen die Zeitabläufe im bewegten Körper sich verlangsamen, seine Uhren quasi langsamer gehen und alle sich in ihm vollziehenden Prozesse langsamer ablaufen. Es ist dies die so genannte Zeitdilatation, die oft im populären Zwillingsparadoxon veranschaulicht wird: Geht von einem Zwillingspaar der eine Zwilling auf eine kosmische Reise mit nahezu Lichtgeschwindigkeit, kommt er weniger gealtert auf die Erde zurück, als der hier verbliebene Zwilling.

Noch einmal: „Relativ" heißt im Grunde nichts anderes, als bezogen auf bestimmte Umstände und unter diesen dann „absolut" – im Gegensatz zu der Aussage „absolut", ungeachtet jeglicher Umstände. So fremd kann uns das eigentlich gar nicht sein, denn beispielsweise ist es mit „rechts" und „links" nicht anders. Sie sind relativ. Ob A rechts von B steht oder umgekehrt ist relativ – relativ zu den Bedingungen (dem „System"), unter denen ich beide betrachte. Es müsste also etwa heißen: Wende ich das Gesicht A und B zu und ist die Markierung C auf A zu mir gerichtet, steht A rechts von B. Obwohl rechts und links relativ sind, ist unter diesen Bedingungen (in diesem „System") die Bestimmung von rechts und links absolut. In der alltäglichen Praxis machen wir uns darüber nicht so viele Gedanken, doch mag sich jeder Leser eine Situation ausdenken, in dem diese Exaktheit vielleicht in einem Gerichtsprozess lebenswichtig sein kann.

Wie gesagt, in der Newtonschen Physik galten bestimmte Qualitäten eines Körpers als absolut gegeben, bei Einstein wurden sie relativ, abhängig von der Relativgeschwindigkeit. Damit wird die Newtonsche Physik nicht falsch, sondern erweist sich als Spezialfall unter den Bedingungen beispielsweise geringer Relativgeschwindigkeiten. Es ist möglich, in alle entsprechenden Formeln der Newtonschen Physik den Faktor mit der quadrierten Lichtgeschwindigkeit einzufügen, möglich, aber sinnlos, weil er für die praktische Rechnung gegen Null geht und vernachlässigt werden kann. Zwischen der Newtonschen und der Relativistischen Physik liegt insofern ein ganz anderes Verhältnis vor als zwischen der Aristotelischen und der Newtonschen, denn Erstere erwies sich am Ende als falsch, nicht als Spezialfall einer übergeordneten Physik.

Um die praktischen Konsequenzen der Einsteinschen Theorien einzusehen, muss man sich übrigens nicht zu den Schwarzen Löchern, Neutronensternen, Gravitationslinsen und so weiter begeben. Denn ganz unbemerkt haben tagtäglich sehr viele Menschen mit ihnen zu tun: Die Genauigkeit der Navigationssysteme in Autos kann nur dadurch gewährleistet werden, dass hinsichtlich der Laufzeit der Signale von den Navigationssatelliten verschiedene Korrekturen aus der Einsteinschen Allgemeinen Gravitationstheorie berücksichtigt werden.

Noch wichtiger als die Spezielle Relativitätstheorie wurde für die Astronomie die Allgemeine Relativitätstheorie, die man auch als eine Theorie der Gravitation bezeichnen kann. Eine wichtige Folge betrifft beispielsweise die Natur der Gravitation. Ist diese nach der Newtonschen Physik eine Anziehungskraft, erscheint sie bei Einstein als eine Krümmung des Raumes, deren Maß der Masse der sich im Raum befindlichen Körper proportional ist. Also: Die Sonne zieht die Planeten nicht durch eine Kraft an, sondern die Sonne schafft um sich eine Raumstruktur, die die Planeten dazu zwingt, sich in kreisähnlichen Bahnen um sie zu bewegen. Die Bewegung von Objekten im Kosmos folgt so genannten „Geodäten" oder „geodätischen Linien". Diese Linien ergeben sich im gekrümmten Raum, gemäß der in ihm gegebenen Raumstruktur als kürzeste Verbindung zwischen zwei Punkten. Sowohl die Fortpflanzung des Lichtes, als auch die Trägheitsbewegung eines materiellen Teilchens oder Körpers folgt diesen Linien. Die Geodäten sind in gewissem Sinne das Analogon für die geradlinig-gleichförmige Bewegung des Körpers in der klassischen Mechanik. Der Raum ist nun auch kein leerer Behälter, in dem sich beliebige Prozesse abspielen können, wie in der Newtonschen Physik, sondern der Raum wird erst mit der Existenz von Körpern mit einer bestimmten Struktur geschaffen. Raum, Zeit und Materie bilden insofern eine untrennbare Einheit. Auch hierfür wurde ein anschauliches Bild erdacht: Man lege auf eine an den Enden frei gehaltene Gummimatte eine größere Kugel. Durch ihr Gewicht drückt die Kugel die Matte ein in einer Stärke, die mit der Entfernung abnimmt. Lässt man nun auf der Matte kleinere Kugeln laufen, werden diese sich zunächst in einer Ebene bewegen, aber dort, wo die Durchbiegung der Gummimatte beginnt, aus ihrer Richtung zunehmend abgelenkt und sich beschleunigt bewegen. Reicht die Energie der kleinen Kugel nicht aus, fällt sie neben die große

Kugel und verstärkt die Durchbiegung. Reicht ihre Energie hingegen aus, wird die kleine Kugel auf der eingedrückten Gummimatte eine Richtungsänderung erfahren, aber dennoch nach dem Durchtauchen durch die Störung der Ebene ihre Bewegung fortsetzen. Das Maß der Durchbiegung der Matte lässt sich – mit einiger Fantasie – als zweidimensionales Bild der Raumkrümmung verstehen.

Da nun gemäß der Speziellen Relativitätstheorie und der berühmten Formel $e = mc^2$ auch das Licht eine Masse hat, unterliegt auch dieses einer Anziehungskraft – die nach der Allgemeinen Relativitätstheorie natürlich keine Kraft ist, sondern eine Bewegung der Photonen gemäß einer bestimmten Raumstruktur. Dies wäre dann auch die exakte Beschreibung eines Schwarzen Loches: Infolge des großen Gravitationspotenzials wird hier der Raum in einem solchen Maße gekrümmt, dass die geodätischen Linien, auf denen sich die Photonen bewegen müssen, nicht aus diesem Objekt hinausführen.

Mit Hilfe der Allgemeinen Relativitätstheorie war nun Einstein in der Lage, ein Bild der Welt zu entwerfen, das in manchem den bisherigen Theorien entgegenstand. Es war dies nicht mehr das Bild einer Welt, in dem sich Himmelskörper gegenseitig anziehen, sondern das einer Welt, eines Raum-Zeit-Gefüges, mit Raumstrukturen, mit gekrümmten Räumen, deren Krümmungsradius durch die darin befindlichen Körper geschaffen wird. Eine Konsequenz daraus war die, dass auch das Weltall als Ganzes eine bestimmte Raumstruktur schafft. Dies in der Weise, dass die gesamte, im Weltall befindliche Masse eine Krümmung des Raumes bewirkt, weshalb ein Lichtstrahl, der von einem beliebigen Ort ausgesendet wird, nach einer langen, aber endlichen Zeit entlang einer geodätischen Linie wieder an den Ausgangspunkt zurückkehren muss. Die Raumkrümmung verhindert, dass er einfach geradlinig ins Unendliche entweichen kann. Nach Einstein ist die Welt endlich, aber unbegrenzt. Zum Verständnis dessen kann als zweidimensionales Bild eine Globusoberfläche genommen werden, die ebenfalls endlich im Durchmesser, aber unbegrenzt ist, weil man auf ihr nirgends an eine Grenze stößt, wo es nicht mehr weitergeht. Das ursprüngliche, von Einstein entwickelte Bild des Universums war statisch, ohne Entwicklung, mit einem bestimmten, unveränderlichen Radius. Im Jahre 1922 zeigte der sowjetische Mathematiker Alexander A. Friedmann, dass ein solches Weltall nicht möglich ist, sondern die Raumkrümmung dieses Weltalls sich zeitlich verändert, es sich ausdehnen oder zusammenziehen müsse. Diese Gedanken führte der Eddington-Schüler Georges Lemaître weiter, der zudem die praktische Konsequenz der Abhängigkeit der Rotverschiebung der Spektren von

Galaxien von der Entfernung ableitete. Friedmanns und Lemaîtres Weltmodelle ließen den Gedanken zu, dass die gegenwärtige Expansionsbewegung auf eine kosmische Singularität am „Anfang" der Welt zurückführbar ist, eben den Urknall.

Einstein blieb bis um 1930 bei seiner Version des statischen Universums und ließ sich erst nach Diskussionen mit Edwin P. Hubble vom Gegenteil überzeugen. Inzwischen war Hubble eine überaus wichtige Entdeckung gelungen: die empirische Ableitung der linearen Beziehung zwischen der Radialgeschwindigkeit von Sternsystemen und ihrer Entfernung. Was bedeutet das?

Im Zusammenhang mit der Spektralanalyse hatte ich davon gesprochen, dass die Fraunhoferschen Linien im Spektrum eine ganz bestimmte Lage einnehmen und ganz spezifisch für bestimmte chemische Elemente sind. Nun gibt es aber einen Umstand, der die Lage der Linien verändert, nämlich die Bewegung der die Strahlung aussendenden Quelle relativ zum Beobachter. Populär wird diese Rotverschiebung des Lichtes recht anschaulich mit dem akustischen Doppler-Effekt verglichen, den man alltäglich erleben kann. Nach Vorarbeiten beispielsweise des Amateurastronomen Friedrich von Hahn in Remplin um 1800 hatte Christian Doppler um 1840 in Prag diesen akustischen Effekt studiert, der noch heute seinen Namen trägt. Man stelle sich vor, dass man am Straßenrand steht und die schnelle Vorbeifahrt eines Krankenwagens verfolgt. Achtet man auf die Tonhöhe der Sirene, so schlägt der anfänglich helle Ton genau beim Vorbeifahren in einen tieferen um. Der Grund liegt darin, dass die Tonhöhe davon abhängt, wie viele Schwingungen in einer Zeiteinheit im Ohr ankommen. Bewegt sich die Schallquelle auf uns zu, so verkürzt sich der Abstand des Eintreffens zweier Wellen, die Tonhöhe steigt. Entfernt sich die Quelle, so verlängert sich der Abstand, die Tonhöhe sinkt.

Genau das passiert auch beim Licht, nur dass der Einfluss der Geschwindigkeit der Lichtquelle wesentlich geringer ist, weil sich das Licht selbst schon enorm schnell fortpflanzt. Dennoch gelang der Nachweis. Bewegt sich die Lichtquelle auf einen Beobachter zu, nimmt die Frequenz zu, das Licht wird energiereicher und ist gegen das blaue/violette Ende des Spektrums verschoben. Entfernt sich eine Lichtquelle, nimmt die Frequenz ab, das Licht ist nach Rot hin verschoben. In einem sich von uns entfernenden Stern oder einer Galaxie sind die Spektrallinien in Richtung Rot verschoben. Dabei bleibt die Lage der Linien untereinander vollkommen gleich.

Was Hubble gelang, war, dass er bei den Spektren von Galaxien die Verschiebung von Spektrallinien zum roten Ende des Spektrums hin

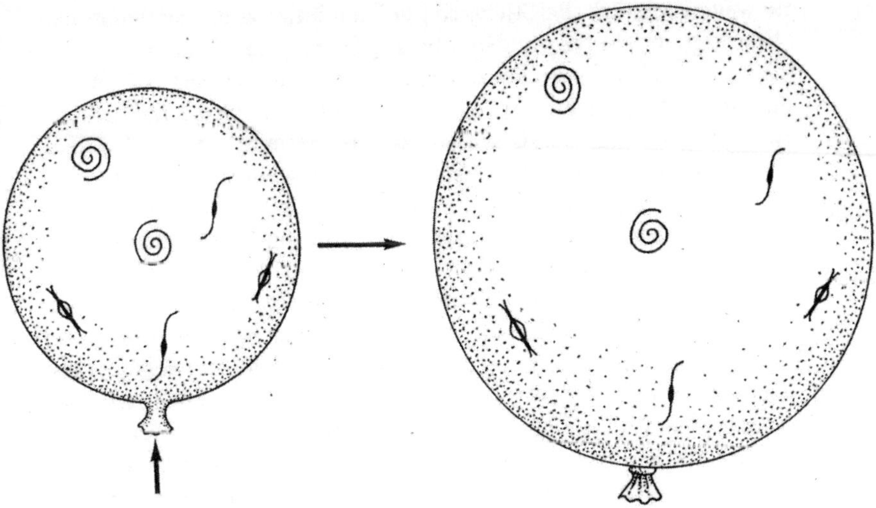

Wie auf der Oberfläche markierte Punkte sich voneinander entfernen, entfernen sich im Weltall die Galaxien voneinander.

festellen konnte. Die Schlussfolgerung war eindeutig, die Galaxien bewegen sich von uns weg, sie „flüchten", wie man dies etwas zu poetisch nannte. Doch die Galaxien entfernen sich insgesamt voneinander, indem der von ihnen eingenommene Raum sich systematisch vergrößert. Zur Veranschaulichung dessen wurde vorgeschlagen, auf einen Luftballon einige Punkte zu markieren und diesen dann aufzublasen. Man sieht, wie sich die Punkte (im Weltall die Galaxien) voneinander so entfernen, dass der eingenommene Raum größer wird und jede Galaxie von sich sagen könnte, die übrigen Sternsysteme entfernen sich von ihr.

Dies war der Nachweis der „Nebelflucht", der Expansion des Weltalls. Verschiedene anderweitige Versuche, die Rotverschiebung in den Galaxienspektren zu erklären, etwa durch eine „Alterung" des Lichtes und die darauf bezogene Energieabnahme, führten nicht zum Erfolg, doch werden einige noch heute diskutiert. Wenn sich aber die Nebelflecken voneinander entfernen, drängt sich der Schluss auf, sie müssten irgendwann einmal eng beieinander gestanden haben, vielleicht gar in einem Punkt vereinigt. Kennt man die Geschwindigkeit der Zunahme ihrer gegenseitigen Entfernung, wäre sogar die Zeit dieses singulären Ereignisses berechenbar.

Außer der erwähnten Nebelflucht fand die Urknall-Vorstellung eine weitere empirische Stütze mit der Entdeckung der so genannten „kosmischen Hintergrundstrahlung". Damit hat es Folgendes auf sich: Im Jahre 1964 entdeckten Arno Penzias und Robert Wilson eine aus allen Richtungen des Weltalls vollkommen gleichmäßig kommende Strahlung, deren Energie der Temperatur eines schwarzen Strahlers von 3 Kelvin entspricht, also nur um Weniges über dem absoluten Temperatur-Nullpunkt von 0 Kelvin = –273 Grad Celsius. Dies war wieder eine sehr merkwürdige Beobachtung, denn warum ist das Weltall so gleichmäßig (isotrop) mit einer solchen Strahlung erfüllt, woher kommt diese? Die Lösung fand sich in Verbindung mit dem Urknall. Wenn es vor Zeiten einen Zustand des Weltalls mit unvorstellbar hoher Temperatur und geringster Ausdehnung gegeben hat, wenn dann dieser „Urkörper" sich ausdehnte und dabei abkühlte, müsste sich die Temperatur inzwischen enorm verringert haben und sich durch eine „Wärme"-Strahlung (wer wollte da wirklich noch von Wärme sprechen?) bemerkbar machen, die natürlich das ganze Weltall erfüllt. Eben dies war die Hintergrundstrahlung, sozusagen ein Nachglühen des kosmischen Feuerballs, aus dem einstmals unsere Welt hervorging und die seither eine fundamentale Bedeutung in der Kosmologie besitzt.

Was war also nun der „Urknall"? Es mag nicht sehr ermutigend sein, mit den Worten zu beginnen: „Wir wissen es nicht." In der Tat waren die physikalischen Bedingungen zur Zeit „Null", im Moment des Urknalls, so extrem, dass alle gegenwärtige Physik zu ihrer Beschreibung versagt. Noch einmal zur Erinnerung: Die Physik geringer Geschwindigkeiten und „normaler" Massen und so weiter ist die Newtonsche Physik. Für größere Relativgeschwindigkeiten und Massen benötigt man die Einsteinsche Allgemeine Relativitätstheorie (dass diese inzwischen natürlich auch weiterentwickelt wurde, sei nur erwähnt, aber nicht im Detail erläutert). Doch nun, bei den extremen Bedingungen des Urknalls versagt auch diese Theorie. Eine neue ist erforderlich, doch es gibt sie noch nicht – ich komme darauf noch einmal zurück.

Ist heute der Nullpunkt des Urknalls physikalisch nicht beschreibbar, setzt jedoch die Beschreibbarkeit bereits kurz nach diesem singulären Ereignis ein. Und diese Beschreibbarkeit beruht gleichermaßen auf den Forschungen in der Welt des winzig Kleinen, im Bereich der Elementarteilchenwelt als auch andererseits auf den Forschungen in der Welt des unvorstellbar Großen. Was passierte also nun mit unserem Weltall? Gegenwärtige kosmologische Modelle setzen mit der Beschreibung unserer Welt kurz nach dem eigentlichen Ereignis des

Urknalls ein – „kurz nach“ bedeutet hier zu einer Zeit von 10^{-43} Sekunden! Zu dieser Zeit gibt es noch keine Differenzierung der Wechselwirkungen zwischen den Bestandteilen der Welt, es gibt noch keine Gravitation, schon gar keine Elementarteilchen oder Atome. Die Physik dieser Zeit ist heute noch völlig spekulativ. In einer Zeit ab 10^{-43} Sekunden und einer Temperatur von 10^{32} Kelvin koppelt sich die Gravitation als Wechselwirkung ab. Bei etwa 10^{-36} Sekunden kommt es zu einer merklichen Expansion des Kosmos und bei einer Zeit von 10^{-33} Sekunden beginnt die Entstehung der ersten, uns bekannten Elementarteilchen, wie den Protonen und Neutronen sowie deren Antiteilchen. Die Teilchen und Antiteilchen zerstrahlen bei ihrer Begegnung zu Photonen, dem Licht. Da jedoch ein geringer Überschuss von Protonen und Neutronen – im Gegensatz zu ihren völlig verschwindenden Antiteilchen übrig bleibt, ist damit die Grundlage für unseren heutigen „Stoffkosmos“ gelegt.

Einiges von dem, was zu diesen Zeiten und bei diesen Energien an Prozessen ablief, ist uns nicht nur durch mathematische Analyse, sondern direkt praktisch zugänglich. Denn in großen Teilchenbeschleunigern lassen sich heute Zustände erzeugen, die denen eines Weltalters von 10^{-12} Sekunden gleichen – wenigstens unter Laborbedingungen.

Weitere Ereignisse überspringend möchte ich zur ersten Sekunde nach dem Urknall gehen, als die Temperatur, also die Energie, des Kosmos so weit gesunken war, dass in einem Zeitraum von drei Minuten die ersten leichten Elemente Helium, Deuterium (schwerer Wasserstoff) und Lithium gebildet wurden. Da zugleich Elektronen und Positronen (als deren Antiteilchen) zerstrahlten, jedoch ein geringer Überschuss an Elektronen übrig blieb, stand damit zugleich das Material für den Aufbau der Elektronenhüllen der Atome zur Verfügung, der jedoch erst bei einer Temperatur unter 4000 Kelvin nach 500 000 Jahren etwa erfolgen konnte. Zu dieser Zeit waren die Protonen in der Lage, die langsamer gewordenen Elektronen einzufangen und immer mehr Atome konnten aus der ursprünglichen Strahlung „kondensieren“, weshalb man auch vom Übergang des Strahlungskosmos in den Stoffkosmos spricht. Damit wurde das Weltall durchsichtig und die Photonen konnten sich nahezu ungehindert ausbreiten. Es bildete sich nun die Strahlung, deren weitere Abkühlung heute als kosmische Hintergrundstrahlung beobachtet wird. Weitere Prozesse führten dann zur Bildung von Galaxien und Sternen, in Letzteren wurden die schwereren Elemente synthetisiert, dann folgte die Bildung von Planeten, auf diesen entstanden Lebewesen und mit ihnen schließlich der Mensch.

Dieses Schema ist natürlich, gemessen an den Einzelprozessen, die dabei abliefen und -laufen, an den teilweise komplizierten, komplexen und noch ungelösten Teilproblemen, nichts weiter als eine sehr starke Vergröberung der Wirklichkeit. Doch um mehr als um den Entwurf eines quantitativen Bildes konnte es hier auch nicht gehen. Und ungelöst ist bis heute auch die generelle Linie der Zukunft unseres Weltalls. Geschah der Urknall wirklich vor 16 bis 18 Milliarden Jahren, gab es ihn überhaupt – auf konkurrierende Weltmodelle, die die Geschichte des Universums ohne Urknall beschreiben, kann ich hier gar nicht eingehen – und was wird weiter mit der Welt?

Hubbles anfänglicher Wert der Galaxienflucht nach Beobachtungen am 2,5-Meter-Spiegelteleskop des Mount-Wilson-Observatoriums war viel zu gering, er führte auf ein Weltalter von zwei Milliarden Jahren, weniger als das Alter der Erde. Die weiteren Forschungen brachten für den Hubble-Parameter verschiedene Werte, die in der Tendenz immer geringer wurden, das heißt ein immer größeres Weltalter ergaben. Der heute akzeptierte Wert beträgt etwa 71 Kilometer pro Sekunde je eine Million Parsec (ein Parsec = 3,2615 Lichtjahre). Das bedeutet, dass die Geschwindigkeit der „Fluchtbewegung" der Nebel jeweils mit der Zunahme der Entfernung von einer Millionen Parsec um 71 Kilometer pro Sekunde wächst. Die heute entferntesten nachweisbaren Objekte befinden sich in einer Entfernung von etwa 16 Milliarden Lichtjahren, was bedeutet, dass das Licht von ihnen bis zu uns 16 Milliarden Jahre unterwegs war.

Welches Schicksal das Weltall am Ende nehmen wird, ist grundsätzlich von der durchschnittlichen Materiedichte abhängig. Rein theoretisch gibt es zwei Möglichkeiten:

1 Das Weltall expandiert ewig, das heißt, die Materiedichte sinkt in unendlicher Zeit auf einen unendlich kleinen Betrag.
2. Nach einer Phase der Expansion, in der wir uns befinden, tritt eine solche der Kontraktion ein, wobei dann die weitere Möglichkeit eines oszillierenden Universums gegeben ist.

Alexander Friedmann konnte 1922 zeigen, dass das Universum einen Gravitationskollaps erleiden muss, wenn die Materiedichte 5×10^{-30} Gramm pro Kubikzentimeter überschreitet; liegt die Dichte darunter, folgt eine monotone Expansion. Die heutigen Abschätzungen lassen eine Entscheidung noch nicht zu; die Annahmen liegen in der Größenordnung 10^{-29} Gramm je Kubikzentimeter. Ein großes Problem besteht in der möglichen Existenz beträchtlicher Massenanteile des Universums, die sich nicht durch eine Strahlung bemerkbar machen und uns deshalb bis heute verborgen sind. Dazu gehören Dunkelwolken, intergalaktische Materie sowie neben Weiterem möglicherweise die Neutrinos, von denen nicht bekannt ist, ob sie eine Ruhemasse besitzen und insofern (wegen ihrer großen Anzahl) einen erheblichen Beitrag zur Masse des Universums leisten.

Wird dies sicherlich durch die Forschung bald zu klären sein, haben wir aber noch die ganz schwierigen Fragen vor uns, die man heute manchmal gar nicht zulassen möchte und die möglicherweise niemals beantwortbar sein werden, wie: Was war vor dem Urknall, in welcher Form existierte da die Materie, was war die Ursache für diese Singularität? Man kann diese Fragen natürlich immer weiter führen und schließlich den Gedanken entwickeln, dass unser Universum nur ein „Atom" in einer unendlichen Menge von Universen – dem Multiversum – ist, eine Insel in einem kosmischen Archipel. Es wird von einem Astrophysiker erzählt, der bei einem Vortrag auf die Frage eines Zuhörers, was denn vor dem Urknall war, antwortete: Da saß Gott in einem Birkenwäldchen und schnitt Ruten für Menschen, die später dumme Fragen stellen werden.

Die Stellung des Menschen im All

An diese Dinge kommen wir mit der heutigen Wissenschaft nicht heran – und für gewöhnlich stellt sich die Wissenschaft keine Fragen, für deren Lösung sie zu gegebener Zeit auch nicht den Anflug einer Lösungsmöglichkeit besitzt. Stephen Hawking hat mit seinem Begriff der Singularität dieser Tatsache eine besondere physikalische Ausdruckskraft gegeben. Er meinte, dass in der Singularität die Kraft unserer Forschung gebrochen sei. Selbst wenn es vor dem Urknall irgendwelche Ereignisse gegeben habe, könnten sie wegen der Singularität des Urknalls nicht mit dem heutigen Zustand des Kosmos in Beziehung gebracht werden und hätten keinerlei Einfluss auf diesen heutigen Zustand. Die Frage, was vor dem Urknall war, trage metaphysischen Charakter. Physikalisch hat Hawking damit selbstverständlich recht – ob für immer? Jedenfalls zeigt dies die Grenzen der Allgemeinen Relativitätstheorie auf: Zustände unendlicher Energie in punktuellen Konzentrationen sind mit ihr nicht beschreibbar.

Dennoch, weitere Fortschritte in der Beschreibung der frühesten Phasen der Geschichte unseres Kosmos erhoffen sich die Astronomen von einer einheitlichen Theorie der Welt im Großen und der im Kleinen – der Quantentheorie und der Allgemeinen Relativitätstheorie, also der Schaffung einer Theorie der Quantengravitation. Bislang stehen beiden Welten wissenschaftlich noch völlig nebeneinander. Ansätze zu einer Vereinheitlichung gibt es, doch diese sind heute noch rein spekulativ.

Die Geschichte der Astronomie ist auch eine Geschichte der Entwicklung unserer Kenntnis von der Stellung des Menschen in der Welt. Das Weltbild des frühen Menschen war von der Vorstellung einer räumlich kleinen Welt geprägt, in der alle Bestandteile einer engen Wechselwirkung unterlagen. Der Mensch war ein Teil der Welt und so wie er auf die Natur, eingeschlossen die als göttliche Wesen gedachten Himmelskörper einwirkte, wirkten diese auf ihn. Im geozentrischen Weltbild der Bibel erschienen die Himmelskörper als von Gott geschaffen, um dem Menschen den göttlichen Willen zu bedeuten. Der Mensch befand sich in der Weltmitte, um den Blick zu den Gestirnen zu erheben und diese göttliche Schrift zu lesen. Doch auch das ursprüngliche heliozentrische Weltbild, wie es Kopernikus begründete, blieb bei einer räumlich nicht sehr ausgedehnten Welt, in der der Mensch zwar nur noch auf einem Planeten unter anderen existierte, dieser sich jedoch immerhin auf Kreisbahnen um das Weltzentrum bewegte. Vor allem das Fernrohr gab mit neuen Entdeckungen am Himmel dem Gedanken Raum, dass viele Gestirne existieren, die wegen ihrer Entfernung und eingeschränkten Sichtbarkeit dem Menschen nichts bedeuten können und die Gott nicht für ihn geschaffen haben konnte. Da jedoch Gott nichts umsonst tut, müsse es in der Ferne andere Lebewesen geben, für die diese Himmelskörper geschaffen wurden. Daraus entstand der erste Gedanke der Existenz von Lebewesen auf anderen Himmelskörpern.

In neue kosmische Dimensionen führten die Forschungen Wilhelm Herschels, der die Struktur unseres Milchstraßensystems als Ansammlung einer ungeheuren Zahl von Sternen erkannte und zudem eine Vielzahl ähnlicher Sterneninseln im Weltall fand. Friedrich Wilhelm Bessels erste direkte Entfernungsmessung von Sternen gab den kosmischen Dimensionen eine sichere Basis und von nun an wurde das Weltall immer größer. Der nächste große Schritt ließ dennoch einige Zeit auf sich warten. Erst seit den 20er Jahren des 20. Jahrhunderts ging der Blick der Astronomen in Bereiche von Milliarden von Lichtjahren, wurde Licht „vom Rand der Welt“ empfangen, von Galaxien in Entfernungen von 16 Milliarden Lichtjahren und mehr.

Das Weltall erwies sich damit nicht nur als immer größer, der Mensch verlor damit auch immer mehr seine privilegierte Stellung in der Welt, vom Zentrum bis zum Bewohner einer Galaxie mit einigen hundert Milliarden Sternen in einer Welt mit Milliarden Galaxien.

Und diese Welt in der wir leben, ist mit einer mittleren Dichte von etwa 10^{-29} Gramm pro Kubikzentimeter eigentlich vollkommen leer. Aber leer nur „eigentlich“, nur im Durchschnitt, nicht ganz leer, denn im fast leeren Raum gibt es die Galaxien, die Sterne, die Planeten und auf einigen von ihnen, wie auf der Erde, Lebewesen. Für den Kosmos hat die Menschheit jedoch keine Bedeutung. Wir haben uns damit abzufinden, dass unsere Existenz keinem höheren Zweck dient, keinen tieferen Sinn für irgendetwas oder irgendwen hat. Unser Tun und Lassen haben wir am Ende nur vor uns selbst zu verantworten.

Die Dimensionen des Kosmos, die zeitlichen wie die räumlichen, sind ohne Schwierigkeiten einer mathematischen Beschreibung zugänglich, es ist eine einfache Potenzrechnung. Ob wir mit 10^2, 10^5, oder 10^{30} umgehen, oder im Kleinen mit 10^{-2} oder 10^{-43} ist mathematisch vollkommen gleich. Einem wirklichen Begreifen – man denke an den bildlichen Ursprung dieses Wortes – entziehen sich solche Größenordnungen jedoch vollständig. Um vielleicht doch einen Begriff von der Geschichte des Kosmos zu geben, möchte ich die Abläufe seit dem Urknall in den Proportionen eines Jahres darstellen. Dabei ergeben sich folgende Zeiten:

1. Januar, 0.00	Urknall
etwa 15. Januar	Entstehung der ersten Galaxien und Sterne
etwa 15. August	Entstehung des Sonnensystems im Verlaufe eines Tages
etwa 5. Oktober	die ersten einfachen Lebensformen (Algen) entstehen auf der Erde
19. Dezember	die Fische und Pflanzen entwickeln sich
25. Dezember	die ersten Säugetiere entwickeln sich
30. Dezember	die Alpen entstehen
31. Dezember, 22.45	die ersten Menschen treten in Erscheinung
31. Dezember, 23.59	die ersten Zivilisationen entstehen

Man sieht es leicht ein, die Geschichte eines Staates oder gar eines einzelnen Menschen findet in dieser Zeitskala keinen Platz. Der Gedanke daran, sich als einzelner Mensch in diese Zeitabläufe einordnen zu müssen, mag unbequem sein. Er kann aber ebenso als Chance begriffen werden, sich auf Erden durch sein eigenes Handeln eine Bedeutung zu ertrotzen. Insofern mag Immanuel Kant vor mehr als 250 Jahren nicht unzeitgemäß gedacht haben: „Zwei Dinge erfüllen das Gemüt mit immer neuer und zunehmender Bewunderung und Ehrfurcht, je öfter und anhaltender sich das Nachdenken damit beschäftigt: der bestirnte Himmel über mir und das moralische Gesetz in mir.“

Zeittafel

3000–1500 v. Chr.	Himmelsbeobachtungen finden ihren Ausdruck in der astronomischen Orientierung von Bauwerken
um 350 v. Chr.	Aristoteles entwickelt seine Physik mit der Lehre der vier Elemente und gibt eine Begründung für das geozentrische Weltsystem
um 250 v. Chr.	Aristarch von Samos vertritt die Idee eines heliozentrischen Planetensystems
um 120 n. Chr.	Claudius Ptolemäus verfasst mit dem „Almagest“ das Hauptwerk der alten, geozentrischen Astronomie
um 1000	Gerbert von Arillac und Hermann von Reichenau führen Werke islamischer Astronomen in die lateinische Welt ein
um 1175	Werke von Aristoteles und Ptolemäus werden bei den Arabern „wiederentdeckt“ und erscheinen in lateinischer Übersetzung, darunter der „Almagest“
um 1230	Johannes de Sacrobosco verfasst ein Elementarlehrbuch der ptolemäischen Astronomie – die „Sphaera“, die sich in Handschriften verbreitet
um 1470	Erste astronomische Bücher werden gedruckt, darunter die auch „Sphaera“ von Johannes de Sacrobosco
um 1475	Johannes Regiomontan führt systematische Himmelsbeobachtungen durch, verfasst einen kommentierten Auszug aus dem „Almagest“, korrigiert Fehler der alten Übersetzung und gibt eigene sowie wichtige Werke anderer Autoren heraus
1533 und 1540	Peter Apian veröffentlicht ein erstes „populärwissenschaftliches“ Buch, das deutschsprachige „Instrument Buch“, sowie das kunstvoll gestaltete „Astronomicum Caesareum“
1543	Nikolaus Kopernikus veröffentlicht das Standardwerk der heliozentrische Astronomie: „De revolutionibus orbium coelestium“
um 1559	Wilhelm IV. beginnt in Kassel systematische Himmelsbeobachtungen mit verbesserten Instrumenten
1561	Magdalena Zeger veröffentlicht die ersten selbstständigen Arbeiten einer Frau in der Astronomie
1572 und 1578	Eine Supernova und ein Komet lassen prinzipielle Zweifel an der aristotelischen Physik aufkommen
1577	Tycho Brahe begründet seine Sternwarte auf der Insel Hveen und beginnt mit systematischen Himmelsbeobachtungen
1584	Christoph Rothmann bearbeitet in Kassel einen sehr genauen Sternkatalog, durch Jost Bürgi werden die dortigen Instrumente und Uhren verbessert
1596	Johannes Kepler verfasst sein erstes Werk zur heliozentrischen Astronomie, 1609 und 1619 findet er die Gesetze der Planetenbewegung und publiziert 1627 sein großes Tafelwerk, die „Rudolphinischen Tafeln“
1609/10	Mit dem neu erfundenen Fernrohr gelingen Galileo Galilei und anderen erste astronomische Entdeckungen wie die Flecken auf

	der Sonne, die vier großen Jupitermonde, Einzelsterne in der Milchstraße
1616	Das Hauptwerk von Nikolaus Kopernikus „De revolutionibus orbium coelestium“ kommt auf den päpstlichen Index verbotener Bücher bis es „verbessert“ wird und keinen Anspruch mehr auf Darstellung der wahren Verhältnisse erhebt
1650	Maria Cunitia publiziert eine Bearbeitung des keplerschen Tafelwerkes mit lateinisch-deutscher Einführung
um 1680	Johannnes Hevelius arbeitet mit Riesenfernrohren, beobachtet den Mond, Planeten, Kometen und Sterne
1687	Isaac Newton veröffentlicht sein physikalisches Standardwerk „Philosophiae Naturalis Principia Mathematica“ und begründet die Lehre von der allgemeinen Gravitation
1755	Immanuel Kant entwickelt eine Theorie der Milchstraße und der Entstehung kosmischer Körper
ab 1781	Friedrich Wilhelm Herschel entdeckt den Uranus, untersucht den Bau der Milchstraße und gibt eine Theorie der Entwicklung von Sternen und Sternsystemen
1837/38	Friedrich Wilhelm Bessel misst die ersten Sternentfernungen (Parallaxe) und stößt damit erstmals in kosmische Dimensionen vor
1846	Johann Gottfried Galle und Heinrich Ludwig d'Arrest entdecken den von Urbain Jean Joseph Leverrier vorausberechneten Planeten Neptun
1859	Robert Wilhelm Bunsen und Gustav Robert Kirchhoff begründen die Spektralanalyse und liefern damit eine Methode zur Erforschung der Natur der Himmelskörper
1865	Friedrich Zöllner begründet die astronomische Fotometrie und gibt eine Theorie der Sternentwicklung
1905	Durch Ejnar Hertzsprung sowie von Henry Norris Russell wird eine Theorie der Sternentwicklung publiziert, die zu einer der wichtigsten Grundlagen der modernen Astronomie wird
1909/1919	Albert Einstein veröffentlicht seine Spezielle und Allgemeine Relativitätstheorie, die Newtonsche Physik erweist sich damit als Spezialfall dieser übergeordneten Physik
ab 1923	Edwin Powell Hubble schafft die Grundlagen für die Beobachtung der Expansion des Weltalls (Nebelflucht), in Verbindung mit den Einsteinschen Theorien und der kosmischen Hintergrundstrahlung entsteht später die Vorstellung vom Urknall
1957	Mit dem Start des sowjetischen Satelliten *Sputnik 1* eröffnen sich neue Möglichkeiten für astronomische Beobachtungen
1964	Arno Penzias und Robert Wilson entdecken die kosmische Hintergrundstrahlung, sie wird als „Nachglühen“ des Urknalls interpretiert
2. Hälfte des 20. Jh.	Mit neuartigen Beobachtungsmethoden, darunter der Raumfahrt, werden völlig neuartige Phänomene im Weltall entdeckt, die Theorie der Entwicklung des Weltalls wird verfeinert, es entstehen u.a. Arbeiten Stephen Hawkings zu Schwarzen Löchern und der Urknall-Theorie

Literaturverzeichnis

Anmerkung: Das Literaturverzeichnis weist nur Arbeiten nach, die entweder im Text zitiert werden, einen Überblick über ein bestimmtes Thema geben oder aus anderen Gründen von direkter Bedeutung für das Buch sind. Insofern ist die Auswahl sehr begrenzt und sicherlich teilweise auch subjektiv. Für vertiefte Studien sollten Bibliografien zur Astronomiegeschichte oder Internet-Recherchen herangezogen werden.

Allgemein

Acta Historica Astronomiae, Hrsg. von Wolfgang R. Dick und Jürgen Hamel. Frankfurt a. M. Band 1 (1998) bis 33 (2006)

Brüggenthies, Wilhelm; Dick, Wolfgang R.: *Biographischer Index der Astronomie. Biographical Index of Astronomy*. Frankfurt a. M. 2005 (*Acta Historica Astronomiae*; 26)

Duden *Basiswissen Schule. Astronomie*. Hrsg. von Dieter B. Herrmann und Oliver Schwarz. Berlin; Mannheim 2001

Hamel, Jürgen: *Geschichte der Astronomie*. Stuttgart 2002

Hamel, Jürgen: *Geschichte der Astronomie in Texten von Hesiod bis Hubble*. Essen 2004

Herrmann, Dieter B.: *Die Kosmos Himmelskunde*. Stuttgart 1999

Journal for the History of Astronomy, Vol. 1 (1970) bis 37 (2006)

Wolf, Max: *Geschichte der Astronomie*. München 1877 (Geschichte der Wissenschaften in Deutschland; 16)

Zinner, Ernst: *Geschichte der Sternkunde. Von den ersten Anfängen bis zur Gegenwart*. Berlin 1931

Kapitel 1

Der geschmiedete Himmel. Die weite Welt im Herzen Europas vor 3600 Jahren. Hrsg. von Harald Meller. Stuttgart 2004

Gold und Kult der Bronzezeit. Germanisches Nationalmuseum Nürnberg. Nürnberg 2003

Hamel, Jürgen: *Astronomie in alter Zeit*. Berlin-Treptow 1981 (Vorträge und Schriften der Archenhold-Sternwarte; 60), 2. Aufl. 1985

Hoskin, Michael: *Tombs, Temples and their orientations*. Oxford 2002

Schlosser, Wolfhard; Cierny, Jan: *Sterne und Steine. Eine praktische Astronomie der Vorzeit*. Stuttgart 1997

Schlosser, Wolfhard: *Die Himmelsscheibe von Nebra – Sonne, Mond und Sterne*. In: *Development of Solar Research. Entwicklung der Sonnenforschung*. Frankfurt a. M. 2005 (*Acta Historica Astronomiae*; 25), S. 27–65

Kapitel 2

Apian, Peter: *Cosmographia.* Ingolstadt 1539

Archimedes: *Über schwimmende Körper und die Sandzahl.* Übers. von Arthur Czwalina. Leipzig 1987 (*Ostwalds Klassiker der exakten Wissenschaften*; 213)

Aristoteles: *Meteorologie. Über die Welt.* In: Ders.: *Werke in deutscher Übersetzung,* Band 12. Berlin 1979

Aristoteles: *Physikvorlesung.* In: Ders.: *Werke in deutscher Übersetzung,* Band 11. Berlin 1983

Aristoteles: *Über den Himmel; Vom Werden und Vergehen.* Hrsg. von Paul Gohlke. Paderborn 1958

Kopernikus, Nikolaus: *De revolutionibus libri sex.* In: Ders., Gesamtausgabe, Band 2. Hrsg. von Heribert M. Nobis und Bernhard Sticker. Hildesheim 1984

Johannes von Glogau: *Intr.* 1506

Krabbe, Johann: *Practica Astrologica. Auf das Jar... MDLXXXXII.* Magdeburg o.J.

Krafft, Fritz: *Physikalische Realität oder mathematische Hypothese?* In: *Philosophiae naturalis* 14 (1973), S. 243–275

Planck, Max: *Wissenschaftliche Selbstbiographie,* 4. Aufl. Leipzig 1967

Platon: *Timaeus.* In: Jürgen Hamel, *Geschichte der Astronomie in Texten von Hesiod bis Hubble.* Essen 2004, S. 85–87

Platon: *Sämtliche Dialoge,* Bd. VII. Hamburg 1988

Ptolemaeus, Claudius: *Handbuch der Astronomie,* 2 Bände. Leipzig 1963

Kapitel 3

Brunhölzel, Christoph: *Gedanken zur Krankheit Hermanns von Reichenau* (1019–1054). In: *Sudhoffs Archiv* 83 (1999), S. 239–243

Gossouin von Metz, *Image du monde* (1246/47), Bibliotheque National Paris, Cod. fr. 574

Günther, Siegmund: *Geschichte des mathematischen Unterrichts im deutschen Mittelalter bis zum Jahre 1525.* Wiesbaden 1887

Hamel, Jürgen: *Die Vorstellung von der Kugelgestalt der Erde im europäischen Mittelalter bis zum Ende des 13. Jahrhunderts – dargestellt nach den Quellen.* Münster 1996 (Abhandlungen zur Geschichte der Geowissenschaften und Religion/Umwelt-Forschung, N.F.; 3)

Hamel, Jürgen: *Johannes de Sacroboscos Handbuch der Astronomie.* Kommentierte Bibliographie der Drucke der „Sphaera" 1472 bis 1656. In: *Wege der Erkenntnis.* Festschrift für Dieter B. Herrmann zum 65. Geburtstag. Hrsg. von Dietmar Fürst und Eckehard Rothenberg. Frankfurt a. M. 2004 (*Acta Historica Astronomiae*; 21), S. 115–170

Johannes de Sacrobosco: *Sphaera mundi compendium.* Venedig 1488

Johannes de Sacrobosco: *Opus sphaericum.* Leipzig, um 1494

Johannes de Sacrobosco: *Sphaera mundi.* Leipzig, um 1495

Johannes de Sacrobosco: *Sphaera mundi.* Paris 1498

Johannes de Sacrobosco: *La sphera de Iuan de Sacrobosco.* Valladolid 1567

Johannes de Sacrobosco: *La sphera di messer Giovanni Sacrobosco.* Florenz 1579

Johannes de Sacrobosco: *Sphaera Iani de Sacrobosco.* Ingolstadt 1526

Konrad von Megenberg: *Die deutsche Sphaera*. Hrsg. von Francis B. Brévart. Tübingen 1980 (Altdeutsche Textbibliothek; 90)
Reisch, Gregor: *Margarita philosophica nova*. Straßburg 1508
Strohmaier, Gotthard: *Die Sterne des Abd ar-Rahman as-Sufi*. Leipzig; Weimar 1984
Thorndike, Lynn: *The sphere of Sacrobosco and its commentators*. Chicago 1949

Kapitel 4

Biskup, Marian: *Regesta copernicana*. Wroclaw 1973 (Studia Copernicana; 8)
Brahe, Tycho: *Astronomiae instauratae mechanica*. Wandsbek 1598
Brahe, Tycho: *Über die mathematischen Wissenschaften*. Eine Rede Tycho Brahes (De disciplinis mathematicis). Übers. und eingel. von Karl Zeller. In: *Die Sterne* 11 (1931), S. 98–123
Carellus, Johann Baptist: *Ephemerides ad annos XIX. incipientes ab anno Christi MDLVII, usque ad annum MDLXXV*. Venedig 1557
Christoph Rothmanns *Handbuch der Astronomie von 1589*. Hrsg. von Miguel A. Granada, Jürgen Hamel und Ludolf von Mackensen. Frankfurt a. M. 2003 (*Acta Historica Astronomiae*; 19)
Hamel, Jürgen: *Nikolaus Kopernikus. Leben, Werk und Wirkung*. Heidelberg u. a. 1994
Hamel, Jürgen: *Die Rezeption des mathematisch-astronomischen Teils des Werkes von Nikolaus Kopernikus in der astronomisch-astrologischen Kleinliteratur um 1600*. In: *Cosmographica et Geographica*. Festschrift für Heribert M. Nobis. Hrsg. von Bernhard Fritscher und Gerhard Brey, 1. Halbband. München 1994 (*Algorismus*; 13), S. 315–355
Hamel, Jürgen: *Grundriss der astronomischen Forschungen in Kassel unter Wilhelm IV. Frankfurt a. M. 1998* (*Acta Historica Astronomiae*; 2)
Kopernikus, Nikolaus: *Erster Entwurf seines Weltsystems*. Darmstadt 1986
Die Kopernikus-Biographien des 16. bis 18. Jahrhunderts. Texte und Übersetzungen. Bearb. von Andreas Kühne und Stefan Kirschner. Nikolaus Kopernikus-Gesamtausgabe, Band 9. Berlin 2004
Reinhold, Erasmus: *Prutenicae tabulae*. Tübingen 1551
Röslin, Helisaeus: *De opere Die creationis*. Frankfurt a. Main 1597. Reprint, hrsg. von Miguel A. Granada. Lecce 2000
Steinmetz, Valentin: *Practica Auff das Jahr nach der Frewdenreichen Geburt und Menschwerdung ... M.D.LXXXI*. Leipzig o.J.

Kapitel 5

Apian, Peter: *Ein kunstlich Instrument*, oder *Sonnen ur*. Landshut 1524
Apian, Peter: *Instrument Buch*. Ingolstadt 1533. Reprint der Originalausgabe mit einem Nachwort von Jürgen Hamel. Leipzig 1990
Apian, Peter: *Astronomicum Caesareum*. Ingolstadt 1540
Apian, Peter: *Astronomicum Caesareum. Eine Grüntliche außlegung des Buchs Astronomici Caesarei*. Ingolstadt 1540
Keil, Inge: *Augustanus Opticus. Johann Wiesel (1583–1662) und 200 Jahre optisches Handwerk in Augsburg*. Berlin 2000 (*Colloquia Augustana*; 12)

Keil, Inge: *Von Ocularien, Perspicillen und Mikroskopen, von Hungersnöten und Friedensfreunden, Optikern, Kaufleuten und Fürsten.* Augsburg 2003
Riekher, Rolf: *Fernrohre und ihre Meister.* Berlin 1990
Wilhelm Schickard, *Briefwechsel,* 2 Bände. Hrsg. von Friedrich Seck. Stuttgart; Bad Cannstatt 2002

Kapitel 6

Apian, Peter: *Practica auff das M.D.XXXXj. Jar.* Nürnberg o.J.
Complexionen Der vier zeiten des Jars, und der Zwelff Himlischen Zeichen. Dresden 1571
Hamel, Jürgen: *Die Kalenderreform des Jahres 1700 und ihre Durchsetzung in Hessen.* In: *Zeitschrift des Vereins für hessische Geschichte und Landeskunde* 105 (2000), S. 59–74
Hamel, Jürgen: *Die Kalenderreform Papst Gregors XIII. von 1582 und ihre Durchsetzung* [unter besonderer Berücksichtigung der Landgrafschaft Hessen]. In: *Geburt der Zeit. Eine Geschichte der Bilder und Begriffe. Eine Ausstellung der Staatlichen Museen Kassel vom 12. Dez. 1999 bis 19. März 2000.* Wolfratshausen 1999, S. 292–301
Hamel, Jürgen: *Erhard Weigel und die Kalenderreform des Jahres 1700.* In: *Erhard Weigel 1625 bis 1699. Barocker Erzvater der deutschen Frühaufklärung.* Thun; Frankfurt 1999 (*Acta Historica Astronomiae;* 7), S. 135–156
Hamel, Jürgen: *Die Rolle Michael Mästlins in der Polemik um die Kalenderreform von Papst Gregor XIII.* In: *Zwischen Kopernikus und Kepler – Michael Maestlinus Mathematicus Goeppingensis 1550–1631.* Frankfurt a. M. 2002 (*Acta Historica Astronomiae;* 17), S. 33–63
Heitz, P.; Haebler, K.: *Hundert Kalender-Inkunabeln.* Straßburg 1905
Johannes Regiomontanus: *Der deutsche Kalender des Johannes Regiomontan.* Mit einer Einleitung von Ernst Zinner. Nürnberg, um 1474. Leipzig 1937
Kepler, Johannes: *Calendaria et Prognostica. Astronomica minora. Somnium.* München 1993 (Johannes Kepler, *Gesammelte Werke;* XI.2)
Kepler, Johannes: *Tertius Interveniens. Warnung an etliche Gegner der Astrologi das Kind nicht mit dem Bade auszuschütten* (1610). Frankfurt a. M. 2004 (*Ostwalds Klassiker der exakten Wissenschaften;* 295)
Luther, Martin: *Werke, Kritische Gesamtausgabe.* Tischreden, 4. Band. Weimar 1916
Moller, Tobias: *Große Practica auf das Jahr 1582.* Erfurt o.J.
Moller, Tobias: *Prognosticon Astrologicum M.D.LXXXVII.* Eisleben o.J.

Kapitel 7

Bibliographia Kepleriana. Verzeichnis der gedruckten Schriften von und über Kepler. Bearb. von Jürgen Hamel. München 1998
Brahe, Tycho: *Epistolarum astronomicarum libri.* Uranienburg 1596. In: Ders.: *Opera omnia,* Band 6., Kopenhagen 1919
Caspar Peucer 1525–1602. *Wissenschaft und Glaube im konfessionellen Zeitalter.* Leipzig 2004
Fontenelle, Bernhard v.: *Gespräch von mehr als einer Welt zwischen einem Frauen=Zimmer und einem Belehrten.* Leipzig 1698

Galilei, Galileo: *Opere, tomo quarto.* Padua 1744
Galilei, Galileo: *Schriften. Briefe. Dokumente,* 2 Bände. Hrsg. von Anna Mudry. Berlin 1987
Galilei, Galileo: *Unterredungen und mathematische Demonstrationen über zwei neue Wissenszweige, die Mechanik und die Fallgesetze betreffend.* Hrsg. von Jürgen Hamel. Frankfurt a. M. 2004 (Ostwalds Klassiker der exakten Wissenschaften; 11)
Gerlach, Walther; List, Martha: *Johannes Kepler.* München; Zürich 1987
Gilder, Joshua und Anne-Lee: *Der Fall Kepler. Mord im Namen der Wissenschaft.* Berlin 2005
Gingerich, Owen: *An annotated census of Copernicus' De revolutionibus* (Nuremberg, 1543 and Basel, 1566). Leiden 2002
Grisar, H.: *Der Galilei'sche Proceß auf Grund der neuesten Actenpublicationen historisch und juristisch geprüft.* In: *Zeitschrift für katholische Theologie* 2 (1878), S. 65–128
Grisar, H.: *Die römischen Congregationsdecrete in der Angelegenheit des Copernicanischen Systems historisch und theologisch erläutert.* In: ebd., S. 673–736
Hirzgarter, Matthias: *Detectio Dioptrica ... Von der wundersamen, doch wesentlich wahren und naturlichen Bildniß, und Cörperlichen Form, und Gestalt der sieben Planetensternen.* Frankfurt a. M. 1643
Keil, Inge: vgl. Literatur zum Kapitel 6
Kepler, Johannes: *Tabulae Rudolphinae* (1627). In: *Johannes Kepler. Gesammelte Werke,* Band 10. München 1969
Kepler, Johannes: *Harmonice mundi* (1619). In: *Johannes Kepler. Gesammelte Werke,* Band 6. München 1940
Kepler, Johannes: *Neue Astronomie.* Übersetzt und eingeleitet von Max Caspar. München; Berlin 1929
Kepler, Johannes: *Theologica. Hexenprozeß.* Tacitus-Übersetzung. Gedichte. In: *Johannes Kepler. Gesammelte Werke,* Band 12. München 1990
Luther, Martin: *Werke, Kritische Gesamtausgabe. Tischreden,* 4. Band. Weimar 1916

Kapitel 8

Bode, Johann Elert: *Von dem neu entdeckten Planeten.* Berlin 1784
Cunitia, Maria: *Urania Propitia sive tabulae astronomicae ... Das ist: Newe und langgewünschete, leichte Astronomische Tabelln.* Oels 1650
Die Geschichte der Astronomie in Berlin. Hrsg. von Dieter B. Herrmann und Karl-Friedrich Hoffmann. Berlin 1998
Doppelmayr, Johann Gabriel: *Atlas coelestis.* Nürnberg 1742
Galle, Johann Gottfried: *Ein Nachtrag zu den ... Berichten über die erste Auffindung des Planeten Neptun.* In: *Astronomische Nachrichten* 89 (1877), Sp. 349–352
Hamel, Jürgen: *Bessels Projekt der Berliner Akademischen Sternkarten.* In: *Die Sterne* 65 (1989), S. 11–19
Hamel, Jürgen: *Wissenschaftsförderung und Wissenschaftsalltag in Berlin 1700–1720* – dargestellt anhand des Nachlasses des ersten Berliner Akade-

mieastronomen Gottfried Kirch und seiner Familie. In: Leibniz-Sozietät / Sitzungsberichte 55 (2002), H. 4, S. 61–101

Briefwechsel zwischen Alexander von Humboldt und C. G. Jacob Jacobi. Hrsg. von Herbert Pieper. Berlin 1987

Laplace, Pierre Simon de: *Philosophischer Versuch über die Wahrscheinlichkeit.* Hrsg. von R. v. Mieses. Leipzig 1932 (*Ostwalds Klassiker der exakten Wissenschaften;* 233)

Goethe, Johann Wolfgang: *Der Briefwechsel zwischen Schiller und Goethe,* 2. Band. Leipzig 1984

Longomontanus, Christian Severin: *Astronomia Danica.* Amsterdam 1622

Kapitel 9

Braun, G.: *Die Kant-Laplacesche Weltbildungstheorie.* In: *Neue kirchliche Zeitung* 3 (1892), S. 671–704

Gärtner, Heinz: *Er durchbrach die Schranken des Himmels. Das Leben des Friedrich Wilhelm Herschel.* Leipzig 1996

Hamel, Jürgen: *Friedrich Wilhelm Herschel.* Leipzig: Teubner, 1988 (*Biographien hervorragender Naturwissenschaftler, Techniker und Mediziner;* 89)

Hamel, Jürgen: *Friedrich Wilhelm Bessel.* Leipzig: Teubner, 1984 (*Biographien hervorragender Naturwissenschaftler, Techniker und Mediziner;* 67)

Friedrich Wilhelm Bessel. *Ich habe Euch lieb aber der Himmel ist mir näher. Eine Autobiographie in Briefen.* Hrsg. von Edith Schlieper. Minden 1984

Herrmann, Dieter B.: *Kosmische Weiten. Kurze Geschichte der Entfernungsmessung im Weltall.* Leipzig 1989 (*Wissenschaftliche Schriften zur Astronomie*)

Foerster, Wilhelm: *Wissenschaftliche Erkenntnis und sittliche Freiheit.* Berlin 1896

Herschel, Friedrich Wilhelm: *Über den Bau des Himmels. Abhandlungen über die Struktur des Universums und die Entwicklung der Himmelskörper.* Hrsg. von Jürgen Hamel. Frankfurt a. M. 2001 (*Ostwalds Klassiker der exakten Wissenschaften;* 288)

Olbers, Wilhelm: *Ist das ganze Weltsystem nur einer beschränkten Dauer fähig?* In: *Nachrichten der Olbers-Gesellschaft* 79 (1970), S. 14–20

Kapitel 10

Buffon, George Louis Leclerc de: *Allgemeine Historie der Natur,* Band 1. Hamburg; Leipzig 1750

Engels, Friedrich: *Dialektik der Natur.* In: *Karl Marx; Friedrich Engels.* Werke, Band 20. Berlin 1968

Hamel, Jürgen: *Karl Friedrich Zöllner. Versuch einer Analyse seiner philosophischen Position.* Berlin-Treptow 1977 (Archenhold-Sternwarte / Mitteilungen; 129)

Hamel, Jürgen: *Kants Kosmogonie – Grundzüge ihrer frühen Rezeption.* In: *Revolution der Denkungsart.* Zum 200. Todestag von Immanuel Kant. Berlin 2004 (Leibniz-Sozietät / Sitzungsberichte; 69), S. 97–110

Herder, Johann Gottfried: *Ideen zur Philosophie der Geschichte der Menschheit,* 1. Band. Leipzig; Riga 1784

Kant, Immanuel: *Allgemeine Naturgeschichte und Theorie des Himmels.* Hrsg. von Jürgen Hamel. Frankfurt a. M. 2005 (*Ostwalds Klassiker der exakten Wissenschaften*; 12)

Karl Friedrich Zöllner and the historical dimension of astronomical photometry. Hrsg. von C. Sterken, K. B. Staubermann. Brüssel 2000

Littrow, J. J.: *Die Wunder des Himmels, oder gemeinfaßliche Darstellung des Weltsystems,* Band 2. Stuttgart 1835

Herrmann, Dieter B.: *Karl Friedrich Zöllner.* Leipzig 1982 (*Biographien hervorragender Naturwissenschaftler, Techniker und Mediziner*; 57)

Vogel, Hermann Carl: *Spectralanalytische Mitteilungen.* In: *Astronomische Nachrichten* 84 (1874), Sp. 113–124

Zöllner, Karl Friedrich: *Grundzüge einer allgemeinen Photometrie des Himmels.* Hrsg. von Dieter B. Herrmann. Frankfurt a. M. 2005 (*Ostwalds Klassiker der exakten Wissenschaften*; 291)

Zöllner, Friedrich: *Über die Natur der Cometen.* Leipzig 1872

Kapitel 11

Einsteins Kosmos. Untersuchungen zur Geschichte der Kosmologie, Relativitätstheorie und zu Einsteins Wirken und Nachwirken. Hrsg. von Hilmar W. Duerbeck und Wolfgang R. Dick. Frankfurt a. M. 2005 (*Acta Historica Astronomiae*; 27)

Gehlhar, Fritz: *Wie der Mensch seinen Kosmos schuf.* Berlin 1996

Geiger, Hansjürg: *Auf der Suche nach Leben im Weltall.* Stuttgart 2005

Hamel, Jürgen: *Wandlungen im Naturgemälde. Humboldts Rezeption des astronomischen Entwicklungsgedankens.* In: *Alexander von Humboldt in Berlin. Sein Einfluss auf die Entwicklung der Wissenschaften.* Hrsg. von Jürgen Hamel, Eberhard Knobloch und Herbert Pieper. München 2003 (*Algorismus*; 41), S. 71–88

Hawking, Stephen W.: *Eine kurze Geschichte der Zeit. Die Suche nach der Urkraft des Universums.* Reinbek 1991

Hawking, Stephen: *Das Universum in der Nußschale.* München 2003

Herrmann, Dieter B.: *Ejnar Hertzsprung. Pionier der Sternforschung.* Berlin [u. a.] 1994

Herschel, John: *Outlines of Astronomy.* London 1849

Hertzsprung, Ejnar: *Zur Strahlung der Sterne.* Frankfurt a. M. 2001 (1. Aufl. Leipzig 1976, *Ostwalds Klassiker der exakten Wissenschaften*; 255)

Humboldt, Alexander v.: *Kosmos. Entwurf einer physischen Weltbeschreibung,* 5 Bände. Stuttgart; Tübingen 1845–1862

Leverington, David: *A history of Astronomy from 1890 to the present.* London [u. a.] 1996

Mainzer, Klaus: *Hawking.* Freiburg [u. a.] 2000 (Herder / Spektrum Meisterdenker)

Nicht von dieser Welt. 25 Exkursionen in das Universum. Hrsg. von Utz Thimm und Karl-Heinz Wellmann. Stuttgart 2005

Rees, Martin: *Vor dem Anfang. Eine Geschichte des Universums.* Frankfurt a. M. 1999

Personenregister

Sachregister

Umschlaggestaltung von eStudio Calamar unter Verwendung eines Fotos des Hubble-Weltraum-Teleskops (NASA) sowie von Jürgen Hamel, Berlin, Kosmos-Verlag (Archiv) und der NASA.

Mit 24 Farb- und 58 Schwarzweißabbildungen. Alle Abbildungen von Jürgen Hamel, Berlin, bis auf Landesmuseum für Vorgeschichte, Halle (Saale) S. 114 (unten) und S. 115 sowie NASA S. 265.

Bibliografische Information der Deutschen Bibliothek
Die Deutsche Bibliothek verzeichnet diese Publikation in der Deutschen Nationalbibliografie. Detaillierte bibliografische Daten sind im Internet über http://dnb.ddb.de abrufbar.

KOSMOS Postfach 10 60 11
D-70049 Stuttgart
TELEFON +49 (0)711-2191-0
FAX +49 (0)711-2191-422
WEB www.kosmos.de
E-MAIL info@kosmos.de

Gedruckt auf chlorfrei gebleichtem Papier

ISBN-10: 3-440-10179-7
ISBN-13: 978-3440-10179-7
Projektleitung: Justina Engelmann
Lektorat: Alexander Burden
Produktion: Johannes Geyer
Printed in the Czech Republic/Imprimé en République Tchèque